贵州侗族聚落和建筑文化

龚敏 著

中国建筑工业出版社

贵州师范大学2016年博士科研启动项目
[2016社科博(33)号]

前言

侗族是我国民族大家庭中重要的一员，悠久的历史、深厚的文化和丰富的资源使侗族文化独具特色。其中，侗族聚落和建筑更是少数民族文化中的一朵奇葩。在当前社会快速发展进程中，文化的激剧汉化导致少数民族聚落和建筑文化正在发生巨大的变迁。在此背景下，探索侗族聚落和建筑的文化根源，对于发展和建设少数民族特色村寨有着现实的指导意义。

本书立足于少数民族特色聚落和建筑文化研究的基础上，选取位于贵州省侗族地区这一极具典型特征的少数民族聚落和建筑作为研究样本。从侗族的族源发展、区域划分、生境构成、社会组织、宗教信仰、民风民俗等存活的“地方性”文化特质出发，攫取极具代表性的侗族地方文化符号，以阐释的方法梳理和研究贵州侗族聚落和建筑生成的文化关联性。书中从贵州侗族聚落形态和空间、聚落文化的生态表达、仪式性建筑、功能性建筑、建筑的艺术营造、聚落和建筑的文化变迁等多个视角加以阐释和分析，并以四种不同文化现象、八个典型聚落进一步分析总结侗族聚落和建筑的文化内涵以及相对应的场所精神。本书试图找寻侗族聚落和建筑文化的留存方式、挖掘聚落和建筑的集体记忆，从多元化、可持续性的视角探索贵州侗族聚落和建筑文化的理想发展策略。

通过本书，不仅可以从“活态”的侗族传统文化特质（族源发展、区域划分、生境构成、社会组织、宗教信仰、民风民俗等）和精神价值出发，领略贵州侗族聚落和建筑的历史文脉及原生文化，而且也可从建筑现象学和场所精神层面，从形态、空间、艺术美学等角度，找出与聚落和建筑文化相关联的人文内涵和文化特质，回答“侗族传统聚落和建筑中如何表现其相应的文化特质”这一问题，并从主观到客观探索出侗族聚落和建筑的场所记忆、空间肌理及空间体验的“元”，挖掘侗族特色聚落和建筑发展过程中其文化特质反映在聚落和建筑中的重要性，通过对其文化特质与聚落和建筑之间的对应关系，更进一步将研究的本质追溯到人们的日常生活，从日常生活方式的延续和回归，找到侗族特有的场所记忆，为打造属于侗族的空间肌理和空间体验找到最本原的内容，从而探知以贵州侗族为典型特征的少数民族聚落和建筑文化，搜寻其规律性理论、方法和实践原则，以此丰富各学科有关民族村寨保护和发展的理论及方法。

书中从多个角度加以阐述，并通过实例分析，深入介绍聚落和建筑中的艺术价值，使其大量有价值的聚落和建筑文化得以传承，同时对当代传统聚落和建筑的营建和发展具有十分重要的指导意义。

书中内容和观点虽然建立在实地调研基础上，但总有不尽完善之处，还望各位专家和读者予以批评指正。

龚敏

目录

导 语

第 1 章 侗族文化认知与聚落和建筑的生成

导语

为什么关注侗族聚落和建筑文化

“中华优秀传统文化是中华民族的精神命脉，是涵养社会主义核心价值观的重要源泉，也是我们在世界文化激荡中站稳脚跟的坚实根基。”[1]中国少数民族众多，且文化遗产丰富、特色鲜明。作为我国民族大家庭的一员、中国民族文化重要的组成部分，侗族有着悠久的历史、深厚的文化积淀和丰富的资源，并在不断发展进程中形成了这一古老的民族。全国侗族聚集的地区主要分布在贵州、湖南、广西三省毗邻的区域，少量的侗族人口散落在湖北部分地区及其他各省。从全国各省侗族人口分布情况来看，贵州地区的侗族人口众多，所占比例居于全国首位。其中数黔东南苗族侗族自治州境内的黎平、从江、榕江、镇远、天柱等县的侗族人口最为集中，并具有鲜明的代表性（图 0-1）。因此本书以贵州省侗族地区作为研究对象和样本。

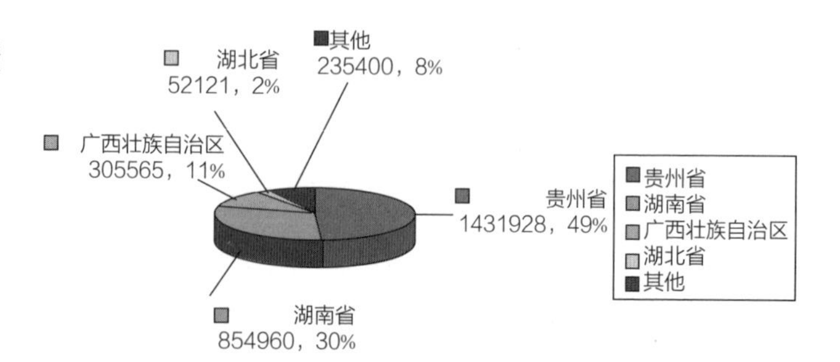

图 0-1 全国侗族人口分布图（图片来源作者绘制）

侗族以其独有的民族历史、民族语言、民族服饰和音乐舞蹈等特色文化现象备受世人关注；而侗族聚落和建筑的类型、风格、构造、形式等也是异彩纷呈，成为众多少数民族聚落和建筑文化现象中的一朵奇葩。侗族在其历史背景、分布区域、地理环境、社会组织、生产方式、信仰体系、生活习俗、艺术呈现等方面有着不同于其他民族

1※ 选自《习近平在文艺工作座谈会上讲话》。

的文化特征。

原广司认为“聚落常被解释为是自发形成的，而实际上从聚落的诸要素（住居和公共设施等）及其排列所决定的基本形态，到使人觉得不过是偶发形成的细枝末节，都可以看作是经过精密设计的结果。”[1]聚落的形成是人类发展到一定历史阶段的产物，人类的活动及生活方式，在很大程度上决定了一个聚落的结构及建筑的形态和类型。贵州侗族聚落和建筑中独特的文化符号，聚落本身及聚落居住者的生活、习俗、信仰、家庭等方面，是侗族聚落和建筑文化形成中所体现的文化特质；以侗族聚落和建筑为样本，从文化特质与建筑和聚落之间的关联性分析出发，深入挖掘决定侗族聚落和建筑生成与转译的内在动因及其表现方式是本书研究的核心问题。

在现代化生活方式的影响、新型城镇化发展、少数民族特色村寨保护与发展的推动下，侗族聚落和建筑发生了明显的改变，聚落内部人员因受到外部环境影响而在文化发生学上所体现出涵化特征；同样，外来人员进入聚落所带去新的讯息及文化也对聚落和建筑产生影响；甚至不可抗拒的自然破坏、人为损坏等因素也都潜移默化地改变了侗族人民传统的生活方式；而作为侗族传统生活的重要载体和表现形式的聚落及其固有建筑文化的形式和风格，随着生活方式的改变也使其文化艺术特色逐渐消失，随着新的侗族聚落和建筑的形成，慢慢地失去了侗族原有的场所精神，探讨侗族聚落和建筑文化发展的同时，追寻侗族文化所映射出来的独特空间肌理和文化脉络，并思考侗族聚落和建筑是否该传承和发展其文化的多样性，以及该如何延续和发展独特的侗族文化特质下的聚落和建筑文化，成为本研究的关键问题。

随着时代的发展，侗族人民传统的生活方式不断地发生改变，侗族聚落和建筑发展和繁荣的文化连续性受到了冲击。少数民族文化艺术特征如何保持其多样性和持续发展就成为摆在我们面前所亟须解决的问题。

其一，由于贵州地域的封闭和经济的滞后，外界对其文化价值的忽略，区域的边缘化状况等因素，使贵州地区侗族文化的辨析

1※ 世界聚落的教示 100［M］.（日）原广司．于天伟、马千单译．北京：中国建筑工业出版社，2003：8.

有着极大的研究空间。因此，从贵州侗族地区的文化特质进行挖掘，重新认识和定位其文化特色，对贵州侗族聚落和建筑文化的研究有着十分重要的意义；

其二，贵州侗族聚落和建筑文化与侗族的历史背景、区域发展、农耕文化、社会组织结构、信仰体系、生活习俗等多方面文化特质有着紧密的联系；这些文化特性直接影响着聚落形态及建筑类型、形式的形成和发展，借鉴人类文化学和民族学的研究方法和资源，以建筑学的角度审视侗族聚落和建筑文化是十分重要的；

其三，侗族聚落的形成及形态特征、侗族建筑的建造形式和建筑类型都是极具特色的。贵州侗族特有的地形地貌，造就了“临水而建、跨水而居”的聚落形态，并形成侗族山地建筑群落空间特征、因地制宜的布局方式，它所构成的场所、场所精神无不体现了侗族聚落和建筑文化艺术的魅力，聚落和建筑所映射的文化特质反映了侗族聚落和建筑的独特价值，对侗族传统建筑文化现象及艺术价值的整理和传承是本研究的重要内容；

其四，贵州侗族聚落和建筑极具特色，有着独特的聚落形态、传统建筑技艺和相应的建造形式。除了对众所周知的传统民居、鼓楼、风雨桥的系统研究之外，对侗族建筑中寨门、凉亭、戏台、禾晾、禾仓等建造物中传统的装饰、工艺等艺术的研究将更好地阐释侗族文化特质；同时，从建造物的选址、材料的选用等方面进行整理也是十分必要的；

其五，可持续发展与生态文明价值观的讨论成为当前大众关注的焦点，重新解读贵州侗族聚落和建筑艺术与自然环境和谐共生所体现出的审美价值，及其所引介出“天人合一”的文化理念，势必对此焦点问题的解决提供反思与借鉴。

因此，在以贵州侗族聚落和建筑为样本的研究讨论中，探索与之并行的文化特质及其具体表现，挖掘深层结构体系中物质与精神两个层面的传承和发展有着学术和实用的双重意义。从学术意义来看，不论是从聚落文化研究的学术价值，还是对建筑设计理论、城市设计理论及村镇规划等领域来说，都有着一定的学术指导意义，可以通过对典型村寨的个案研究，总结分析以侗族为代表的聚落和建筑文化特质，探寻其聚落和建筑营建的方法和原则，并上升到理论层面，为少数民族村寨建设提供可行性理论参照；从实用价值来看，通过学术探讨，总结不同地区、不同形态的侗族聚落和建筑发展的模式和路径，不仅对侗族聚落及建筑有着传承和保护的意义，使其大量有价值的聚落和建筑文化得以传承；同时对当代传统聚落和建筑的营建和发展具有十分重要的指导意义。

侗族聚落和建筑文化的研究现状

侗族是一个历史文化悠久的古老民族，最早可以追溯到五代时期的百越民族。对于侗族较为全面的研究大致开始于20世纪50年代，首先从社会历史角度展开对湘、黔、桂三省的调查研究，编写了《侗族简史简志合编》(1963)；70年代以后，在简史简志的基础上做了大量的修改和补充，于1985年正式出版了《侗族简史》，2008年出版了修订本，以文献整理与实地调研为基础，特别针对侗族社会发展展开了深入的挖掘和研究；各自治州（县）也相应编写了自治地方概况，涉及内容包括了各州县的历史、经济、文化等综合性研究。在大文化视觉背景下，从文化阐释的角度，一些学者也逐渐较为全面地展开对侗族文化的研究，包括冼光位主编的《侗族通览》、冯祖贻等编纂的《侗族文化研究》、王胜光的《侗族文化与习俗》等著作，全面地剖析了侗族的物质文化、社会文化和精神文化，成为侗族文化研究中有价值的材料。

随着对各民族文化研究的日益重视，有关侗族文化的探索也逐渐深入，研究内容从普遍性的概述转向对具体地域、具体文化类别（社会组织、宗教信仰、民俗建筑等）较为系统的研究，1983年由中国西南民族研究学会和贵州省民族研究学会联合发起，贵州省民族研究所组织并持续了20余年的贵州“六山六水”[1]少数民族居住区的综合性田野调查，包括侗族从江九洞侗族社会组织与习惯法、黎平县肇洞侗族社会调查、车江侗族地区的农业经济变迁等民族历史、社会组织、宗教信仰、文化变迁等内容，分别出现在内部调查资料《贵州民族调查》20集中，后编入了1987年出版的《民族志资料汇编》(第三集·侗族）和《民族志资料汇编》(第四集·侗族)，成为研究侗族的重要基础资料。1990年贵州省召开了首届全国“侗学”研讨会并成立了“侗学研究会”[2]，通过对侗族地

1※“六山六水”中“六山”指的是乌蒙山、云雾山、雷公山、月亮山、武陵山、大小麻山；“六水”是指乌江、都柳江、清水江、南盘江、北盘江、舞阳河。

2※1990年成立“侗学研究会”；2003年在贵州民族学院“侗学研究中心”挂牌。

区经济、社会、文化及自然生态的调查研究，以论文集和专著等形式进行学术研究和交流，1991 年出版了第一期《侗学研究》，至今共出版了十期。

在已经出版的众多学术专著中，对于侗族文化的研究呈现出了多角度、多视野的研究方法，并透过一些专题性文化研究解读侗族社会发展和演变，如李锋、龙耀宏以南部方言区侗族九龙村的社会制度、生活方式、民俗风情等反映了侗族地区的文化变迁；姚丽娟和石开忠通过碑刻记载和口述史方式，从习惯法、婚姻、人口等象征符号研究了侗族社会的发展演变趋向，并保留了许多极为重要的碑刻记载；朱慧珍从生态美学的角度，用文化人类学、艺术学、民族学等多种学科综合的研究方法，将侗族的审美生态状况作了全面透彻的分析，论述了侗族与自然生态之间、侗族内部人与人之间、侗族与其他民族之间的共生关系；廖君湘从“历史性”和“共时性”的角度，针对南部侗族传统文化内涵展开讨论和阐述，对侗族族源、民族形成问题及南部、北部区域文化的差异、南部侗族传统文化的文化属性等内容展开阐述与研究；吴大旬在清代史籍、地方志及民族调查等资料基础上，对清代不同历史时期侗族地区的特殊政策及其作用进行了认真的梳理和探讨，深入分析和总结了清朝时期治理政策的特点及经验教训；石开忠教授在实地调研的基础上，通过侗族款制度的深入阐析，纵观侗族社会文化生活各个层面，并加以研究；杨明兰从原生态文化的视角出发，对侗族原生态文化的概念予以界定，并从语言、建筑、信仰、哲学、戏曲等多重文化内涵中对侗族原生态文化进行了探索和研究；张泽忠、吴鹏毅、米舜在“人之为人”与“人之缘在”这一既有区别又互为指认的理论点上，讨论了侗族的文化认知行为及其对“人与自然的共创性”、“人与生存环境的生成性”等生态存在论的思索[1]；吴大华就侗族习惯法的萌生、发展、形式、内容、罚则及变迁进行了深入阐释，以此来证明习惯法是当今侗族村寨中存在着的、维护侗族地区社会稳定的有效规范的研究；以及余未人《走进鼓楼：侗族南部社区文化口述史》、石干成《走进肇兴：南侗社区文化考察笔记》、余达忠《走向和谐——岑努村人类学考察》、石开忠的《鉴村侗族计划生育的社会机制及方法》等大量的民族学、人类学方面的成果，为研究侗族文化搜集了大量的信息，具有重要的意义，并为本书提供

1※ 侗族古俗文化的生态存在论研究［M］. 张泽忠、吴鹏毅、米舜. 桂林：广西师范大学出版社，2011.6：16.

了重要的基础信息。

侗族聚落和建筑的研究是侗族文化专题性研究重要的一部分，一些学者首先从民族学和人类学的角度，开始针对性地对聚落和建筑文化展开讨论，较早提出对侗族村寨社区文化研究的是傅安辉、余达忠合编的《九寨民俗：一个侗族社区的文化变迁》，此著作以贵州省锦屏县西北部的九寨地区的民俗文化变迁为研究对象，探讨了兼有南、北部方言区文化交汇点上的村寨文化形态及其变化；后吴浩所著的《中国侗族村寨文化》一书以典型的竹坪、肇兴侗族村寨为例探索了侗族村寨的形成和发展等；张柏如的《侗族建筑艺术》一书结合建筑学、文化人类学、民俗学等学科，以贵州从江县的增冲寨、湖南通道县的皇都寨、高步寨、芋头寨等侗寨为例，探究了侗族鼓楼和风雨桥的起源、功用等。

在对侗族文化和村落社区研究的更多关注之下，建筑学领域对侗族聚落和建筑的研究有了一定的收获，其中实地测绘成为展现侗族聚落及建筑的一种主要方式，并从建筑文化、建筑技术上加以阐释。如李长杰主编的《桂北民间建筑》一书针对广西北部地区包含侗族在内的民间建筑进行了大量的测绘、调研，并对建筑结构做了深入的剖析；罗德启的《贵州侗族干阑建筑》是早期研究贵州侗族建筑的著作，书中对侗族建筑的建造方式作了简要的介绍，而后出版的《贵州民居》一书由原来以单体建筑的平面分析为主，转向对聚落及建筑的综合性研究；王其钧的《中国民居三十讲》、《中国民居》和《图解民居》等著作中对侗族及干栏式木构民居也进行了深入的分析和阐释；蔡凌的《侗族聚居区的传统村落与建筑》一书中从建筑、村落及文化三个层面进行探讨，建筑层面以侗寨民居的种类和特征、鼓楼的形制及其社会文化意义进行分析，在村落层面上对其空间形态进行了阐述，在文化区域层面探讨了侗族聚居区的建筑文化分布规律、社会发展与建筑、村落间的关系。这些前期成果中大量的测绘内容为本专著的撰写提供了丰富的论证材料。

有关侗族鼓楼这一具有典型地标性建筑的研究，成为侗族建筑文化研究的代表，安顺市文化局主编的《图像人类学视野中的侗族鼓楼》，杨永明、吴珂全、杨方舟合著的《中国侗族鼓楼》，石开忠的《侗族鼓楼文化研究》，以及余学军的《侗族文化的标帜——

鼓楼》等著作深层地研究分析了侗族鼓楼的历史内涵、建造工艺、社会功能等内容，是鼓楼研究非常有价值的参考资料。此外，也有一些博士、硕士论文从不同角度展开对侗族聚落和建筑的研究，如中央民族大学刘艺兰从遗产保护角度深入研究的《少数民族村落文化景观遗产保护研究》一文以民族学研究方法为主，结合地理学、文化遗产学等其他学科理论，探讨了贵州榕江县宰荡侗寨为例的民族村寨和少数民族村落文化景观遗产保护；清华大学赵晓梅的《黔东南六洞地区侗寨乡土聚落建筑空间文化表达研究》一文中以六洞地区的侗族聚落为研究对象，从活态遗产的视角，分析了六洞地区侗寨的乡土聚落及其遗产价值。除以上学术成果外，各类学术期刊上也有不少有关侗族聚落和建筑的研究，如蔡凌的《城镇化背景下侗族乡土聚落的保护与发展策略》、罗德启的《侗寨特征及侗居空间形态影响因素》、石开忠的《侗族传统聚落观念与环境的交融》、廖君湘的《侗族村寨火灾及防火保护的生态学思考》等大量文献均从不同层面来探讨侗族聚落及其建筑文化相关的内容。

此外，侗族建筑文化所蕴含的丰富内容，吸引了众多国外学者前来探寻其相应的本原文化，虽然国外出版的侗族聚落和建筑的研究资料不是很多，但从国内相关文献中也可探知一二。其中日本学者对侗族聚落和建筑的关注度较高，据黄才贵《日本学者对贵州侗族干栏民居的调查与研究》一文中记载，日本学者及相关机构于 1989 年和 1990 年先后三次到贵州黔东南地区对干栏式建筑进行实地调研，其中包括对侗族地区的粮仓、鼓楼、风雨桥、民居等干栏式建筑的具体测绘，并把鼓楼、风雨桥和粮仓作为调查的重点对象。直至今日，仍然有许多学者继续关注研究。

相比侗族文化的研究，有关侗族聚落和建筑文化的研究起步较晚，在早期以民族学和人类学视野研究成果的基础上，针对侗族干栏式建筑营建技术的研究突破了以往的研究内容，并对聚落的遗产文化层面有了一定的认知。但对于聚落和建筑与侗族传统文化的关联性，以及聚落和建筑文化中反映出来的文化特质相关的研究并不是很明显，这也成为本书的突破点。

第1章 侗族文化认知与聚落和建筑的生成

1.1 历史发展认知

1.1.1 侗族族源认知

贵州省从江县上皮林寨一通光绪十三年（1887 年）三月初八刻的石碑，碑文记载：

“盖自江西故籍，郡号武威吉安府之属，吉水县之氏……迨至治极乱生，三一五二之抽丁，十去而十不返；七三六四之赋税，一不减而二增，兵残民命，难于保身，不得已而为异域之迁移，扶老携幼，维其跋涉，弃故土而投他乡。至我皮林，开疆斩土……”[1]

碑文中记载了上皮林寨的祖先来自江西，因生活困苦食不果腹，迫于生存只好迁徙外地，最后定居在了景色优美、土地肥沃的上皮林寨。

有关侗族聚落历史的来源在史学界说法不一。其一认为侗族是原初土著民族，自古便生息繁衍在黔湘桂毗邻一带，从语言、社会结构、生活习俗方面均表现出了一致性，在历史中并无明确的外地迁徙的记载，即为“土著说”；其二认为是从外地迁徙至此，有说是从江西吉安而来，有说是从广西梧州溯河而上等，除了贵州从江县上皮林寨的石碑记载外，在贵州天柱县三门塘这个文化复合型极为突出的侗族聚落中，具有显赫地位的刘氏家族族谱中也对其故籍做了记载：“始祖讳旺原籍山东东昌府属之临清县乃衣冠聚集之地也”[2]，侗族聚落的主体族群具体从哪里迁徙而来的说法也很复杂；其三，还有的学者认为如今的侗族聚落是由原初民为主体，在历史发展过程中由于战乱、灾荒等多种因素迁徙而来的外地住民的文化融合发展至如今的样貌。通过对贵州侗族聚落和建筑文化的样态考察，这几种聚落主体由来的说法无不具有一定的道理，在一些具有典型特征的侗族聚落案例中，也分别能找到这几种说法相呼应的痕迹。作为一个具有悠久历史的民族，必然会经历分化、迁徙、文化融合的现象而最终形成，不论聚落发展中的主体是原生土著，还是外来迁徙，在其形成和发展过程中对其他文化的接收和交融具有一定的必然性。正如天柱邦洞龙氏家谱中写道：“久居夷地、受其所染，易其服、学其语、从其俗，成为夷也。”[3]

1※ 侗族［M］. 杨权等. 北京：民族出版社，1992：29.
2※ 刘氏家谱中所摘。
3※ 侗族［M］. 杨权等. 北京：民族出版社，1992：32.

1.1.2 侗族发展认知

从历史发展角度而言，民族形成的历史并非单一的发展模式，追溯其历史发展时也不能将其古代民族名称与今天的划为等号，这有悖于民族历史研究的理论。但是在侗族发展的历史长河中追根溯源时，古代称谓仍然有一定的关联性。史学家们对于侗族是从古代百越分支中发展而来做出了论证，据史学家考证，现侗族所属区域在“春秋战国时期属于楚国商於（越）地，秦时分别属于黔中郡和桂林郡，汉代分别属于武陵郡和郁林郡”[1]，春秋至秦汉时期，这一区域便有“越人”活动的文献记载。在魏晋南北朝至隋代，境内因有五条溪流[2]而有“五溪之地”之称，唐宋时期又被称作“溪峒”，由于古代越人族群庞大，其中一个支系在南北朝被称作“僚”，因此从魏晋南北朝至唐宋时期这里的少数民族被称为“五溪蛮”或“蛮僚”。“僚”人在唐宋时期又进一步分化，其中包括现在的侗族。至明末还将侗族称为“僚”，邝露的《赤雅》中便有“侗亦僚类”的描述。明清时期侗族的称谓主要为“僚人”“侗僚”“侗人”“峒人”“侗蛮”等，并已分化出现“侗”的称谓。因此这也对民族学家所论述的“越——僚——侗”[3]这一基本轮廓的侗族历史渊源做出了进一步验证。直到民国时期才称“侗家”，中华人民共和国成立以后才正式称为“侗族”。

从侗族历史渊源的发展过程所反映的不单纯是一个历史事件，与现如今的侗族聚落和建筑文化也有着一定的关联性。考古学家通过出土的器物对侗族地区的发展史实作以印证外，还从一些侗族地区的聚落遗址表明侗族发展的脉络，这也说明如今的侗族聚落形态与古代百越部族之间的关系密切，越人“巢居”、“馆水”等习俗在今天的侗族地区仍然得以传承保留。《魏书·僚传》中记载：“僚者，盖南蛮别种，自汉中达于邛筰，川硐之间，所在皆有散居山谷。”[4]《北史》中也对干栏（阑）式建筑有所描述：“依树积木，以居其上，名曰干阑。干阑大小，随其家口之数。”[5]考古学界的安志敏先生在 20 世纪 60 年代初对长江流域以南——其中包括贵州在内的地区——所发掘的自新石器时代早期至殷、周、春秋、战国、汉各朝代遗址中出土的干栏建筑遗存构件证明了干栏式建筑的历史遗存，同时也说明了侗族历史发展过程中，建筑的演变是一脉相承的，现存侗族

1※ 侗族习惯法研究［M］. 吴大华. 北京：北京大学出版社，2012.7：5.
2※ 五条溪流指雄溪、樠溪、酉溪、潕溪、辰溪。参见吴大华. 侗族习惯法研究［M］. 北京：北京大学出版社，2012.7：5.
3※ 试论侗族的来源和形成［J］. 石开忠. 贵州民族研究，1993.4（2）：75-79.
4※（北齐）魏书［M］. 魏收. 北京：中华书局，1974.
5※（唐）北史［M］. 李延寿. 北京：中华书局，1974.

建筑的历史文献挖掘虽然只能追溯到唐以后，甚至现存大量的建筑均为清代，但从考古学领域得以证明现存侗族建筑并非陡然产生的一种新的建筑形制，它是具有历史延续性的。

1.2 侗族区划认知

1.2.1 地质地貌与侗族分布

从文化地理学角度而言，不同地理环境下生活的各民族有着不同的民族文化，这与相应地理环境中不同的自然条件和自然资源有着必然的联系，并在实践活动中形成不同的生活方式、社会组织等鲜明的文化特性。有关侗族称谓与他们所居住的地理位置的特征有关一说在史学界得以考证，由于侗族聚居区所在之处大多聚居于高山峡谷之中，集中居住在平坝、山冲等地，四周被崇山峻岭所包围，整个居住环境形若洞天，因此将那里的人们称为“峒人”“峒民”“峒户”。

由于民族成分的恢复，从 20 世纪 80 年代开始，侗族主要分布的区域确认为贵州、湖南、广西三省毗邻地带和湖北省的西南部四省区，约为东经 108°~110°，北纬 25°~31°。从现有侗族所在区域来看，大部分处于云贵高原的东部（图 1-1）。据 2000 年第五次全国人口普查与 2010 年第六次全国人口普查比较得知，全国侗族人口从 2000 年的 2960293 人下降到 2879974 人，其中贵州地区的侗族人口从 1628568 人下降到 1431928 人，从所占全国侗族人口的 55% 下降到 49.72%，仍处于全国侗族人口的首位（表 1-1）[1]。参照 2000 年第五次全国人口普查数据，贵州境内侗族主要分布在黔东南苗族侗族自治州境内，占了贵州侗族人口的 74.1%，其余散居在该州其他县份及贵州其他地区（表 1-2）。从贵州侗族所属主要聚居地区的黔东南州来看，境内总体地势是北、西、南三面高而东部低，海拔为 300~2000 米，但大部分地区海拔在 500~1000 米。整个区域既有崇山峻岭，也有起伏的丘陵，其中东部和东南部地区主要以低中山和丘陵、盆地为主，侗族聚落利用天然屏障建起独特的居住模式。

1※2000 年第五次普查侗族人口数据参考 2000 年人口普查资料汇编［M］. 国务院人口普查办公室. 北京：中国统计出版社，2003. 2010 年第六次普查侗族各省人口数据参考 http://www.iwuling.com/column/wulingyanjiu/shixiangyanjiu/2012/0704/2934.html. 武陵研究. 思想前沿. 吴跃军. 第六次全国人口普查侗族人口十年分省比较.

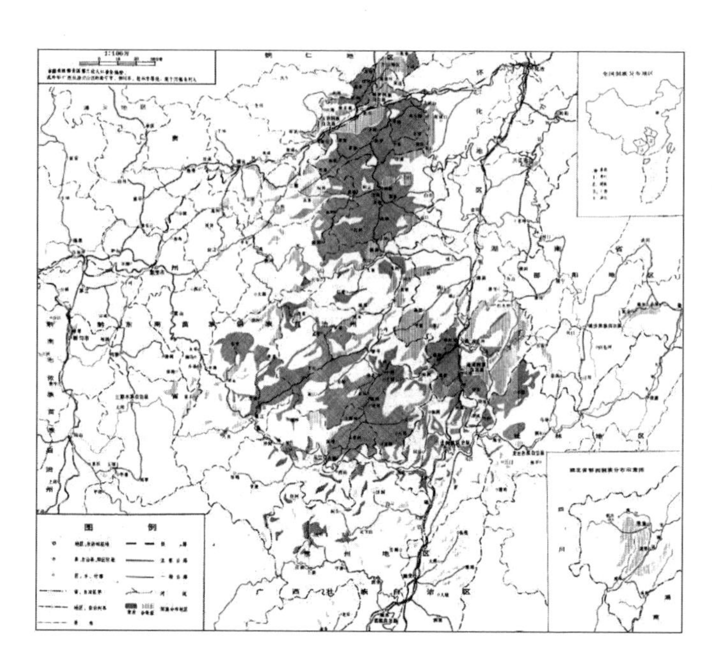

图1-1 侗族分布图（资料来源：侗族简史编写组. 侗族简史[M]. 贵阳：贵州民族出版社，1985：扉页）

2000年第五次和2010年第六次全国侗族人口分布比较 表1-1

地区分布	2000年人口（人）	2000年人口分布比例（%）	2010年人口（人）	2010年人口分布比例（%）
贵州省	1628568	55	1431928	49.72
湖南省	842123	28.4	854960	29.69
广西壮族自治区	303139	10.2	305565	10.61
湖北省	69947	2.4	52121	1.81
其余各省	116516	4	235400	8.17
总计（人）	2960293	–	2879974	–

2000年第五次人口普查贵州侗族人口分布表 表1-2

地区	人口	地区	人口
黔东南	1207197	黔西南	2482
铜仁地区	376862	六盘水	2544
贵阳市	20892	安顺市	2300
黔南	11337	毕节地区	651
遵义	4303	总计（人）	1628568

依山傍水是侗族建村立寨的原则之一，水是整个聚落的命脉。在贵州黔东南苗族侗族自治州境内有大大小小的河流近3000条，以清水江、舞阳河、都柳江为主干河流，呈树枝状遍布侗族各区域，这三条河流将侗族从南到北、从西向东贯穿其中，可谓是侗族地区的生命之源。其中清水江、舞阳河属于长江水系，流经武陵山脉和苗岭山脉支系，清水江系沅江上游干流，是流经侗族北部地区最大的河流，自西向东流经剑河、锦屏、天柱三县侗乡，清水江源自贵州锦屏县茅坪镇下的杨渡角，江水四季长流，历来成为侗族地区交通运输的大动脉，以水运事业著称的“木头城”锦屏县三江镇，以及侗乡文化教育最为发达的天柱县因濒临清水江流域而大大受益；舞阳河系沅江的主要支流，自西向东流经镇远、岑巩等县，舞阳河出了贵州玉屏县境便是湖南新晃侗族自治县所在地；另有属于长江水系区域的湖南通道侗族自治县境内的渠水为秦汉时期五溪之一的栖溪，清水江、舞阳河、渠水等江流汇合成沅江，注入洞庭湖后流入长江。都柳江属于珠江水系，系西江干流融水上源，是流贯侗族南部地区的一条大河，它源自贵州独山县南部，东南流经榕江县，与平永河和寨蒿河汇合后，穿过从江县，在广西三江侗族自治县境内与北来的浔江汇合，流入融江，注入柳江后汇入珠江，其中贵州侗族南部地区的黎平县处于都柳江流域并与从江县接壤处，境内也有众多的支流与都柳江相通。三条主要河流将贵州侗族区域加以明确和划分，并将贵州与湖南、广西两省之间的侗族地区区位关系从地理上给予了明确的梳理，并进一步从地理关系中证明了贵州侗族在全国侗族范畴中的重要性和突出性。

1.2.2 方言区划

侗族是一个有着自己语言的民族，1956年至1957年间，语言学专家根据词汇异同、语法现象及语音特点，以贵州省锦屏县的启蒙一带为界将侗族分为南北两个方言区，其中启蒙以北为北部方言区，以锦屏“大同话”为代表，包括贵州省的天柱县、三穗县、锦屏县北部、剑河县，以及湖南省的新晃侗族自治县、靖州苗族侗族自治县；启蒙以南为南部方言区，以锦屏“启蒙话”为代表，包括贵州省的黎平县、从江县、榕江县、镇远县、锦屏县南部，以及广西壮族自治区的三江县、龙胜县、融水县，湖南省的通道县。南北两个方言区除了语言方言有区别之外，在社会和文化层面上的差异性也比较明显，北部方言区汉文化涵化程度较深，体现在社会生活各个方面；而南部方言区的汉文化涵化程度较微弱，直至20世纪80年代以后才陆续发生转变。

按照语言学家对侗族南北片区的划分来看，侗族南部方言区主要分布在都柳江流域，这一区域保留着众多侗族传统文化，并被社会各界广泛关注和研究。萨崇拜、自然崇拜、图腾崇拜等原始宗教依然是侗族的信仰体系，侗族大歌、侗戏是侗族生活的一部分，“行歌坐夜”、“吃新节”等传统习俗至今被延续。社会组织关系建立在血缘基础上，形成款文化的一种自我管理模式；家族标志最突出的特点便是鼓楼文化的表现，一个家族一座鼓楼，或多个家族共用一座鼓楼的文化现象是侗族南部方言区最为典型的特征，并形成以鼓楼为中心的聚落空间格局；每村每寨几乎都存在的鼓楼、风雨桥、萨坛、寨门、干栏式民居（高脚楼、吊脚楼、矮脚楼）、禾晾、禾仓等富有传统民族文化印记的建筑物形成了这一区域独有的建筑文化。虽然处于都柳江沿岸的榕江县和从江县也受到外来文化的侵袭，在建筑上出现了地面式建筑和印子屋，但总体文化氛围并没有像北部方言区那样被消减，在宗教信仰、鼓楼文化、传统习俗等方面仍然保留着传统文化的特质。

侗族北部方言区主要分布在清水江流域。据史料记载，从北宋时期开始，封建王朝对在清水江沿岸的侗族地区不断加强了控制，到元明清时期，清水江流域更是成为侗族地区与外界沟通的主要通道，外来文化逐渐进入侗族地区，特别是汉族文化的融入使侗族地区的汉文化教育得以兴起，尤其贵州天柱县作为侗族北部方言区最为集中的县份，是侗族地区文化教育最为发达的地方，天宝年间（公元742—755年）著名诗人王昌龄被贬谪为龙标县尉（辖今锦屏县、天柱县一带），创立了龙标书院；北宋时期在经制沅州建立了州学（今天柱县、三穗县等地）；明代的凤山书院，以及清代康熙、雍正年间设立的“县学”足以说明天柱县对文化的重视度。汉文化在侗族地区的广泛传播，使侗族子弟接触了更多的外来文化讯息，甚至通过考取举人、进士，或出任为官，或设馆授徒，使这一地区的文化呈现多样化发展态势，留存在南部方言区的文化特征——如侗族大歌、侗戏、鼓楼文化、萨文化、侗族传统习俗“月也”，以及款文化等众多传统文化——在北部方言区几乎完全丧失，形成不同于女神崇拜的“萨”文化，而以供奉“飞山公”杨再思为主体的佛教、道教、鬼神崇拜等多种信仰文化，不同于侗族大歌而以传统诗词形式的文学手法和汉族古书中的故事情节所形成的民歌文化（如清水江畔的四十八寨歌）等，在宗教信仰、服饰、习俗等方面明显区别于南部方言区。这种文化现象自然延伸到聚落和建筑文化当中，并对其发生着潜移默化的影响，出现众多侗汉文化融合的聚落和建筑文化形态，最具典型的侗族北部方言区建筑当属于清水江沿线的宗祠（虽然在南部方言区如黎平县境内也有一些宗祠文化的留存，这应属于清水江流域文化的延伸）。家族文化的象征通过家谱和宗族建筑得以表现，袁显荣的《清江祠韵》一书记载了清水江沿岸天柱县、锦屏县 40 个姓氏 146 座宗祠，成为见证明清时期江南文化进入侗族地区之后的文化融合现象的有力证据。而在聚落形态、民居布局以及形制方面充分说明了本地文化与外来文化的相互交融，在平坝地区出现传统合院式印子屋格局的地面式建筑，在坡地区域则以侗族干栏式建筑为主依山而建，同时又糅合了印子屋的一些布局特点，使整个聚落和建筑文化呈现多元文化“大集合”的状态。

1.2.3 侗族土语与侗族支系分布

侗族内部自称为“佧”“干”“金”（Gaeml）[1]，因为侗族方言差异，又分为三个土语区，民族学家从侗族族源出发，将不同土语地区分为佬侗、佼侗、但侗三大支系，这三大支系内部自称为“佧佬”（Gaeml laox)、“佧佼”（ Gaeml jaox)、“佧坦”（Gaeml danx)。据吴忠军《侗族源流考》获知，三大支系基本形成于宋代，同源于岭南越人，其中佬侗与佼侗源于骆越与僚人，至宋代从僚人中分化出来形成独立的支系；但侗源于西瓯与蛋人。侗族这三大支系以不同的线路迁徙至当今所在侗族区域，与方言土语也有一定的关联：“佬侗属侗语南部方言的第二土语区；佼侗主要居住在北部方言区和南部方言第一土语区的部分地区；但侗的分布区域，处在南部方言第一土语区西部，和南部方言的第二土语区毗邻，相当一部分还与佼侗杂居。”[2]（图 1-2）

通过对侗族这三大支系所在地理位置的考证，佬侗（自称“佧佬”）主要分布在贵州的黎平县、榕江县、从江县，广西的融水县、三江县西部等区域，与侗族南部方言区所属区域对应，处于都柳江流域，属于珠江水系；佼侗（自称“佧佼”）分布较广，主要分布在贵州的锦屏县、天柱县、玉屏县，广西的三江县、龙胜县，湖南的通道县、靖州县、新晃县等地，与侗族北部方言区大部分地区相对应，除了广西的龙胜县和三江县之外，其余均处于沅江流域，属于长江水系；但侗（自称“佧坦”）处于南北方言区的交界处，主要分布于贵州黎平县的潭洞，广西三江县、龙胜县，湖南的通道县等地。就贵州境内的侗族分布来看，这三大支系分别对应了南北方言区及交界的所属区域。按照三大支系和南北方言区的文化特征记载，有擅长以鼓楼、干栏式木楼和风雨桥为地方建筑文化特色，唱多声部的侗族大歌、演侗戏、穿着侗族手工亮布与精致

1※ 侗语汉译过来有不同的读法，有念“佧”“干”或“金”，都是指一个意思。

2※ 侗族聚居区的传统村落与建筑研究［M］. 蔡凌. 北京：中国建筑工业出版社，2007：242.

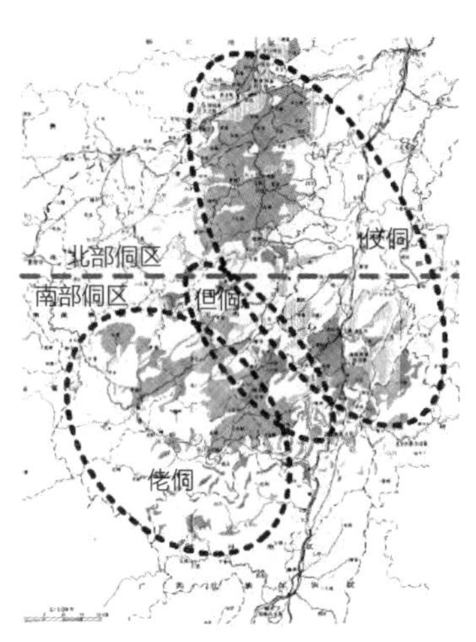

图1-2 侗族方言分区示意图【图片来源：(左)梁敏. 侗语简志[M]. 北京：民族出版社，1980：81；(右)赵晓梅. 黔东南六洞地区侗寨乡土聚落建筑空间文化表达研究[D]. 清华大学博士学位论文，2012：54.】

刺绣花边的民族服饰，信奉萨岁女神，保留着走寨与行歌坐夜的传统习俗，款规款约自治的款文化等传统侗族文化特质的佬侗支系，恰好是侗族南部方言区的文化特色；佼侗支系以飞山公为信仰对象，唱民歌、演傩戏，服饰简洁，少花边，典型的侗族北部方言区特色；但侗支系的文化融汇了两大区域特征。

通过两大方言区的地理分布以及侗族支系与南北各有的三大土语区划的关系，可以从地理位置上将侗族聚落和建筑特征做出区域上的差异划分，并将聚落和建筑文化发展追溯至其源头，以更加明确地挖掘出贵州侗族聚落和建筑文化生成的确切根源。

1.2.4 服饰文化

侗族传统服饰依据不同的角色和场所有所不同，大致分为妇女服饰、男子服饰和童装，其中男女服饰中又有生活便装和节日盛装之分。在服饰衣料上多以自纺自织自染的侗布为主，配以绸缎或细布作为衣物的配饰。侗族衣料主要包括软侗布、硬侗布和亮布[1]，其中以“亮布”最具特点且工艺复杂，节日盛装也多以亮布加工制作而成。

1※ 软侗布和硬侗布的制作较为简单，将布侵染、晾干、捶打、蒸，反复多次直至颜色呈红褐色，大约7~10天便可制成软侗布；而硬侗布的制作方法大致同于软侗布，只是染布后无需捶打。侗族“亮布”制作工艺复杂，大致经过侵染、浆布、涂抹蛋清和猪血、捶布、晾晒、蒸、再次晾晒、再次染色，反反复复十多道工序，整个制作过程需要10到20天，亮布的色泽越是褐红发亮便表明侗族女性的手艺越巧，在传统节日、婚丧嫁娶等重要日子所穿的盛装都是用亮布制作而成。

侗族聚落各区域之间在装束上有一定的区别，并在一定程度以着装将侗族聚落空间做出了划分。据相关史料记载，明代时期黎平地区的侗族“男子科头跣足，或趿木屐”，“妇女之衣，长袴短裙，裙作细褶裙，后加一幅，刺绣杂文如绶，胸前又加绣布一方，用银钱贯次为饰，头鬓加木梳于后”，“好戴金银耳环，多至三五对，以线结于耳根。织花细如锦（即为‘织锦’），斜缝一尖于上为盖头，脚趿无跟草鞋”。[1]而在清代文献资料上对怀远（今天的广西三江）的侗人装束也做出了记录，“罗汉首插雉羽、椎鬓，裹以木梳，着半边花袖衫，有袴无裙，衫最短，裤最长。女子挽偏鬓，插长簪，花衫、耳环、手镯与男子同。有裙无袴，裙最短，露其膝，胸前裹肚，与银缀缀之。男女各徒跣。”[2]从这两段文献资料可以粗略地看出侗族所属区域不同，其男女装束也是有所差别的。

根据文献查阅以及作者对部分区域的实地调研，从贵州侗族区域男女装束中可以发现极大的差异性。侗族北部方言区大部分地区人们的着装普遍汉化，与汉族着装无异；而在侗族南部方言区及北部方言区的镇远县报京侗寨等少部分地区的着装仍然保持着传统特征。男性服饰以“对襟窄裤式”[3]最为普遍，各区域的服饰样式或装束并无十分明显的区别。服饰反映在区域上的差别主要体现在女性装束上，在贵州从江县、黎平县“六洞”一带的妇女服饰以对襟裙装为主，上装为无领无扣、敞胸的对襟掩臀长衣，衣袖瘦长窄紧，外衣两侧开高衩，上衣的襟边、袖口、下摆及衩沿采用绲边布或装饰花边，内以刺绣胸兜打底；下装的百褶短裙长及膝盖，小腿裹以带飘带的绑腿或布套，足穿绣花船形钩鞋；通常以红木梳将头发绾在左侧发鬓。这种装束在如今的日常生活中也常见，年轻女性的外衣颜色鲜艳，老年女性的外衣颜色较深，为了便于作业，下装以裤装替代了传统装束中的百褶裙（图 1-3）。

在黎平县的尚重、赖洞，以及榕江县乐里七十二寨一带的妇女以右衽大襟裙装式为主，上衣为右衽无领大襟衣，夏秋两季多为白色或浅蓝色布料，衣长及臀，衣袖宽大，衣襟和袖肘部位镶以精致的刺绣宽幅花边或侗锦装饰；裙装为宽松的百褶裙，长及膝盖；小腿扎彩锦或亮布绑腿，足穿无跟草鞋或白布底绣花勾头鞋（如今多以球鞋替代）；木梳或塑料梳绾发盘于头顶（图 1-4）；盛装时头戴银花，胸挂银牌作以装饰，腰间围以花围腰。

1※（明弘治）贵州图经新志［M］. 卷7：55（复印本）赵瓒，王佐. 北京：国家图书馆出版社，2009.
2※ 罗汉是指未婚男性。侗族简史［M］.《侗族简史》编写组. 北京：民族出版社，2008.7：239.
3※“对襟窄裤式”为上衣直领、对襟、袖窄，衣服纽扣为布扣；裤子为宽裆窄筒；头帕以格子或亮布进行“角式”或“团圆式”式样包头。

图 1-3 从江县增冲侗寨年轻、老年女性的日常着装；小黄侗寨女性盛装（图片来源：作者拍摄）

图 1-4 榕江县乐里侗族女性夏季日常装束（图片来源：作者拍摄）

都柳江沿岸，榕江县车江三宝侗寨一带，以及黎平县局部地区、镇远县报京侗寨等地的女性服饰上装为右衽无领或矮领大襟衣，肩部、袖口、领口以及领口至衣摆的襟边等处均以布滚边或用花边作以装饰，下装多为长裤，头发以梳子盘在头顶或侧鬓处，脚穿无跟草鞋或圆头花布鞋或勾头绣花鞋。日常着装装饰简化，但仍保留着传统式样（图 1–5）。

侗族传统服饰不仅在同一区域其年轻人与老年人、未婚和已婚女性的服饰有着细微的差别，而且在不同区域的差异性也更为突出。虽然目前无法考证各个区域传统服饰差异性的最初原因，但各种朴素美观装束背后却反映出了与侗族聚落的片区划分之间的关联性，其服饰文化的细微差别在一定程度上区别了聚落环境特征，以及在聚落环境的分区上具有一定的启示作用。

图 1–5 镇远县报京侗寨女性服饰、榕江县车江侗寨女性日常矮领大襟衣（图片来源：（左）新华网；（右）作者拍摄）

1.3 生存环境与聚落和建筑的生成

1.3.1 气候水文与自然资源

侗族是一个水量充沛的地区，年降水量达1200毫米左右，年平均气温约为摄氏16℃上下。宜人的气候环境为侗族地区发展农、林、牧、副、渔产业提供了优越的条件，适宜粮食作物和林畜生长。在粮食种植方面，以黏稻为主，糯米次之，贵州境内榕江县的车江，天柱县的兰田、五家桥，黎平县的中黄、中潮等地以产粮著称。

林业的发展直接影响着侗族传统建筑的材料需求。侗族地区作为全国著名的木材产地和全国八大林区之一，有着“杉海”之称，以盛产杉树而享誉全国（图1-6）。得天独厚的地形地貌，加上山岭高峻，河谷地段较为狭窄，境内溪河众多，水网密集，雨量充沛，使这里成为适宜杉木生长的极佳地理环境。整个侗族地区的杉木不仅分布面广、蕴藏量大，而且木质优良，成长迅速。早些年的都柳江、清水江江面上运木材的木筏连绵不断，串成了一条长长的木头长龙，极为

图1-6 “杉海”——清水江沿岸的杉树林（图片来源：作者拍摄）

壮观，其中贵州省锦屏县三江镇从明初以来便是清水江流域主要木材集散地，被称为“木头城”，每年从河运或陆路运往外地的木材不计其数。侗家儿女出生就要种植杉树，18 年之后杉树成材，儿女也到了成婚之年，便可以砍伐出售或建造房屋，作为婚嫁之用，因此侗家的杉树有“十八杉”之称。正是侗族人民常年积累种植杉树的丰富经验，培育出“八年杉”、“十八杉”（即移栽 8 年或 18 年便可成材），为当地人民和其他地区提供了大量优质的木材资源，侗族地区至今还有许多形如巨伞的古杉，最高达 30 多米，树围至 3 米多，成为侗族地区修造鼓楼、风雨桥等雄伟建筑的极佳材料。明朝永乐年间迁都北京后，侗族地区为营建宫殿派送了大量的“皇木”、“贡木”。侗族地区的木材除了量大外，挺直、细密、轻韧、耐朽、易加工等质优也是其突出特点，中华人民共和国成立后，大量的优质木材也源源不断地从侗族地区运送到外地，其中包括武汉长江大桥、三门峡水库等重大工程的建设。

1.3.2 生境构成之土地类型划分

土地为人类提供了多样性的生存环境，人类也因为居住环境的不同，通过与土地之间能动性的关系而形成多样化的生活生存状态，逐步生成了各异的聚落形态和建筑文化。从贵州侗族聚落和建筑生成层面而言，人与土地发生紧密关系的范畴主要是指耕地、林地、宅地等方面，并通过人对土地的利用和改造得以形成。

贵州侗区多山多水的地形地貌特征，促发了如何对土地开发利用最大化的问题。正是因为所在区域多为崇山峻岭之中大小不一的“坝子”或山麓，因此侗族有“溪峒”之称，其选为定居的场所通常地表平整、四面环山、溪流纵壑，这一区域最适宜农业耕作，因此土地与聚落的关系体现在经济生活模式方面尤为突出。《货殖列传》中“楚越之地，地广人稀，饭稻羹鱼，或火耕而水溽”[1]的记载说明古代越人便有着水田稻作土地经济模式的生产、生活及思维方式。耕地是侗族人们为自己提供物质生存的基本要素，以围绕宅地边界适时分布，既与住居空间形成一定的距离，又能得到有效的照顾，加之土地环境的优势，水田稻作的土地经济模式成为耕地最佳的利用方式。侗族地区的耕地又分为旱地和水田，平坝地区侗族的水田所占比例因为生活模式而占有绝对的优势，并兼有渔业的发展，旱地则选择在离住宅较远的山坡区域加以开发。而对于低山丘陵多、河滩稻田少的

1※转引自侗族习惯法研究［M］. 吴大华. 北京：北京大学出版社，2012.7：10.

地理环境，侗族人们则选择在河滩地呈密集状态布局稻田、池塘和灌溉网，形成稻田养鱼、稻鱼共生存的农耕模式，同时对于水源充足的低坡山冲田、塝上田进行开发，用于种植具有较强耐受力的糯稻品种。通过对土地资源多层次的开发利用得以满足侗族群体基本生存需求的同时，也形成独特的聚落形态和空间，呈现一片生态和谐的自然景象。

地球上最大且最具活力的生态系统和生物圈便是森林，侗族地区的植被覆盖率常年超过75%。处于山地丘陵地带的侗族区域不是将森林作为土地的附庸，而是以林地作为基础开发其土地的经济实用价值，将生产的原木通过河流运往汉族地区换取经济利益，并在此基础上进一步完善林业生产技术，“每公顷林地的年积材量可以高达30~50立方米”[1]，形成林粮兼收的林地类型。

侗族聚落中的宅地面积可谓是土地利用率最高的区域，在对土地最大化利用的同时，还充分发挥了土地的价值，从而形成完整且稳定的社会体系。肥沃的土地为人们长久的居住提供了保证，聚落形态也因此而组织得紧凑有序，在建筑类型上出现多样化特征，并通过精美的细节装饰展现出文化的独特性。由于可开发区域的限制，为了避免对有限耕地面积的挤占，侗区聚落选址或依山傍水，或居高凭险，建筑样式以通风性能好、采光性强、适宜亚热带多阴雨天气的干栏式木楼为主，每一栋建筑采用上大下小、占天不占地、层层出挑的方式获取了土地利用的最大化。

1.3.3 生境构成与农耕文化

在以农耕文化为主体的侗族聚落，人与土地有着更为密切的关系，农耕经济与聚居方式强化了人们对土地的依赖，土地不仅是农业生产的主要资源，土地经济类型还是侗族聚落形态和建筑文化生成的基础。地属西南地区的贵州侗族聚落，气候湿润、雨量充沛、土地肥沃，侗族《创世纪》史诗《洪水滔天》中记载了侗族先民很早就懂得利用有利的自然条件来发展和从事原始农业。据文献记载，汉唐时期的侗族经历了狩猎采集与游耕的发展阶段，到宋代时才形成了以定居农耕为主的经济和生存模式。《创世纪》中的“巨敖始创谷种”的记载，以及南宋《老学庵笔记》载“辰、沅、靖州蛮，有仡伶、有仡僚、有仡览、有仡偻、有山猺，俗亦土著，外愚内黠。……皆焚山而耕，所种粟豆而已。食不足，则猎野兽……

1※ 南部侗族传统文化的属性[M]. 廖君湘. 北京：民族出版社，2007.6：76.

图 1-7　新都汉代干栏建筑与舂米图（资料来源：蓝勇. 西南历史文化地理［M］. 重庆：西南师范大学出版社，1997：3）

啖之"[1]，反映了侗族先民已经从原始的狩猎经济迈入了农耕经济，并出现"刀耕火种"[2]这种以农耕为主、狩猎为辅的生产方式。"田在高，水在低"的地理局限致使产量低难以生存，从而促人们迁徙到江两岸水源好的地方安家落户，改变"刀耕火种"的农作模式，以种植水稻形成"农耕稻作"的生存方式得以发展繁荣。据资料显示，黎平县九龙寨 1986 年有耕地 1600.2 亩，其中水田 978.2 亩，占总耕地面积的 61.1%；旱地 622 亩，占耕地总面积的 36.6%。[3]据另一资料中的行政登记数据，黎平县黄岗侗寨共有田地 1810 亩，其中水田 1548 亩，旱地 262 亩。[4]从这些资料来看，稻田耕作是侗族土地经济开发资源利用最高的方式。

不论是南部方言区还是北部方言区，均以农耕稻作为主要的经济类型，兼有稻田养鱼，混融林业、渔猎采集等多元形态的经济文化类型，形成自给自足的自然经济模式。侗族以水田稻作为主体经济，其聚落形态和建筑必然与稻作物发生紧密关系，开辟和整治水田、为水田提供水源等生产结构不仅反映了聚落形态与空间特征，并使其呈现着多样性和丰富性，其中稻作的种植与收获过程也与聚落形态、空间构成和建筑类型有着一定的关联，最典型的便是侗族南部方言区的禾晾和禾仓群在聚落空间的布局，有的布置在聚落中心，有的集中布局在聚落的一侧，或者单独建在水塘上，成为聚落整体环境中独有的风景。稻作物的传统制作过程也影响着建筑的内部空间布局，古代的舂米习俗在打米机出现之前一直被沿用（图 1-7），干栏式建筑的底层或二层宽廊处便是舂米用具的摆放之处，有些侗族聚落（如从江县往洞寨）还有用水车或水碾等工具打米，丰富了侗族聚落和建筑生成的文化因素。

1※（宋）老学庵笔记［M］. 陆游. 卷四. 北京：中华书局，1979.
2※"刀耕火种"是一种原始的耕作方式，即用火烧山，再播下种子，火烧过的土地来年的植物生长会更加丰盛。
3※ 侗族：贵州黎平县九龙村调查［M］. 刘锋、龙耀宏. 昆明：云南大学出版社，2004：22.
4※ 黄岗侗寨的人口与家户经济研究［D］. 才佳兴. 中央民族大学博士学位论文，2013.03：44.

1.3.4 生境构成与土地制度

侗族地区的土地制度因为社会剧变而出现了多次调整，在土地租赁与买卖下形成了多种土地制度，这些制度在影射文化渗透的同时，也对聚落和建筑文化的生成造成了一定的影响。原始社会时期的侗族土地为氏族公有制，享受人人有份、平均分配的共同生存原则。从唐代开始直至中华人民共和国成立之前，各阶级土地占有状况各不相同。

唐代开始出现“男丁授田于酋长，不输租而服其役”[1]的状况，土地属性由原来的氏族公有转化为氏族酋长所有。大约至北宋末期，侗族地区的生产关系再度发生变化，在北宋王朝直接统治的辰州等地，因封建势力的日趋强大而削弱了酋长的权利，土地又从氏族酋长所有而转为封建政府所有，在封建政府的土地管束之下，农民纷纷迁徙以至于田地荒废，当地“大姓”将其收入囊中，成为封建政府的“二地主”。到南宋初年，地方官吏对原有土地管理的松懈，使“峒丁”、“弓弩手”私鬻、私易土地的情况日趋严重，最终不得不允许“峒丁”、“弓弩手”出卖或转让田土，由此土地所属又从官府所有转为了少数富农和权贵者所有，形成新兴的地主经济。到明朝统治的200余年间，大姓割据的局面基本上结束，从明初为土司、地主及朝廷所占有，到弘治年间（1488-1505年）发展为“计口而耕”自给自足的自然经济状态，鼓励农民垦荒，兴修农田水利，促进了地区与中央王朝的统一。

清代以后，土地随着原有长官司转化为地主和“屯田”自由买卖而更加集中到一些大姓或大地主手中，地主采取实物地租对农民进行剥削。资料记载嘉庆年间黎平府开泰县中潮所鲁姓自夸其田之多，每丘折谷一线（穗）可供全家吃一年；天柱县的吴、李、龙、杨号称“四大户”，各占土地一千余亩，其中龙姓的土地遍及两县（天柱县、锦屏县）一厅（清江厅）；永从县的贯洞吴姓有田土近千亩。[2]明清时期的农民在地主和官府的双重剥削压榨下，侗族北部方言区爆发了由姜应芳、姜芝灵领导的农民大起义（主要活动于今天的天柱、锦屏、剑河、三穗、镇远、玉屏等县），没收地主的土地，实行田土“插牌分种”，谁种谁收；梁维干、潘通发等则领导了侗族南部方言区的农民起义（今天的黎平、从江、榕江等地），但却最终寡不敌众而以失败告终，致使南部方言区的许多村寨化为灰烬，不少地方十室九空，田园荒芜。与此同时，一些地主或商人乘镇压农民起义之机，强占强买田地，以至于土地进一步集

1※ 容斋随笔·渠阳蛮俗（卷四）[M].（宋）洪迈. 上海：上海古籍出版社，1978.

2※ 资料来源侗族简史 [M].《侗族简史》编写组. 北京：民族出版社，2008.7：53.

中于新、老地主手中。

至侗族地区解放前，侗族地区的土地占有率出现了区域差别性，相对交通便捷、接受汉文化影响较早的贵州侗族北部方言区的土地占有情况与汉族无太大差别，地主、富农占有土地量较大，如锦屏县的地主和富农占总户数的5.9%，却占有土地达23.2%，占有山林达57.6%，同属北部方言区的玉屏侗族自治县的地主、富农占总户数的5.86%，却占有全县土地的26.3%；相对交通不便、实行改土归流较晚的侗族南部方言区的土地占有情况大不相同，以贵州从江县的占里侗寨为例，占总人口1.37%的地主占有耕地为4.79%，占总人口数62.45%的中农占有全寨耕地的68.53%，占总人口数13.58%的贫农占有全寨耕地的5.99%（其他土地为富农、富裕中农和小土地出租所有）。[1]

直至1951年6月实施的“土地改革”，侗族地区将地主、大姓所占有的土地进行了重新分配，对于一部分“族有”和“寨有”的土地，如赛马场、芦笙场、斗牛场、踩歌坪、游方坡、鼓楼地、风雨桥地、风水林等公田不予征收和分配，并根据群众意愿进行保留，作为同族或同寨成员所共有。

土地所有经历了不同的制度形式，贵州侗族地区同样受到中央王朝田制的影响，其中私田制和族田制相对比较明显，在地主或大姓手中经租赁和买卖方式的土地制度对于侗族聚落形态聚集的格局有着一定的影响，形成聚族而居模式是一个土地制度下发展的必然结果。同时更加强化了土地的生态性和可持续性，打破汉族中央王朝宅田制度中的等级关系，根据土地地表关系形成层叠的空间格局，利用最小的土地面积获取最大利用率，实现了最大密度的人口聚居，在宅、田、林的用地分配上形成绝对生态的农耕文化聚居模式。

1.4 社会组织结构与聚落和建筑的生成

1.4.1 宗族组织

侗族民间流传的古歌和传说描述了侗族社会经历了杂乱群婚、血缘婚、族外婚、对偶婚、专偶婚（一夫一妻制）[2]等几个不同婚姻形态阶段。侗族民间流传的《人类起源

1※ 相关数据参见侗族文化研究［M］. 冯祖贻. 贵阳：贵州人民出版社，1999.9：106

2※ 侗族文化研究［M］. 冯祖贻. 贵阳：贵州人民出版社，1999.9：109.

歌》中兄妹婚姻的神话传说可以被看作是血缘婚的雏形，在社会发展对婚姻形态的影响下，出现了广为流传的侗族史诗《破姓开亲》，并将侗族族外婚演变为族内婚的形态类型。发展到母系氏族的侗族“姑表舅婚”习俗存在了很长一段时间，便成为侗族婚姻习俗的主流。婚姻是侗族血缘组织的基础，古老的婚姻形态痕迹至今仍有遗存，现代侗族社会一夫一妻制的父系小家庭构成侗族血缘联系的最小单元。侗族家庭类型根据家庭组成成员的不同而有所区别，儿子长大成家之后将另建火塘（即另立门户），形成两代人的小家庭，这种类型在侗族地区占主导地位；如果父母双亡，弟妹年幼的则由长兄持家，直至弟妹成家；如果是独子的家庭结构则会出现几代同堂的类型。侗族家庭中父亲掌管家庭的全部家政，是一家之长，家庭经济则由妇女掌管，家庭中所有劳动由男女共同承担（除纺纱织布等女红劳作外），遇到重大事情时由家庭所有成员共同商议，对妇女的意见格外尊重（这有别于汉族的家长制），体现了侗族社会的和谐平等。

在侗族姻缘关系的小家庭基础上，以血缘关系为基础的社会组织——房族——是构成侗族社会的大家庭。房族在侗语中因地区差异称谓有所差别，有的称作“斗”或“兜”[1]，也有的称作“补腊”，意思是父亲与儿子组成的父系血缘关系，他们之间有共同的“补”，也就是同一个祖父、远祖父、高祖父，表示由各个小家庭构成的房族。作为侗族传统社会组织结构中最基层的“补腊”组织，根据血缘与人口关系又分为小房族和大房族。小房族（侗语称“高然”，音为 Gaoc yanx[2]）是指5代以内的血缘关系成员，族内严禁通婚，族中成员皆以叔伯兄弟相称；大房族（侗语称“王”或“翁”，音为 Wangc）则是指由几个血缘相近的小房族组成的血缘群体，族内成员同辈同样视为兄弟姐妹，不能通婚，虽然不及小房族亲密，但对外而言也是一个紧密的血缘团体，族内由“族长”负责处理大小事务。如黎平县肇兴侗寨在其发展过程中由于人口增加，而将村寨分为五个房族（兜），一个“兜”一座鼓楼，五“兜”为一姓。再如从江县的占里侗寨，由原来的5户人家发展至如今的160户700多人，以最老5户人家为基础分为五个“兜”，五“兜”共有一座鼓楼，对外全部为“吴姓”。同一个房族共同拥有相应的田产、墓地、鼓楼、鼓楼坪、风雨桥、风水林等，由房族成员共同享有和维护，如公田轮流耕种，所得

1※“兜”，侗语发音为DOUC，意为一个家族或一个宗族，侗语汉译过来书写方式各异，还有译为“斗”，选择石开忠教授的“兜”译法，更符合侗族房族的意思。

2※“高然”，也有称为“高大代农”或“高然代农”，意为“许多兄弟”，是贵州榕江七十二寨的称呼，至五代以内的父系血缘大家庭，喜居住在一幢干栏长屋。如20世纪80年代，贵州榕江保里寨杨姓的一个“高然”，由21户137人组成。参见侗族父系大家庭遗存与干栏长屋[J]. 黄才贵. 贵州民族调查（之九），1992.43.

收入用于修建鼓楼等公有物品。由于血缘关系紧密，同时便于各家庭与各房族间的相互照应，自然而然形成聚族而居的居住形态。

1.4.2 地缘组织

在血缘联系基础上，宗族组织在地缘结构上与村寨组织重合，将房族（补腊）关系扩张到姓氏范畴，以姓氏作为家庭组织的外沿延伸，同姓的社会组织内部有不同的大小房族，且大房族之间如无兄弟关系的便可通婚，形成地缘社会组织关系。同寨少数异姓自愿加入大房族，也可保留原有姓氏，享受族内之间的相互帮助和族内公田、公林等收入，形成地缘为纽带的社会组织。按照地缘组织范围大小，在血缘（补腊）组织基础上，产生各级民间社会组织，包括村寨组织、"小款"组织、"中款"组织、"大款"组织和"联合大款"组织不同等级范围的地缘关系。

村寨的概念粗略地说明了侗族聚落的地缘组织关系，侗族"聚'兜'而居"的习俗形成以房族为单元的村寨关系，一些大的寨子便成为一个村；"寨"在一定程度上近乎于家族，对于一些小的寨子，便由几个寨子组成一个村。从如今的侗族聚落形态来看，南、北方言区在象征家族的标志性建筑表达上有所区别，侗族南部方言区的聚落内部用鼓楼来象征一个家族的活动中心，成为一个社会组织的标志；而在一些靠近清水江流域的北部方言区则以宗祠作为一个家族的活动中心，家祠是这个社会组织的标志性建筑；鼓楼和宗祠作为一个社会组织的标志，表明这个聚落内部拥有几个家族或社会组织。由房族、同姓的寨民所构成的村寨组织，他们共同拥有村寨的公共财产。

以地缘为基础的社会组织可以延伸到款组织关系，款组织在宋代就已存在于侗族社会中，宋人李诵的《受降台记》中记载"淳熙三年（1176 年），靖州中洞'环地百里合为一款，抗敌官军'"[1]，宋人朱辅在《溪蛮丛笑》中也记载有"当地夷蛮，彼此相结，歃血叫誓，缓急相救，名曰门款"[2]。"款"字在侗族语言中表示"连片的、联盟的、有血缘联系的等等，它具有很强的结合能力"[3]。一个村或几个村相结合成为"小洞"，也称为"小款"，"小款"是款组织中最小的单位，"补腊"关系的家族组织是小款的基础。在一些款词中清楚地记录了小款区域的分布情况及所涉及的村寨，从历史记载得知贵州黎平县、从江县交界地区就有六洞款、九洞款、二千九款、千七款、千三款等，而

1※ 受降台记［M］.（宋）李诵.
2※ 溪蛮丛笑［M］（影印本）.（宋）朱辅. 台北：台湾商务印书馆，中华民国 75 年（1986）.
3※ 侗族款组织及其变迁研究［M］. 石开忠. 北京：民族出版社，2009.7：46-47.

这些款又包含多个小款，每个小款又由多个村寨联合构成。如六洞款包括贯洞（今贯洞镇所辖各寨）、云洞（今庆云、务垦、龙图、样洞各乡的村民组）、洒洞（今新安乡所在辖区）、塘洞（今独洞、塘洞、上皮林等村及村民组）、肇洞（今从江县洛香乡和黎平县肇兴乡的部分辖区）、顿洞（今黎平县肇兴乡的部分辖地）六个小款；九洞款又叫“平楼”款，包括“上千二”（今信地、高传、吾架、增盈、德桥等乡村辖地）和“下九百”（今朝利、往洞、贡寨、增冲、托苗、沙往、会里等乡村辖地）两个小款。[1]每一个小款在村寨寨老中推选出德高望重者为“款首”，“款首”需要熟悉“款规款约”；小款有专职送信、看守鼓楼的“款脚”；所有居民被称作“款众”，青壮年男性称为“款兵”；作为集会地点的“款坪”一般选择在地势平坦、交通便利之地。

在小款的基础上，以相同或相近的地域联合起来构成“中款”，如前面提到的贵州黎平县、从江县交界的六洞款、九洞款等各个中款组织，在地域范畴上相当于今天侗族地区的一至两个乡镇，并以款坪作为中款的召集点，中款款坪所在的小款款首便是中款款首议事的召集人。

大款组织是在中款基础上，联合相近的多个中款结盟而成；“联合大款”组织则是由若干大款合盟而成。大款或联合大款组织通常是在特定需求和历史条件下临时组建而成，既没有固定的地域范畴，也没有固定的集会场所，当问题得到解决或事件得以平息，大款或联合大款便不再有存在的意义而隐退。历史上记载的几次较大的联合大款组织及联款行动或者是民族利益受到严重侵犯，或者是民族生存受到威胁，或者是与民众生活紧密相关的传统习俗和文化观念的重大调整等。如历史上最有影响的一次“联合大款”行动便是汇集了湘、黔、桂毗邻侗族地区九十九个小款款首参与的“九十九公联款”组织，并议定了“破姓开亲”及“九十九公款”款约，合款“款词”强调“种田符合九十九公才熟谷，处事符合九十九公才成理”[2]。

在“补腊”宗族组织为基础形成的村寨、合款的地缘社会组织，更加强化了宗族组织在侗族社会中的存在意义，同时也映射出了侗族社会组织下“聚族而居”的聚落形态与居住空间关系。

1.4.3 制度关系

俗话说“家有家规，国有国法”，传统的侗族社会在宗族与地缘组织基础上，有着一套社会活动的规范系统。据历史记载从唐末宋初至清末民初，长期处于自治自卫军事

1※ 侗族地区的社会变迁［M］. 姚丽娟、石开忠. 北京：中央民族大学出版社，2005.8：40-41.
2※ 侗款［M］. 杨锡光. 长沙：岳麓书社，1988：235.

联盟性质的社会状态下，形成了与侗族社会关系相对应的宗法和“侗款”制度，并对现如今的侗族地区仍有一定的约束作用。

“补腊”组织作为侗族社会的基层组织结构，其内部结构完整，“补腊”组织内部有自然生成的寨老，侗语为“样老”或“宁老”（NYENC LADX，即头人的意思），寨老在族中有着一定的威望，并负责全族大小事务的处理与协调。“补腊”组织内部同时也具有一套相应的规范体系，实践着民间自治和自卫的宗法制度，即为“补腊制度”。对内部而言，“补腊”成员之间互相帮助，各家庭的婚嫁、添丁、病丧、建房等大事，全体“补腊”将纷纷出动，出人出力无偿帮助；当“补腊”内部成员之间发生冲突和矛盾时，则由“宁老”出面召集双方进行协调，按照村规族约进行调节；每一个“补腊”组织都有世袭不成文的族规族约，有关房族内部的财产、山林等的分配及族内纠纷均按族规处理，每家每户必须遵守，如有违反，则由寨老们严格按族规进行处罚；“补腊”内部遇到重大事情，寨老便召集宗族大会或村民大会，由大家商议决定。对外部而言，“补腊制度”的主体功能便是调节内外矛盾，并保护本组织的利益，维护其成员的合法权益。侗族传统的“补腊”制度对当今的侗族聚落仍然具有一定的辅助效应，实行村寨统治与宗族统治相结合，将政权与族权统治相融合，村委会或乡委会成员在处理村乡大小事务之时仍然需要寨老的辅助协调。

侗族传统社会在宗族组织有“补腊”制度，而在地缘组织上同样有着“侗款”制度来规范侗族的社会制度。侗族聚族而居的生活习俗所反映的“合款”组织是以血缘为基础的地缘村寨关系，合款的村寨通常具有一定的血缘关系或是通婚关系，因此款首的担任者可能既是“补腊”、家族的族长，又是村寨的寨老，款组织在血缘关系基础上，按地域远近层层结盟，形成自治自卫的地域性组织关系。侗族“款”组织作为侗族村寨之间“歃血为盟”“合款”而成的社会组织，包含了小款、中款、大款和扩大款社会组织结构，合款组织作为制度的载体，在其基础上建立了相应的侗款制度，包括了村寨内部的自治自卫所拟定的“款约”、村寨之间“立石为盟”或“发誓为盟”所订立的“款约款规”。侗族“规约”最早在宋代洪迈的《容斋随笔》的“四笔·渠阳蛮俗”中有记载：“靖州之地（今天的侗族地区），其风俗多与中州异。男丁受田于酋长，不输租而服其役，有罪则听其所裁，谓之‘草断’”。[1]《侗款》一书中整

1※“草断”不是对判决草草了事，而是指一套有异于国家中央政治法律系统的习惯法的实施过程；可能还专指在侗族地区村寨长老、款首调解纠纷和评断曲直时，按当时双方陈述的理由，有理则折草一截做标志，对理亏者给予“款约”习惯法所规定的惩治这样一种断案的方式。参见容斋随笔·渠阳蛮俗（卷四）[M].（宋）洪迈. 上海：上海古籍出版社，1987.

理了立约的起因："古时人间无规矩，父不知怎样教育子女，兄不知如何引导弟妹，晚辈不知尊敬长辈，村寨之间少礼仪。兄弟不和睦，脚趾踩手指。邻里不团结，肩臂撞肩臂。自家乱自家，社会无秩序。内部不和肇事多，外患侵来祝难息。祖先才立下款约，订出侗乡村寨的俗规"。[1]侗款最初的目的是用于调解侗族社会的内部矛盾和纠纷，但在后来的氏族之争、农民起义等战争中又发挥了军事联盟的性质和作用，发展至今的侗族社会中的侗款制度在功能上更多的是一种维护地方秩序、实现地方民主自治的管理体系。在一定意义上，款组织所拟定的款规款约是整个传统侗族社会生产、生活的规范体系，并对每一个侗族个体形成一定的约束力；同时依靠侗款来协调款组织的内外关系，并由款首来执行，而非诉诸官府。

侗款制度是一种政治民主的形态，"讲款""开款""聚款""起款"[2]等活动具有十分重要的意义。在侗族社会，人们的行为一般情况是由社会舆论来控制，以此来规范人的行为方式，但是舆论的控制力具有一定的局限性，用于规约全体款民的"规约"不仅与人们的日常生活息息相关，同时也针对不顾及社会舆论的违反者而制定出相应的法律制度。由于侗族是一个没有文字的民族，"规约"通过传唱的款词、民歌、耶歌及汉文碑刻等方式得以保存并传承，现存的"规约"主要有石头文本、款词文本、碑刻文本[3]三种方式。三种方式的规约在形式上各有特点，记录的内容也有所区别，石头规约内容简单，款词规约相对复杂，规约早期和中期阶段时石头规约和款词规约内容涉及整个侗族款区，晚期阶段出现的碑刻规约将范围缩小至较小的地区，内容相对细化。总的来说，"规约"内容丰富，涉及婚姻、社会治安、经济管理等多方面内容，如侗族"规约"中的处罚款概括为六种制裁方式，即"六面阴（死刑）、六面阳（活刑）、六面厚（重刑）、六面薄（轻刑）、六面上（有理）、六面下（无理）"，细则涉及十二条款，十八规章。中华人民共和国成立以后，侗族"规约"以"乡规民约"的形式所取代，不再具有相应的法律性质，而主要成为一种民间民主自治的条例。

1※ 侗款［M］．湖南少数民族古籍办公室主编．长沙：岳麓书院，1988：40.

2※"讲款"是由款首在固定的时间讲解款规款约，既是对款规款约的宣讲，也使民众对款的意识得到加强，以增强款组织的凝聚力；
"开款"是对违反款规款约行为的一种裁判，判决方式分为人判（在罪证确凿情况下，由执法者对照款规款约进行相应的制裁）和神判（通过占卜、捞油锅等方式判定是否犯罪及犯罪的轻重程度），惩罚方式最轻的为赔偿，最重的赶出村寨、火烧、水淹或活埋等；
"聚款"指由款首、款民集聚一堂的款民大会，要举行祭祀活动，并杀牛饮血盟誓，共同议定款规款约；
"起款"是一种实现联防自卫的军事行动，一旦村寨或邻寨有信保，款首便召集款民进行防范，集体保卫村寨及邻寨的安全，如有遇袭不前的款兵和村寨会受到"款约"的严厉制裁和舆论谴责。

3※"石头文本"是在款坪上竖立一块高大、坚实的石头作为盟约立法，研究者将其称为"勒石盟款"或"立石法"，随着汉文的传入，无字石头立法才逐步演变为有字款碑；
"款词文本"是指进行款组织活动时所念唱的款词，汉字进入侗族地区后便有了汉字记录款词的《款书》；
"碑刻文本"是将内容用汉族文字按汉文的行文规矩书写在碑刻上的文本。参见侗族款组织及其变迁研究［M］．石开忠．北京：民族出版社，2009.7：113-120.

1.5 信仰体系与聚落和建筑的生成

“供不完的神，驱不尽的鬼。没有信鬼的人，就没有装鬼的人。吃斋能成仙，牛羊早升天。侗族萨为大，汉族庙为大。木匠写字木匠认，鬼师画符鬼知晓。一戊敬天，二戊敬地，三戊敬阳春，四戊敬自己。地理地理，本是讲道理。不怕青龙高万丈，只怕白虎抬头望。打了剪刀架，人死屋要塌。前怕牛栏后怕仓。堂屋像颗印，恶鬼不敢进。窗格逢六，隔断鬼路。不怕天火地火烧，只怕红铜斩断腰。”[1]

这首侗族口传谚语将侗族的信仰描述得淋漓尽致。民间信仰研究在今天已经被置身于宗教学、社会学、人类学、历史学和民俗学等跨学科研究的视域之下。《辞海·民间信仰》认为民间信仰并不等同于宗教，而是一种信仰形态，是对某种精神观念、某种有形物体信奉敬仰的心理和行为。[2] 由于民间信仰的界定各有不同的观点，有人将其称为“民间宗教”，也有人将其叫作“大众宗教”或者“社区宗教”等，不外乎都是为了区别民间信仰与其他宗教的差异和联系。华裔学者杨庆堃认为中国宗教分为制度性宗教（institutional religion）（如佛教、道教为代表，具有独立的神学体系、崇拜仪式和组织结构的宗教体系）和扩散性宗教（diffused religion）（包括国家的祭天大典、家庭的祖先崇拜、宗祠祭祀、英雄崇拜以及各行业对其保护神的崇拜等）两种结构体系，而在中国又以扩散性宗教占据主导地位。

侗族信仰体系是扩散性宗教体系的典型代表，这种信仰体系与聚落和建筑生成之间发生着必然的联系。由于生活环境的迁徙，对自然物所具有的神力加以崇拜，以及逐渐转化成对祖先萨的崇拜等信仰体系，不仅反映了整个侗族聚居区的生态环境、生存状况、发展变化及文化属性，而且还与整个侗族聚落的社会结构、生活方式、聚落布局及功能等方面密切相关。民间信仰活动对于侗族村寨起到了凝聚、整合的作用，侗族聚落的行政控制、村落自理、伦理教化、生活方式、建寨筑屋等也与民间信仰密不可分。

在信仰表达方面，通常由特定的程序、人、场所等因素组合形成一种仪式来体现。

1※ 转引自侗族口传经典［M］. 傅安辉. 北京：民族出版社，2012.5：21～22.

2※《辞海·民间信仰》：民间流行是对某种精神观念、某种有形物体信奉敬仰的心理和行为。包括民间普遍的俗信以至一般的迷信。它不像宗教信仰有明确的传人、严格的教义、严密的组织等，也不像宗教信仰更多地强调自我修行，它的思想基础主要是万物有灵论，故信奉的对象较为庞杂，所体现的主要是唯心主义，但也含有唯物主义和科学的成分，特别是民间流行的天地日月等自然信仰。参见辞海［M］. 上海辞书出版社，1989年，第5120页；1999年彩图珍藏本，第4543页。

在民间信仰的仪式中，神灵、诸神或者祖先被说成是真实存在的，强调人们所建立起的空间和时间边界，从而获得一种普遍的认同。仪式上准确、标准的操作在民间宗教文化中往往被加以强调，通过仪式（如祭萨、祭山神、祭水神等）本身获得空间限定，仪式必须有特定的场所，这必然影响其场所的选址，以及周边环境的界定和生成。因此，这些信仰及其活动与侗族聚落和建筑的生成与发展有着必然的联系。换言之，侗族聚落和建筑的形成，正是基于侗族的民间信仰之上，透过信仰内容及仪式，影响着整个侗族聚落和建筑的生成、布局、形制及艺术营造等。而侗族民间信仰的具体内容主要包含自然崇拜、萨崇拜（飞山崇拜）、祖先崇拜及图腾崇拜几方面，下面就这几方面进行相应的阐释。

1.5.1 自然崇拜

《宗教词典》中认为对自然的崇拜（Nature Worship）是自然宗教的基本表现形态，并把自然物和自然力视作具有生命、意志以及伟大能力的对象而加以崇拜。[1]这一最原始的宗教形式在新石器时代就已有雏形。

在人类社会早期，人类征服自然的能力有限，且无稳固住所，随着自然环境的变化而不断迁徙，自然现象与人们日常生活变得更为密切。“自然是宗教最初的原始对象，这一点是一切宗教和一切民族的历史充分证明了的”。[2]作为原始宗教萌芽形态的自然崇拜，主要面对的不外乎是自然与人的关系，一方面自然界是人类生存的供给者和依赖者，由它提供阳光、土地、森林、飞禽走兽等，俗话说“靠山吃山，靠水吃水”，人们的衣食住行几乎依赖于天的恩赐；另一层面而言，自然界本身也会遭受各种灾害，如洪涝旱灾等，无形中也对人类的生活造成极大的干扰，甚至是威胁。自然与人之间，在未能正确认识各种自然现象之下，人们逐渐对自然物和自然力产生了一种敬畏感，认为自然界具有一种神秘的力量，只有通过敬拜和求告才能获得消灾降福和佑护。由此人们所遵循的“万物有灵论”更好地诠释了人对自然的崇拜。费尔巴哈在《费尔巴哈哲学著作选集》中指出：“自然界是宗教的原始的对象，第一个对象”、“自然是原本的上帝”[3]，这一哲学理念极好地解释了早期人类生活和活动与自然界的密切联系，以及人们对自然的崇拜，并将山川、湖海、年兽等自

1※ 宗教词典［M］. 任继愈主编. 上海：上海辞书出版社，2009.12：394.
2※ 宗教的本质［M］.（德）费尔巴哈. 北京：人民出版社，1953：1.
3※ 费尔巴哈哲学著作选集（下卷）［M］.（德）路德维系·费尔巴哈，荣振华等译. 北京：商务印书馆，1984：526、882.

然物作为崇拜形象，并从某种程度上说明了宗教的虚幻特征，正如费尔巴哈所指出的："宗教的本质就是人的本质，神不过是人的本质的异化"[1]。

侗族和其他民族一样，对自然崇拜这一宗教体系的形成并非无缘无故，而是与其生产方式和村落制度有着一定的关联性。低下的社会生产力和缓慢的经济发展等因素加快了侗族对自然崇拜这一宗教体系的形成，侗族大歌《布谷歌》(又称《三月里》) 中唱的"布谷布谷声声叫，人们快播种，季节已来到"[2]正是人与自然之间的对话。"布谷鸟"象征的就是大自然，布谷鸟的叫声是提醒人们播种不要错过农时，不能破坏自然界的任何物体或规律，这也是侗族先民对自然的遵从、崇拜的表现。因此在对自然的崇拜体系中，侗族包含了对土地的崇拜、对山神、水神、井神、树神、火神的崇拜，以及对天地、日月和雷神的崇拜等自然崇拜体系，山川及河流，古树和巨石，桥梁与水井，各类动物等等都是人们崇拜的对象。

在对天地、日月、各类物种的崇拜祭祀仪式中，通常也是对各种神灵的共同祭祀，终究都是为了村寨祈福、保村寨平安。有关祭祀也有一定的日程安排，每年都有专门的时日举行各类鬼神的祭祀活动，如一月敬龙神，二月初二敬各种物神（如石神、桥神、河神、水神等），三月初三敬土地神，四月祭秧神，七月十五祭鬼神。在祭祀自然神灵各地区有不同形式的活动，祭祀名目繁多，比如动新土要祭土地神，上山打猎要祭山神，生病时要祭鬼神等，侗族念诵中常有对这种祭神仪式的记录。[3]

侗族人们相信山岳是山神的住所，不论是上山狩猎，还是砍树建房等，只有事先祭祀山神，求得山神的原谅与宽恕才能生活得平静乐适；水是人们生活和生产不可或缺的物质，所以侗族人们每年也会祭祀水神，如榕江县车江一带、黎平县的堂安等侗族地区，每逢初春时节，寨中的妇女便会备好酒菜到井边祭祀，以此表达对井神的崇敬，歌颂井神给人们带来的幸福，并希望井水能终年长流；侗族聚落中的建筑多以木材建成，传说要是火神发怒，便会一把火将整个村寨烧得精光，因此每年的冬月和腊月期间，侗族会合寨集资买猪来敬祭火神，以消除火患保村寨平安。侗族信仰多神，在侗民的心中，不论是村边的大树古木，还

1※ 费尔巴哈哲学著作选集（下卷）[M].（德）路德维系·费尔巴哈，荣振华等译. 北京：商务印书馆，1984：222.
2※ 黎平县志 [M]. 贵州省黎平县地方志编纂委员会. 贵阳：贵州人民出版社，2009.4：975.
3※《祭神》：大杯斟酒，大碗供肉。奠祀天地神灵，供奉列祖列宗。请你上元众祖先，请你中元众祖宗，请你下元众祖公，都来坛前享用。还有土地老神，地藏菩萨，上坛神龛，下坛土地，周富六郎，首脑头人，圣贤英烈，飞山大神，十三作枷，十四断事，今日集众祭神，莅临大显威灵。我讲不完神名，我说不完贵姓。你们都从四面大方拢来，聚到这里享受酒肴。我讲不完人数，我说不完鬼数。你们都从四面八方拢来，都来这里接受牺牲。吃完为止，喝饱为足，神娱鬼乐，众人得福。参见侗款 [M]. 杨锡光主编. 长沙：岳麓书社. 1988.

是路边的巨石古碑，甚至是山里的怪石奇洞都是具有神性的，如体弱多病的小孩年庚缺“木”，便找一棵古木或带有木旁姓氏的人家认作“保爹”、“保妈”，缺“水”则拜寄水井，一直无子嗣的人家便“架桥求子”，因拜了桥神而得了子嗣，便将孩子的名字中加有“桥”字等具体表现，均说明了人们对自然各神灵的依赖，甚至将诸多愿望也寄托到这些自然物上。

基于对自然众神的崇拜，侗族聚落中的石桥、石凳、水井、凉亭等人造物都是与山川河流、日月星辰、古树巨石相联系的，这些不仅是人们崇拜的对象，同时也因之而被规定了许多禁忌，如山岭不能随便挖、树木不能随便砍、巨石不能随便开凿等，否则会给自己或整个聚落带来灾难。在对自然各神的崇拜中，因为有了对桥神的崇拜，才会在聚落中有各种各样的桥；正是有了对土地神的崇拜，才建有大大小小的土地庙；同时因为这些崇拜下的禁忌，才有了如今的聚落形态；如此这些都是跟侗族人们的自然崇拜思想有着不可分割的关系，聚落的选址以及聚落中的水井、树木、桥梁、楼阁等形态的形成和场所的安排都在其信仰的基础上而生成。

1.5.2 萨崇拜

在贵州省黎平县肇洞地区的纪堂下寨，安放着一通于1917年由纪堂上、下寨和登江寨联合设立的《千秋不朽》碑，碑文载：

> “古者，立国必须立庙；庙既立，国家赖以安。立寨必欲设坛，坛既设，则乡村得以吉。我先祖自肇洞（即今肇兴）移上纪堂居住，追念圣母娘娘功威，烈烈得布，洋洋以能保民清吉，六畜平安。请工筑墙建宫，中立神座，供奉香烟。”[1]

在这通碑文中提到的“圣母娘娘”便是三寨联合尊奉的神祇——“萨”神；“坛”即为“堂萨”，意指供奉萨神的场所。那句流传至今的谚语“侗族以萨岁为尊，汉族以寺庙为大”，充分说明了“萨岁”在侗族人们心目中至高无上的地位。

“萨”是侗语翻译成汉音的称呼，意旨侗族对祖母的称谓，是侗族先民对所崇拜的女神的称呼。就祖母神而言，有“萨啪”（sax bias，雷婆）、“萨亚”（sax yav，田婆）、“萨对”（sax tiuk，山坳奶奶）、“萨高桥”（sax gaos jiuc，桥头奶奶）、“萨高降”（sax gaos xangc，床头奶奶）、“萨高困”（sax gaox kuenp，路头奶

1※ 侗族文化研究［M］. 冯祖贻等. 贵阳：贵州人民出版社，1999.9：127.

奶)、“萨宾”(sax bins，制酒曲奶奶)、“萨样”(sax yangp，管乡村的祖母)、“萨化林”(sax wap lienc，管生育的祖母)、“萨两”(sax liangx，偷魂盗魄奶奶)、“萨朵”(sax doh，传播天花的奶奶)等数十种。[1]这些女神掌管着各自的领域，而至高无上、主宰一切的女神却是被供奉在萨堂里的萨岁神，侗族相信“天上雷公最大，地上萨岁最大”，人们对她的信仰和崇拜是最虔诚，也是最隆重的。萨岁神在侗族中的称谓因地区各异而有所不同，如通道县的普头、都垒一带称“萨灯”，还有如“萨”(sax，意为祖母)、“萨玛”(sax mags，意为最大的祖母)、“萨岁”(sax sis，意为排行第一的祖母)、“萨玛沁岁”(sax mags qinp sis，意为天子大祖母)等称谓。虽然称呼略有不同，但均指整个侗族至高无上、主宰一切的女神。

“萨岁”是侗族人民心中至高无上的圣母，是侗族最传统的信仰。关于“萨神”有隋朝的冼夫人之说，也有三国孟获的妻子之说，总之众说纷纭。关于冼夫人的说法主要是学者专家的认定，认为萨神为威震岭南的“圣母”、“锦伞夫人”(即冼夫人)。孟获之妻的传说主要流传于广西龙胜一带的侗族民间，并有两种不同的说法：一种说法是孟获归顺诸葛亮之后，孟婆带领侗族12姐妹和部分士兵继续反抗直至全部战亡；还有一种说法是孟获归顺诸葛亮后，其妻孟婆带领父老乡亲从贵州东迁至广西龙胜深山而定居下来，因此侗家人只供孟婆，不祀孟公。在贵州榕江一带传说“萨神”名叫信女，她的两个女儿加就和加美是带领侗族人民开辟侗区的女始祖，她和她的女儿死后被尊称为神；从江“九洞”一带所传说的“萨”是两姐妹，她们是率领侗族人们抵御外敌的英雄人物，她俩有一把祖传的宝刀，每次出征必定胜利，敌人盗取了宝刀后便节节战败，姐妹俩退兵到“堂概美黄”的地方跳崖殉难，侗民对姐妹俩的敬仰和爱戴，将尸体埋于寨中，故称为“萨岁”；而在贵州黎平等地方的传说最为普遍，他们认为“萨”的名字叫杏妮，是一位为地方除暴安良的女首领，后来在“弄堂概”[2]与敌作战至弹尽粮绝，最后只剩下杏妮和她的两个女儿，纵身跳下悬崖化作了三尊石像，侗族人们为了纪念这位女英雄，新建村寨都要去弄堂概背土立坛。尽管各村各寨的传说不一，但大都是与一位保护侗族村寨的女英雄有关，在侗家人心目中，“萨”能驱除邪恶，保村寨平安，是至高无上的女神。

“未建村寨，先建社坛；未立房屋，先垒社土”，侗族村寨无论是新建还是迁徙，首先要建的就是萨坛(堂)，然后才围绕萨坛建设

1※ 侗族堂萨的宗教性质[J]. 黄才贵. 贵州民族研究，1990(4).

2※ “弄堂概”(longsdangckaih)，“萨神民间信仰及萨玛节祭祀”发祥地贵州省黔东南苗族侗族自治州黎平县龙额乡上地坪、六甲侗寨境内。参见侗族古俗文化的生态存在论研究[M]. 张泽忠、吴鹏毅、米舜. 桂林：广西师范大学出版社，2011.6：28.

图1-8 黎平县纪堂侗寨祭萨仪式（图片来源：黎平县住房与城乡建设局）

村寨。隆重的“祭萨”活动足以体现侗族人们对女神的崇敬和信仰及侗族村寨中建堂立萨的郑重，“祭萨”活动一般情况下有两种方式进行，一是一次性的“多堂”[1]礼仪（有些地区每隔十年二十年不等），一是平日里四时八节的奉祀“萨堂”活动。

“多堂”仪式繁复，也需要很长时日的准备。“多堂”的前一天，寨老和师公率领全寨人吹着芦笙、放着鞭炮去“背萨”；“多堂”当天，师公有条不紊地指挥着安宫砌坛活动的进程，并不断更换着符语的内容，行完事，便由歌师领唱三首“耶萨”歌，众人围着堂萨哆耶踩堂。也有一些地区在“多堂”仪式结束后，用干艾叶以火镰击石起火，众人在“呜喂”的欢呼声中引火种回家，象征着萨堂女神给侗家人带来了幸福之火、安乐之火。

除建“堂萨”时的祭祀活动最为隆重外，逢年过节也要举行小型的“祭萨”游寨活动，由登萨、寨老、芦笙手等组成的游寨队伍，手持纸伞、纸扇等围着整个村寨巷口游行，以示萨神会给全寨人带来好运，来年五谷丰登，最后在鼓楼唱着“耶萨”歌、踩着“哆耶”、吹着芦笙将“祭萨”活动带进高潮。而每月初一、十五则由守护神坛的“登萨”给萨敬茶，烧纸点烛。此外，如出寨做客、参加比赛等活动会举行祭萨仪式外，遇天灾人祸也要开展祭萨扫寨活动（图1-8）。

萨神崇拜作为侗族特有的信仰文化，它影响着侗族人们的社会生活、生产的每一个

1※“多堂”（即安设“堂萨”，又称安神堂、建宫）多在春分前后一两天内进行，也有在秋社至次年春社之间择日进行。参见侗族文化研究［M］. 冯祖贻等. 贵阳：贵州人民出版社，1999.9：129.

细节，贯穿于侗族聚落形成的各个层面，并影响着每个侗族聚落的生成与发展。“多堂”仪式表现了侗族聚落形态的有序性，“背萨”背后呈现的是聚落力量的整合，通过祭祀共同体形成一条无形的纽带将整个聚落捆绑在一起，增进聚落成员间的关系，维系着整个聚落的安定秩序；同时也从奇特的供品（如一窝恰好九层叠起的蚁房、一根长得可以盖过路面的野葡萄藤、一撮在山凹朽木里自生自发的细浮萍、一勺浔江、榕江汇合处的漩涡水、一株挺立山石又高又直无风也颤抖的蓍草等）中说明了侗族聚落的生态性特征，这种生态的保持除了是对萨神的崇拜，还有对自然的崇拜。正是这种群体性的宗教信仰，以及对萨的崇拜而建立的场所（萨堂），形成整个聚落环境的中心，它引导着聚落从无到有的整个过程，整个聚落的形成并非孤立的或偶然的，显然宗教因素在聚落形态和空间结构上起到了非常重要的引导作用。

1.5.3 飞山崇拜

萨崇拜可以看作是侗族南部方言区对女性英雄崇拜的体现，而在侗族南、北方言交界区域及北部方言区，英雄崇拜的角色转换为男性。在湘黔桂边界地区所尊奉的飞山崇拜虽说争议不断，对“飞山主公”杨再思的族属说法不一，有说他是汉族的祖先，也有认为是处于湘黔桂边界的杨姓苗族的祖先，甚至在川南和黔东北的一些杨姓土家族也认为杨再思是他们的老祖宗。在湘黔桂边界杨姓侗族人们也将其祖宗追溯到杨再思，并有学者认为杨再思是“蛮、僚”的首领，侗族中多数杨姓也被认为是杨再思的后代。[1]不论杨再思的族属是哪一支系，但是从湘黔桂所处的边界地域来看，这一片区恰好是多个民族共居的状况，从魏晋南北朝至唐宋时期五溪之地的少数民族被称为“五溪蛮”或“蛮僚”[2]，也有称作“飞山蛮”，据侗族群体口头相传的民间传说及一些地方志的记载中，杨再思被认定为飞山蛮的首领。杨再思曾在唐末时期任今贵州黎平、湖南靖州所在的诚州地区的刺史，称号“十峒首领”，逝世以后被人们奉为神灵，尊为“飞山圣公”“飞山主公”等称谓。虽然从族属上看似是族祖崇拜的模式，但对其封为神加以崇拜最核心的因素在于杨再思在世时的功德无量（在此不加以赘述），因此对飞山神的祭祀也并非杨姓后裔才供奉的，以杨再思为英雄神的原型在侗族地区修建飞山庙加以供奉成为一种普遍现象。

1※ 相关论述可参见从杨再思的族属看湘黔桂边界的民族关系［J］. 邓敏文. 怀化师专学报，1994.1：8-12：9-10.

2※ 在魏晋南北朝至隋代，境内因有五条溪流而有“五溪之地”之称，唐宋时期又被称作“溪峒”。

在湘黔桂交界的侗族区域，将杨再思作为主神予以供奉，许多村寨都修建有至少一座飞山庙用于奉祀飞山公，如贵州黎平县境内的洪州、水口等三省坡麓地区；还有一些侗族聚落中的大规模家族也建有飞山庙，并由专人每月初一、十五定时进行祭祀。各村各寨修建的飞山庙规模大小、样式繁简不一，有的修建得雄伟壮观，并施有彩绘；有的简易到只有几块石头象征性的存在。而在选址上也根据每一个聚落及飞山庙的所属等具体情况而有所不同，有的建在聚落的核心位置——鼓楼的旁边，有的则建在村头寨脚，或是风水位佳的山坡地带。如黎平县洪洲镇的六爽侗族[1]，该聚落内建有四座飞山庙，在聚落中心的称为“飞山大王庙”，为全寨的总庙，其余三座飞山庙建于聚落外面，分属于黄、粟、吴三大家族，且三大家族的飞山庙也按照定居顺序分别称为二王庙（黄姓家族）、三王庙（粟姓家族）以及四王庙（吴姓家族），四座飞山庙在其规模、风格上大同小异，均为2平方米左右、高2米的悬山顶木质小屋，内置飞山神牌位。[2]

飞山崇拜融入了许多汉文化中儒释道思想，从而形成一种复杂的信仰体系，以至于在某些侗族文化研究中并没有加以强调。从飞山崇拜所在的区域来看，大都居于汉文化接触较早、较多的地区，这也是一种文化融合现象体现在空间格局中的典范，通过对飞山神的崇拜反映在聚落空间以及飞山庙的建筑本体上的文化现象，说明了任何一种信仰体系的存在与所在环境的空间布局有着必然的联系，并形成一定的空间影响。

1.5.4 祖先崇拜

祖先崇拜是指通过祭祀有功远祖和血缘关系密切的近代祖先，将先祖视为保护本族或本家庭的神秘力量而加以崇拜的一种信仰形式。[3]欧洲学者武雅士（Arthur Wolf）认为中国的民间信仰存在一个共同的象征体系：神、祖先和鬼，而其中的祖先崇拜便是自己财产、社会地位和生命的力量之源泉[4]。侗族祖先崇拜的类型被有关学者将其划分为女始祖崇拜、始祖崇拜、族祖崇拜、宗祖崇拜，以及家族崇拜等形式[5]。其中侗族女始祖崇拜即为萨崇拜，已在前

1※ 六爽侗寨位于黎平县洪洲镇所在地南18.5公里，地处三省坡西南侧的半山腰，北纬26° 02′ 15″，东经109° 27′ 33″，海拔710米，东南与广西三江县独峒乡接壤，东北面与湖南通道县独坡乡交界，是三省坡地区海拔最高的一个村。该侗寨最先定居的杨姓陆续迁出，现仅剩3户人家，目前主要有黄姓（二王庙）、粟姓（三王庙）、吴姓（四王庙）、石姓几个家族，杨姓和石姓无自己的飞山庙，只祭总庙。相关信息参见三省坡地区黎平六爽侗寨的飞山崇拜［J］. 杨祖华. 侗族通讯，2012（1）：75-77：76.

2※ 相关数据参见三省坡地区黎平六爽侗寨的飞山崇拜［J］. 杨祖华. 侗族通讯，2012（1）：75-77：76.

3※ 民族宗教和谐关系密码：宗教相通性精神中国启示录民族宗教冲突出路的反思［D］. 曹兴. 中央民族大学博士学位论文，2005.12.

4※Arthrur Wolf，Introduction：Religion and Ritualin Chinese society，Arthur Wolfed. Stanford University Press. 1974，第1-18页. 转引自“标志性文化”生成的民族志——以滨阳的舞炮龙为个案［D］. 覃琮. 上海大学博士学位论文，2011.4.

5※ 探侗族的祖先崇拜［J］. 张民. 贵州民族研究，1995.7（第三期）：46-51：46.

面章节进行了阐述，因此对于侗族祖先崇拜主要锁定在始祖崇拜、族祖崇拜、宗族崇拜和家族崇拜几个层面。

侗族始祖崇拜源于侗族的起源传说[1]。将民间流传的《侗族起源歌》中所叙述的“姜良”“姜美”兄妹视为侗族始祖的代表者，与侗族日常习俗紧密捆绑在了一起，并作为崇拜对象进行怀念。据资料记载，侗族北部方言区的天柱等县对始祖崇拜主要体现在消灾除病，“鬼师”（侗语为“秀西”suv xoip）以“姜良”“姜美”兄妹作为原型，特制一男一女木雕头像，以示其为消灾除病的神，村民有病，自然会请“鬼师”消禳，如病者为男性，则将代表男性神的“姜良”置于病人床前，嘴里念念有词，走出门外再折转回家放在原处，表示驱妖逐魔，招魂回归，病人便可慢慢痊愈。[2]而侗族南部方言区（如榕江、从江等地）的始祖崇拜主要体现在“姜良”、“姜美”兄妹婚的血缘婚姻记忆所沿袭至“姑表舅婚”婚姻习俗和村寨社交中。当“姑表舅婚”关系终断时则通过吃“饭筦”饭（也称作吃“乌米”饭）、颂《祭祖歌》来表示同意终断，村寨社交则以成年男女在村寨之间的“吃相思”（侗语也称作“月也”）来达到增强村寨友谊以及未婚男女之间相亲婚配的作用。

族祖崇拜，即为氏族崇拜。在侗族古歌中流传了许多侗族起源之说，侗族先祖艰辛万苦迁徙至今，后人通过《祭祖歌》和《款词》等记录了侗族祖先故居之地、迁徙原因及艰苦岁月，以示对祖先的怀念与崇敬，并加以敬祭以求保佑。在侗族丧葬仪式中较为明显地反映出了对族祖的崇拜，年及成人的男女一旦死亡，均将糯米饭或纸钱放于死者手中，以预示死者沿途食用，找到自己祖先聚居的地方，与祖先团圆。

宗族崇拜是针对同一姓氏、同一祖宗而言，即侗语指对同一个“兜”的祖宗的怀念敬仰。侗族南、北方言区的宗族崇拜有着明显的区别，侗族南部方言区的有些地方按照最先迁至此地的“兜”的先祖予以供奉。每年清明时节，由祖传的“清明田”的收产，或临时按户集资，或挑选一位主祭者安排祭祀的相关事宜，全族共同扫墓以示对先祖的敬意和缅怀，侗语也称作“挂族清”。而在侗族北部方言区，特别是紧邻清水江流域的侗族地区，在许多大家族中均建有高墙祠堂，用于安置本氏宗祖的牌位以便后人供奉，每年年初或清明，全族男女老少聚集祠堂举行庆典，祭祀仪式中，将祖先牌位供于桌上，点灯燃烛、焚香化纸、献酒献肴，以此敬奉各位祖

1※ 流传于侗族地区的《人类起源歌》，讲述了远古时期有四位奶奶在坡脚“孵蛋”生了个男孩叫“松恩”，又在山麓“孵蛋”生了个女孩叫“松桑”，松恩与松桑婚配后生下了姜良、姜美等十二个兄弟姊妹，后来洪水滔天，人类遭劫，只剩下姜良、姜美两兄妹，为了繁衍后代不得不兄妹成婚，侗族先民由此产生的传说。

2※ 探侗族的祖先崇拜[J]. 张民. 贵州民族研究，1995.7（第三期）：46-51：48.

宗，并祈求祖宗保佑后人人丁兴旺、子孙繁荣、万事如意；有些家族还有代代相传的《家谱》，以供后人对先祖先辈的怀念和瞻仰。

家祖崇拜是相对最小单元的崇拜对象，针对直系亲属的先辈而言。“补腊”组织中父子血脉关系反映了先民对生命本原“万物本乎天，人本乎祖”[1]的祖先崇拜观念。从心理层面而言，认为已经去世的长辈的灵魂是不会消失的，它去了阴间仍然会护佑自己的子孙，因此每家每户供奉着祖先的牌位，在生活中采用各种方式以示对家祖的崇拜。侗族在对祖先崇拜的物化表现直接反映在堂屋或火塘间安设祖先位置，干栏式民居通常将祖宗之位放于“火塘间”的正方（主要是南部方言区的传统侗族地区，如从江县的占里侗寨等），有的设有堂屋的民居则将祖宗之位置于堂屋正中（这一类主要是靠近城镇或受汉文化影响较深的区域，如南部方言区的榕江县车江侗寨、北部方言区的天柱县三门塘等地），在堂屋正面影壁中央设置神龛来彰显对祖先的敬意，堂屋影壁上常年贴有“天地君亲师为”字样的大红纸，神龛上面按其辈分高低依次摆放着列祖列宗的灵位，以及放置香炉以供敬奉时上香。日常生活中，每天早晚对祖先的祭祀也是一道必需的程序，将筷子插在盛好的饭菜中间，以预示请祖先“吃饭”。到了逢年过节，特别是春节对祖先的祭祀更为讲究，大年三十每家每户将鸡鸭鱼肉、烟酒钱等物品陈列于供桌之上进行祭祀，通过点鞭炮、焚香化钱、敬茶奠酒，以及念叨祖宗名讳的方式，邀请祖宗们前来共同享用丰盛的年饭，以希望祖先能保佑子孙万福。此外，初出远游、经营生意、女子出嫁、男子娶妻等，均先向祖先祭敬，以示告别、保佑平安。每一年的鬼节（农历七月十五），侗族人们也会向祖宗的坟地方向焚香化钱。家族崇拜范围小，仪式相对简单易操作，因此平日里大小事情的祭祀反映了对祖先的缅怀与敬畏，并将这一仪式融入整个生活当中。

从精神层面的需求出发，必然会有相应的物质场所的存在，这些场所同时也具有“象征民族先祖群体的物质标志”[2]。侗族祖先崇拜的场所需求根据崇拜对象的远近，涉及整个侗族聚落的每一个空间，包括聚落的中心场所——鼓楼或宗祠、安葬逝者的墓地，以及各家各户等，均是祭祀祖先的重要场所。

1※ 礼记. 郊特性［M］.（东汉）郑玄. 北京：北京图书馆出版社，2003.
2※ 侗族祖先崇拜及其对侗民族的影响［J］. 张在军. 怀化师专学报，1993.6（第12卷第2期）：46-50；49
3※ 民族文化学［M］. 潘定智. 贵阳：贵州民族出版社，1994：48.

1.5.5 图腾崇拜

图腾一词来源于北美印第安语“totem”，意为“他的亲属”。[3]作为宗教信仰文化现象之一的图腾崇拜是原始宗教的最初形式，在远古氏族部落中早已存在，其将某种特定动物或植物视为本氏族的崇拜对象，使之与其有着一定的亲和与敬畏的心灵交融。一个民族在图腾种类的选择上也各不相同，如彝族图腾中虎崇拜的影响最为明显，而侗族的图腾就包括蛇、龙、牛、鱼、蜘蛛等。图腾崇拜的现象在不同程度上反映了侗族聚落形态、聚落空间布局以及建筑物的造型等方面，为了更深入地阐释图腾崇拜对聚落形成的影响，首先解读一下与侗族有关的图腾崇拜信息。

越族早在六七千年前就有对蛇崇拜的习俗，东汉许慎《说文解字》中对“蛮”字的解释为“南蛮，蛇种”。[1] 这便说明古代越族被认为是蛇的后代。有学者针对蛇形的陶器装饰纹指出这可能与古代越族的崇蛇习俗有一定的关联。作为百越民族的遗裔，侗族对蛇图腾的崇拜也便能得以解释。从侗族的起源来看，侗族神话《侗族祖先哪里来》中将龟婆孵出的十二只蛋衍生成龙、虎、蛇、雷、姜良、姜美等十二兄妹，蛇在侗族并非普通的动物，它具有神性，并能造福于人。侗族人们在每年农历的正月初都会集体性的敬祭蛇神，在整个祭祀过程中，除了游寨（俗称出蛇龙）外，便是在寨中鼓楼旁的石板坪跳“迎春舞”[2]。在元宵节、秋收之后也会敬祭蛇神，表示对蛇神的崇敬，以祈求保佑地方安宁、风调雨顺等。从这一敬祭仪式上便可看出侗族聚落形态的中心性特点，在祭祀“萨岁”时身着织有蛇头、蛇尾、蛇鳞等形象的祭“萨”之人，在神坛前面的石板坪上跳蛇形舞，说明了聚落中的石板坪（鼓楼坪）在聚落空间中的存在不是偶发性的，它与众多信仰仪式有着必然的联系。

在民间，蛇和龙具有同一性，龙形的图腾崇拜也被充分反映在了聚落和建筑当中。在侗族地区有不少以“龙”命名的地名或建筑，如将地势较险、水域较深且有瀑布的水塘称为“龙塘”、将风雨桥称为跃龙桥、青龙桥等。侗族聚落中最能体现龙图腾崇拜的当属于聚落选址，在侗族聚落的选址上大都讲究龙脉，整个聚落沿山脉走向而建，背靠连绵起伏的山脉，面朝溪流或平坝，形成依山傍水的有利之势，因此好多侗寨让人隐隐约约感受到犹如一条矫健飞跃之势的龙形盘踞在整个聚落之中。此外，在建筑中龙崇拜表现也尤为突出，鼓楼门楣或屋檐上的龙形雕塑，充分地体现了其崇拜内容。

鱼图腾崇拜也是侗族代代承袭至今的风俗，侗族传统观念中认为鱼是具有生命力的超自然生物，它能为人们消灾祈福。日常生活中随处可见将鱼作为图腾加以崇拜，最为常见的莫过于在鼓楼、风雨桥等建筑的梁柱

1※ 南蛮：中原汉族对南方各民族的称呼。古代越族便属于“南蛮”。

2※ 迎春舞：即模仿蛇爬行、昂头、盘旋、甩尾等姿态，寓意人蛇共同欢度新春佳节。引自桂北侗族的蛇崇拜［J］. 陈维刚. 广西民族研究，1993.04：93.

上彩绘有各种鱼纹，或者在其瓦梁檐角处雕塑有不同形态的鱼尾。另一个角度而言，鱼作为图腾加以崇拜与侗族所处的自然环境有着密切的关联，在江河纵横的侗族地区盛产鱼类，成为侗族祖先攫取食物的对象而满足生活所需，从而成为崇拜的神灵，以求得到保佑。

侗族的图腾崇拜对象除了对龙蛇鱼等图腾崇拜之外，还与其他崇拜加以综合进行展现，如与萨崇拜有关的太阳、蜘蛛、伞等图腾，蜘蛛象征着太阳，太阳即“萨天巴”，是天上的“萨”；伞也是“萨”的象征，寓意“萨”像伞一样荫护着侗族先民。在此基础上，将太阳、蜘蛛和伞抽象为对“圆”形图腾的崇拜，并将其反映在鼓楼的顶部、鼓楼坪中心的圆形图案和萨坛等处，通过圆形达到美好的寓意。

侗族图腾崇拜有着原始社会遗存的崇拜形式。侗族《迁徙歌》中唱到：“我们的祖先，金鸡起步，鹰鹅飞天……”。[1] 金鸡、仙鹤、鸟等图腾形象也被大量地应用在建筑等处，将这些图腾形象加以艺术化处理，并以雕塑、彩绘等多种手法来装饰建筑中的屋脊、屋檐、柱脚、吊柱头、窗棂等构件，以此象征吉祥如意等好兆头，同时也为建筑本体带来了视觉盛宴。

1.6 贵州侗族民俗风情与聚落和建筑的生成

从民族学的角度出发，侗族的民俗风情也是其文化研究的焦点。独有的民风民俗反映了侗族浓郁的原生性特征，同时也对聚落形态和建筑空间的生成有着一定的辐射性。侗族一些沿袭至今的民风民俗和传统节日，或多或少对聚落本身和建筑空间产生了影响和制约作用。甚至可以说正是因为有了这些风俗节日和习俗，才会促成相应场所及空间的生成。透过这些民俗风情，不仅可以看到侗族文化的历史渊源，还可从中探寻其与聚落环境的关联性。

春节是侗族最隆重的节日，是家人、亲戚、朋友聚集的日子，在此期间还会举行丰富多彩的活动。在侗族北部方言区（玉屏、天柱、锦屏等县）因为历史发展过程中汉文化的融入较早，与当地汉族的过年方式差不多，打年糕、杀年猪、贴春联、打扫屋内屋外迎接新年的到来，除夕夜一家人忙着在堂屋摆放供品、点蜡烛、焚香化纸、放鞭炮，进行祭祀祖宗，以求祖先保佑后人事事如意；团圆饭后，火塘间成了大家热闹的场所。而侗族南部方言区在除夕夜守岁时是全家人围

1※ 原文出自《侗款》：279，转引自侗族信仰文化［J］. 张世珊. 中央民族学院学报，1990（6）：56-60：60.

着火塘吃粥，称为“年羹饭”；在新年的初一或初二，人们必定要去“萨坛”祭祀祖母神，在萨坛向祖母献茶，在坛前或鼓楼坪踩歌堂，祈求萨神保村佑寨。从南北两个方言区春节的活动场所便可看出两者在聚落和建筑空间中的差异性，这种差异性的存在恰好是文化特质的属性表现，同时也说明了文化特性对场所生成的影响。在汉族文化中的春节传入侗族地区之前，侗族以每年秋收时节作为年终，因此在农历的十一月前后是侗族人们最重视的时节——侗年，至今有些侗族聚落除了过春节外，还保留着过侗年的习俗（如贵州榕江县七十二寨一带于农历十月底至十一月初过侗年，锦屏县的彦侗、瑶白，剑河县的小广等地每年农历的十一月底至十二月初过侗年），而将过春节称作“陪年”[1]，侗年的隆重程度并不亚于春节，并举行大规模的踩歌堂、跳芦笙和斗牛等活动增加过年的气氛。

侗族村寨之间交流往来、互通婚姻的基础上，形成了村寨之间的联盟关系，从而出现一种村寨间男女青年之间互相走访的活动，姑娘和小伙子们聚在一起唱歌游玩，通过歌声来传情达意，选择情侣。对于这种公开的交往方式，侗族南部方言区通常是晚上在鼓楼或某姑娘家进行，称为“鸟翁”，汉译意为“行歌坐夜”或“行歌坐月”，行歌坐夜没有时间限制，但多在农闲夜幕降临时进行，小伙子们三五成群的走寨串巷，到邻寨（也可在本寨）与姑娘唱歌谈心，侗语称为 qamt xaih（或 qamt miegs，或是 lams miegs），意为“走寨”（或称“走姑娘”或“玩姑娘”）；相应的在这个活动中，也有几个知己的姑娘会聚集在某一姑娘家或其他公共场合（鼓楼等）等候“走寨”的男青年来访，侗语称为 suiv nyaeow 或 nyaoh wungs，意为“坐夜”或“坐月堂”。而侗族北部方言区将这种未婚男女交往的方式称为“玩山”、“玩山凉月”或“玩山赶坳”，通常在赶集墟日青年男女结伴而行，于野外山坡作为“攀花”活动的“花园”。[2]

侗族将传统习惯、民族气质、道德风尚等文化内涵透过节日得以反映，侗族的吃新节、花炮节、歌会、活路节等众多民俗节日通过不同的活动方式展示着不同的情感表达，一方面是民俗文化的独特呈现，另一方面便是与文化呈现物化的场所之间的关联性凸显。活动的前提是对场所的需求，侗族各种节日的活动细节不一样，但对场所的需求也会有多种活动共用一种场所的情况，比如在多种节日里为了表达一种气氛出现的踩歌堂，通常选择在鼓楼坪。侗族民俗风情得以传承的同时，也是对其空间的传承，民风民俗对聚落环境和建筑空间的规划及划分有着非常重要的意义。

1※“陪年”是指陪同附近侗族所过的侗年和随汉族一起过的春节。

2※侗族北部方言区将“玩山”活动的场所称为“花园”，对到“花园”寻友择伴称作“攀花”，互相称对方为“同良”。

第2章 贵州侗族聚落形态与空间

聚落是人类不同形式聚居地的总称，包括人聚居和生活的场所。对于侗族这一极具地域性特点的聚落而言，对其地方风尚和民族主义的探讨并非首要，而是在其文脉下有关“场所”的理解，亦即对其空间的探究才是侗族聚落文化研究的根源。这一场所不仅指聚落内部的构筑物，还涵括聚落本身及周边环境。宅、田、林共同构筑了侗族聚落的物质结构，并通过一个真正完整的聚落空间结构反映其相应的场所精神。正如吴良镛所认为的聚落是“人类居住活动的现象、过程和形态”。[1]侗族聚落的构成离不开生活在此的主体——人，而反应场所精神的发展、发生过程最真实的写照便是生活在其中的人们的日常行为，这种行为又通过聚落形态、聚落空间、聚落的生态营造、聚落文化的变迁以及聚落中的风水观等方面得以具象表达，从而形成侗族聚落独有的场所精神，以此说明传统侗族聚落中所体现的“诗意的栖居”，通过人为场所和自然场所的并存而建立一种特殊的空间场，并进一步表达侗族传统聚落中“定居”的场所精神认知。

1※ 人居环境科学导论［M］. 吴良镛. 北京：中国建筑工业出版社，2001：16.

2.1 聚落形态

聚落形态在不同的学科领域其概念重心有所不同。戈登·魏利（Cordon R Willey）在《维鲁河谷聚落形态之研究》的论著中认为聚落形态是人类将他们所居住的房屋、与社团生活有关的建筑物及房屋排列进行相应处理的方式，不仅反映了自然环境和建造者的技术水平，而且还与聚落文化所保持的社会交接与控制的制度有关，并认为聚落形态的形式在很大程度上由普遍的文化需求所决定。[1]凯文·林奇（Kevin Lynch）则认为“聚落形态一般指的是城市中大规模的、静态的、永久的物质实体，如建筑物、街道、设施、山丘、河流、甚至树木”。[2]

对贵州侗族聚落形态的研究，其文化特质有着巨大的影响，它涵括了聚落中所涉及的全部内容，不仅包括聚落内部结构，还涵盖了其外部形态。聚落形态不仅从几何学的视角将其划分为团状、环状、带状等不同的类型，其文化的影响也是聚落形态演化的重要产物，地理环境与自然环境、社会组织结构、宗教信仰、土地的文化属性四个方面直接影响着侗族聚落形态文化，从物质文化和精神文化层面反映到聚落形态的基质、内部与外部的关系、聚落的边界、聚落的形状等方面，并得以充分地表现。

2.1.1 生境构成与聚落形态

地理环境和自然环境是聚落形成的基础，且最能引起人们的注意，环境和自然法则毋庸置疑地成为研究聚落形态的基础和起点，从环境决定论[3]的观点解读聚落形态是一种有力的阐释方式。侗族聚落的发展以特殊的地域为根基，并受到该地域各种特征的影响。贵州侗族聚居区地处云贵高原东部边缘，地势呈西北向东南倾斜，数条著名的山脉贯穿其中，大小不等的清流迂回穿行，山与水是侗族人们生活的坚实依托和生命的源泉，依山傍水便是侗族建村立寨的基本原则之一。清代的史籍《苗族风俗图说》中便有记载：“洞（侗）苗在天柱、锦屏二县所属，择平坦近水而居。”[4]李宗昉在《黔记》中也有“洞（侗）人皆在下游”[5]之说。特殊的地理环境因

1※ 参见谈聚落形态考古. 考古学专题六讲［M］. 张光直. 北京：文物出版社，1986：74-93.

2※ 城市形态［M］.（美）凯文·林奇. 林庆怡等译. 北京：华夏出版社，2001：33.

3※ 环境决定论是学者们试图用自然法则解释人类文化的倾向，这种倾向尤其明显地表现在那些进行地理学、历史学、人类学、社会学交叉研究的学者身上。——人文地理学词典［M］.（英）R·J·约翰斯顿. 柴彦威等译. 北京：商务印书馆，2004：189.

4※（清）苗族风俗图说.

5※（清）黔记［M］. 李宗昉.

素，形成大量或以坝子为中心的聚落形态，或随山就势的高坡型聚落形式，甚至是山麓河岸型的侗族聚落形态。从整体上来看，不论是北部方言区还是南部方言区的侗族，其聚落形态有着共同特点：于山麓依山而筑，近水边坐坡朝河。在具体的地理环境制约下，侗族各区域聚落所坐落的地形地势方面有着细微差别，一些专家学者将其大致分为山脚河岸型、平坝田园型和半山隘口型三种侗族聚落类型。[1]

山脚河岸型以地处山脚、背山面水的区域作为侗族聚落的基地，并沿着河岸错落有致的布局着形态各异、大大小小的侗族聚落。山脚河岸型聚落形态在整个侗族聚落中占有较大的比例，高达80%以上，成为侗族聚落的主要形态。贵州南部方言区的黎平、从江、榕江三县都有着大量的山脚河岸型侗族聚落，如黎平县的肇兴、竹坪、地扪等，从江县的小黄、占里等、榕江县的大利等侗族聚落；北部方言区侗族天柱县坌处镇的三门塘等地。由于这类型的聚落往山麓方向发展受到地形的限制，各个侗族聚落在其二维形态上呈现或近或异，有的以河岸的一边为主要基地建村立寨，有的沿着河的两岸顺河而下发展其聚落脉络，依河岸或山麓地带聚族而居。当水流域面宽的时候，整个侗族聚落大多会沿着河岸的一边布局，如贵州天柱县坌处镇的三门塘侗族聚落，整个聚落被河面完全分隔开来（图2-1）；当水流较小，域面较窄的时候，其聚落便沿溪流河道两岸形成带状形态，以地处两山之间的贵州黎平县肇兴侗寨最为典型，由于山谷所形成的狭长地带，整个聚落被东西走向的道路和河流划分并形成多核带状型聚落形态（图2-2）。

平坝田园型的侗族聚落形态在其地势上较为平坦开阔，多为支流与主流交汇处的山间小盆地，也称其为“坝子”。这类聚落按照古人立基建宅的传统理论，将聚落建在坝子中地势较高的地方[2]，与周围的农田形成俯视和辐射形态。这种类型的聚落形态占15%左右，以寨蒿河、平永河和都柳江交汇处的贵州榕江县车江大坝上数十个大小不一的村落组成庞大的带状侗族聚落群最为典型（图2-3）。当河流至迂回处，便形成团状形态，如贵州从江县增冲侗寨坐落于群山之中，溪流环寨而过，整个增冲侗寨围绕鼓楼紧紧地聚拢在一起，形成单核型的团状环形聚落形态（图2-4）；此外，贵州从江县高增侗寨、锦屏县的墩寨、天柱县五家桥寨等均属于典型的平坝型聚落形态。

1※ 参照侗族文化研究［M］. 冯祖贻. 贵阳：贵州人民出版社，1999.9：41-46.

2※ 古人根据对河床、河岸因冲刷、水位涨落的周期及洪峰最大值的观察经验确立了两个立基建宅的理论：其一是限曲立基，即在水流冲刷力切线内侧河岸有水土流失，并会崩塌，而其对岸则相应形成冲积的缓坡地带，且土壤会随着时间的流变而聚集，这对于聚落不仅能是安全的，而且会使土地财富增加；其二是二阶台地的开发，距江河岸边太近，且取水方便，但有汛期及湿气浊流等不利因素，因此宅基选择在坝子中地势稍高的二级台地（侗族聚落正好符合这一传统理论）。参见生态视野：西南高海拔山区聚落与建筑［M］. 毛刚. 南京：东南大学出版社，2003：45.

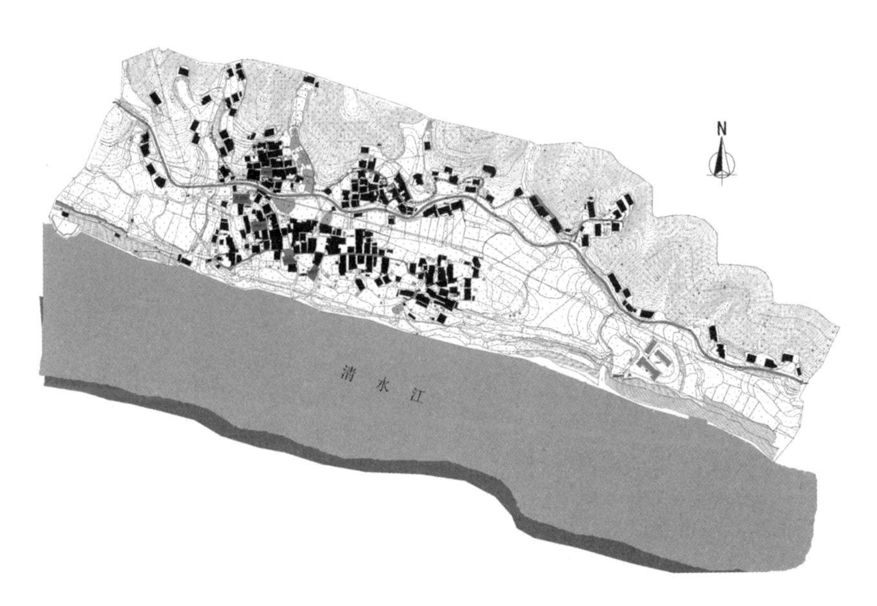

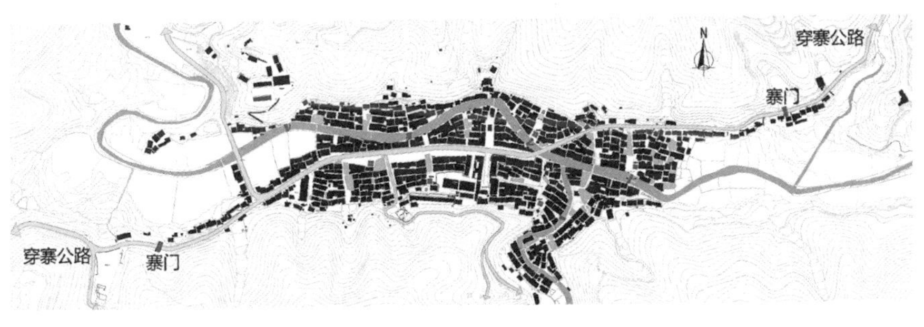

图 2-1 贵州天柱县三门塘侗族聚落与清水江关系示意图（图片来源：作者绘制）

图 2-2 贵州黎平县肇兴侗寨河道与聚落关系示意图（图片来源：作者绘制）

半山隘口型，侗族人俗称为“高坡寨”，即高坡型侗族聚落形态。这类聚落形态中相当一部分是因为平坝或山脚河岸型聚落中的人口过于密集而分离出来，聚落依据地形地势环山隘或坳口而筑，随着地势高差的大幅度变化，其建筑顺着等高线高低错落地排布于坳口或山脊，彼此重叠。如贵州黎平县肇兴堂安寨，由厦格上寨鼓楼的大家族外迁形成，坐落于肇兴东边的“关对”山坳处，背靠“弄报”山，村寨周边梯田层叠，形成独特的田园梯田文化（图 2-5、图 2-6）。此外，榕江县寨蒿的晚寨、宰荡，黎平县的厦格、岑寨；从江县的归柳上寨等地的侗族聚落均属于山坡型聚落形态。

图2-3 贵州榕江县车江大寨带状形态平面图（图片来源：作者绘制）

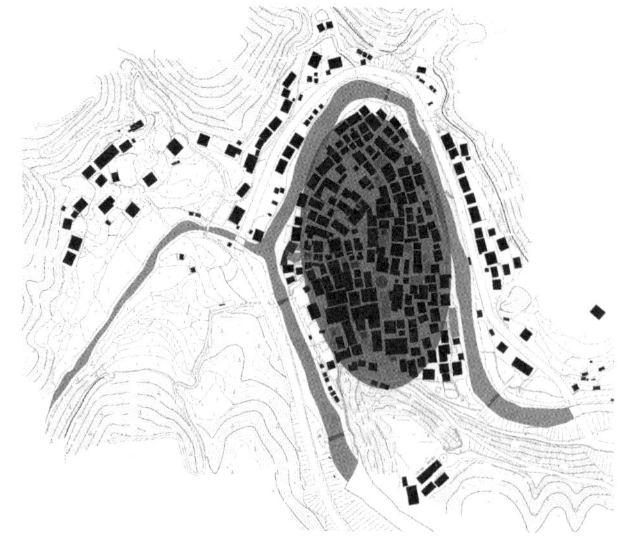

图2-4 贵州从江县增冲侗寨团状形态平面图（图片来源：作者绘制）

图 2-5 贵州黎平县肇兴乡堂安侗寨聚落景观图（图片来源：作者拍摄）

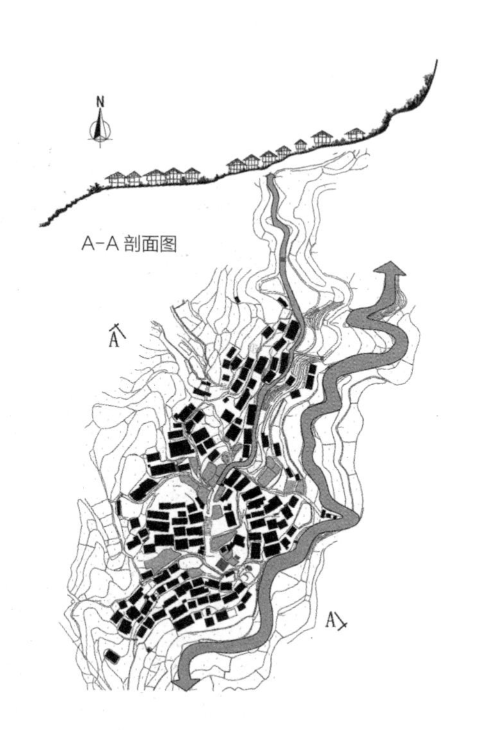

图 2-6 贵州黎平县肇兴乡堂安侗寨聚落形态示意图（图片来源：作者绘制）

2.1.2 社会组织结构对聚落形态的影响

以家庭、亲属组织与宗族组织等社会结构来看，从《祭祖歌》《天根地源》等广为流传的姜良、姜美兄妹成婚传说，发展到以姓氏为代表的异姓通婚或姑表舅婚的婚姻模式，传统的婚姻关系强化了血缘联系的同时不仅影响了侗族人们的社会生活方式，同时也是聚族而居聚落形态形成的主要因素。纵观侗族各个聚落，由于其宗族群体中血缘纽带的联系，使其簇族而居的内部结构模式具有明显的内向封闭性聚落形态特征，传统的侗族社会组织结构主要由家庭、房族、村寨、小款和大款构筑而成，并形成单核团状或多核团状的聚落形态。[1]

隶属于南部方言区的侗族通常以父系血缘为纽带的宗族组织而组成的房族为一个聚落单元，形成一个或几个"兜"共存的聚落形态，有的聚落每一个兜（房族）建有一座鼓楼，也有几个兜共建一座。当几个兜共同拥有一座鼓楼时，整个聚落便以鼓楼为中心，其他建筑呈发射状围着鼓楼而建。以贵州从江县增冲寨为例，在此寨中居住着头贡、三公、三十与

1※"单核团状"和"多核团状"中的"核"主要是具有凝聚性的鼓楼或其他聚落中心场所。

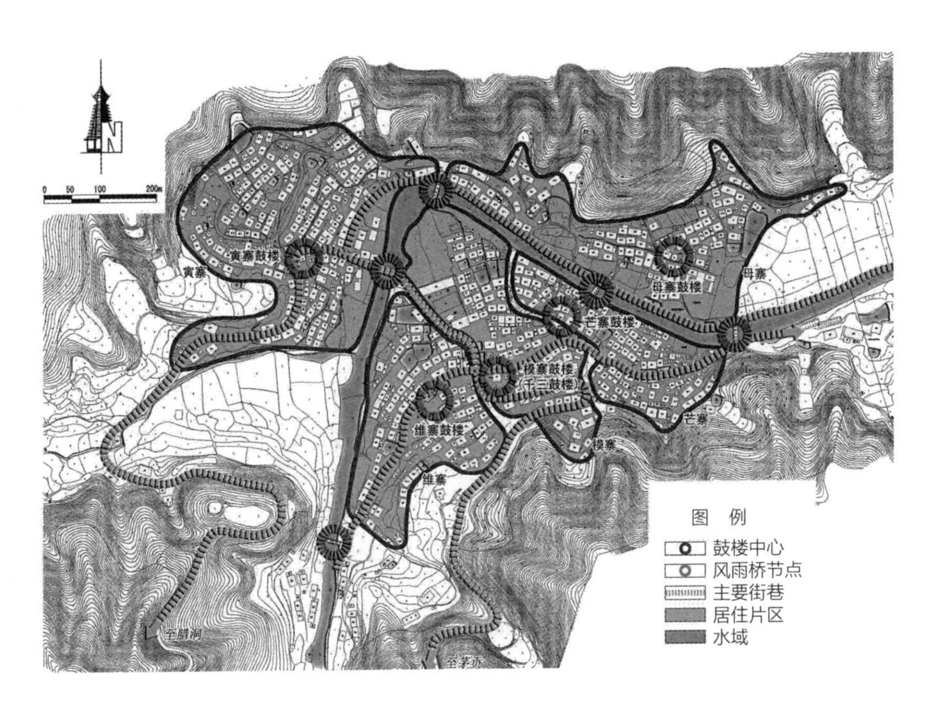

图 2-7 贵州黎平县地扪侗寨各“兜”分布示意图(图片来源:中国历史文化名村申报. 黎平县规划局)

头朝四个兜，分片区聚族而居，头朝和三十家族紧紧围绕鼓楼而居，头贡家族则绕河道而居，将其他三个房族环绕其中，四个房族簇拥中心的鼓楼而建，形成典型的单核型团状聚居形态(第 8 章图 8-21)。当聚落中有几个房族时，通常每个房族各自都会建有鼓楼。贵州黎平县地扪侗寨[1]便是一个典型的例子，聚落有以吴姓为主的五个大房族，每个房族居住的地方有一个寨名，分为母寨、芒寨、维寨、模寨和寅寨，其中以模寨的千三鼓楼象征全寨中心，其余四座鼓楼分别位于四个房族居住片区的中心(现仅存三座)，形成以鼓楼为中心向外辐射的多核型团状聚落形态(图 2-7)。

隶属于北部方言区侗族的玉屏、天柱、芷江等地直至明代仍然建有鼓楼，以及南部方言区所经历的“姑表舅婚”北部方言区也有经历过。[2]虽然北部方言区侗族聚落中的一些文化特征失落，失去了侗族传统文化在北部方言区侗族中的延续性，但是鼓楼和通婚习俗这两点说明早先的南北方言区侗族从家庭、亲属、宗族组织等社会结构上所反映的聚落形态上是具有共通性的。

1※“地扪”为侗话音译，意为泉水不断涌出的地方，寓意人丁兴旺，村寨发达。

2※ 略谈侗族南北地区传统文化的差异及其成因[J]. 秦秀强. 侗学研究. 1991，03：165-171，见 168、169.

2.1.3 信仰文化与聚落形态的关联性

从民族学和人类学的角度出发，任何民族的历史都经历了宗教发展的阶段，并有相应的宗教活动所伴随。拉格兰（Raglan）指出各时代、地方的住房与宗教均有密切关系。[1]宗教成为聚落中人们生活的支撑力量，对聚落形态本身具有一定的影响力，因此宗教信仰也是侗族聚落形态的主要成因。宗教信仰的伦理、认知对于侗族聚落内部各个成员的行为方式有着一定的引导作用，对于聚落形态的发展和居住方式的选择也具有相应的指引性。如同古朗士在《古代城市》一书中所认为的“城市的创建总是一种宗教性行为”，以及所写到的“李维在谈到罗马时说：‘此城中无一处不被宗教所渗透，无一处不居有神灵。此诸神之居所也。’”[2]的描述一样，侗族聚落的形成无一例外具有明显的宗教性，萨岁崇拜、自然崇拜、祖先崇拜、图腾崇拜及多神崇拜等宗教信仰不仅融入侗族人们的观念深处，而且还物化在了侗族聚落的形态之中，并构成侗族聚落的基本样态。任何侗族聚落从迁徙到定居的过程中首先是对自然环境的选择，环境的不同造就了不同的生存方式，形成族群生存模式，并通过信仰来强化相应的行为模式，最终形成具有信仰经验的聚落图式，自然环境不再是纯野生状态，进而转化为人、神与自然共生的理想环境（图2-8）。

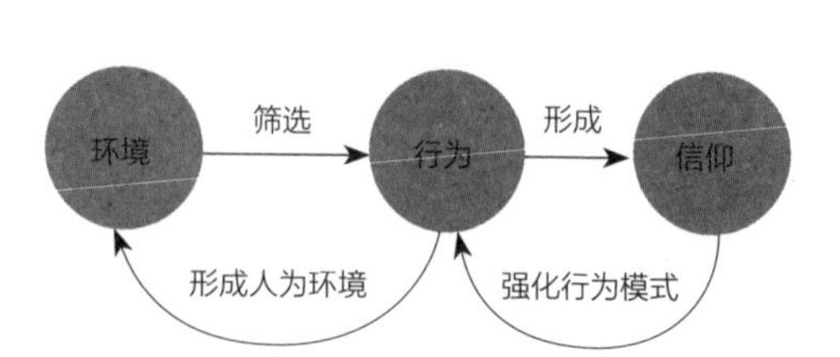

图2-8 环境、信仰与行为的互动（资料来源：张雪梅．中国西部民族地区乡村聚落形态和信仰社区研究［M］．成都：四川人民出版社，2010.11：25）

南部方言区的萨崇拜与北部方言区的飞山崇拜所物化的萨坛与飞山庙成为聚落中的神圣场所，并构成了侗族聚落形态组织的基本坐标。特别是南部方言区侗族聚落中的萨坛作为侗族发展过程中“多元一体”精神信仰的物质场所，在侗族信仰世俗发展过程中形成了诸如既有固定的祭祀对象、本民族的祭司、祭祀的经典和仪轨，以及以家庭组织或村寨组织为单位的信仰团体和相应的固定资产等基本要素。信仰空间的认定通过以血缘个体

1※The Temple and the House，NewYork. Raglan，L. W. W. Norton&Company. Inc. 1964（参见中国西部民族地区乡村聚落形态和信仰社区研究［M］．张雪梅．成都：四川人民出版社，2010.11：46）
2※古代城市——希腊罗马宗教、法律及制度研究［M］．（法）菲斯泰尔・德・古朗士．吴晓群译．上海：上海人民出版社．2012.04：162、168.

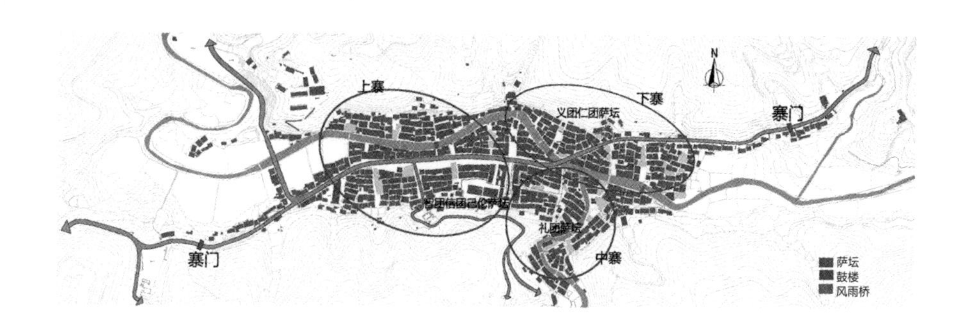

图 2-9 贵州黎平县肇兴大寨各团萨坛分布示意图（图片来源：作者绘制）

家庭为基础的家族组织，或是建立在家族组织基础上的以地缘关系为主体的聚落（村寨）组织，不仅反映了宗族关系，而且也是宗教场所中心性的表现。

不论是血缘基础还是地缘关系的“堂萨”，其信仰团体决定了相应信仰空间的认同。作为侗族共同信奉的“萨”女神，在供奉的空间场所上却是各自独立分散的，每一个家族可以设一个“堂萨”，或是一个村寨设一个“堂萨”，抑或是数个家族或几个村寨共设一个“堂萨”。各个“堂萨”之间几乎无任何关联性，也不存在“堂萨”之间的等级关系或依存关系，各个“堂萨”只管辖其所在的村寨或数个家族。从母寨分化出来的子寨，虽然需要在母寨取土立坛，但是两个“堂萨”之间并没有上下级的关系。

在聚落空间除了鼓楼的中心属性外，“堂萨”也相应地圈定了范围，“堂萨”的设立与血缘和地缘关系并非有着绝对的关联，通常情况下侗族聚落以自然寨为单位建“堂萨”。比如黎平县肇兴侗寨分为上寨、中寨和下寨三个自然寨，便建有三座“堂萨”：其中上寨的仁团和义团合祭一个“堂萨”，位于义团鼓楼附近；下寨的智团和信团，加上从智团分离出去的已伦共祭一个“堂萨”，位于智团鼓楼旁；中寨的礼团为独立的“堂萨”，位于该团的后坡隐蔽处（图 2-9）。

堂萨的设立并没有绝对的定制，比如在榕江县车江三宝侗寨（分上宝、中宝和下宝[1]）十余个村寨共建有 11 座“堂萨”，有些一个村寨有独立的一座，也有几个村寨合建一座（中宝的章鲁、寨头、脉寨、月寨四个寨共建一座“堂萨”），或是一个村寨建几座“堂萨”（下宝的车寨分别在漫宣、敖格、腊威、腊万四处建了四座“堂萨”，中宝的口寨建有两座）。[2] 坐落在田坝

1※ 三宝包括上宝（平松、平比、干列、罗香、定达、宰章等寨）、中宝（口寨、月寨、脉寨、寨头、章鲁等寨）、下宝（车寨 < 包含妹寨 >）。参见女神与泛神：侗族“萨玛”文化研究［M］. 黄才贵. 贵阳：贵州人民出版社，2004.12：156.
2※ 相关信息参见神与泛神：侗族“萨玛”文化研究［M］. 黄才贵. 女贵阳：贵州人民出版社，2004.12：156.

上端的从江县高增寨立"堂萨"的情况却不一样，以高增河为界分为大寨和小寨，大寨又分为上寨（坝寨）和下寨，三个寨却建有四座"堂萨"，三个寨各设有自己的"堂萨"之外（当地称为"地头"），全寨还建有一座总"堂萨"（当地称为"部兵"），三个寨共同祭祀总"堂萨"，总"堂萨"平日的供祭则由上寨负责。

2.1.4 土地文化与聚落形态

O·施律特（O. Schluter）被称为聚落形态研究的开创者，他在《人文地理学的形态学》中认为城市形态是人类行为遗留在地表上的痕迹，是由土地、聚落、交通线和地表上的建筑物等要素构成。显然土地在聚落形态中占有非常重要的地位，它不仅是人类生存的基本物质要素，而且还影响着聚落的形态特征，对于侗族聚落的规模、密度、分布、宅地关系等方面有着直接的影响。不论是物质层面的衣食住行，还是精神层面上的风俗、宗教信仰、美学思维等，都深刻地影响并决定了人们对土地的虔诚膜拜。与此同时，土地作为人类赖以生存的基本条件，农耕模式、宅田关系等则成为直接诠释聚落形态的最好例证，并且通过人与土地间的共生在长期的农耕实践中得以强化。

侗族聚落通过耕地、林地和宅地反映了人与土地、自然环境之间的文化集合，并将其物化为宅地与田地之间的经济类型。侗族在繁衍生息中找到最佳位置并定居下来，正是从"土地位置的固定性、土壤肥力的不等性、土地面积的有限性、土地利用的持续性和环境条件的差异性"[1]几个方面的土地生态属性上确定了侗族聚落形态的形成条件。不同地理环境所造就的聚落形态也因土地位置的固定性等因素，而表现出不同的宅、田、林的布局关系。侗族的农业生产离不开田地，农田和自然环境的存在是侗族人们生活的核心，为了更便利地经营农作，侗族将住居模式布置成农田围合型，让居住地紧邻农田。从土地面积的有限性来看侗族聚落形态中土地的生态属性，反映在侗族区域可供人们利用的耕地数量和居住面积的数量均具有一定限制，因此在权衡中优先考虑将适于耕作的土地最大程度的开发利用。侗族先民将最有利的区域用作耕地，通常稻田主要分布在河谷和低丘山陵，当河谷低处的土地开垦完毕，便向山坡发展，根据农业生产经验的总结，开辟一层一层的梯田是最有效利用土地资源的方式。聚落内部（即主要居住区）建筑布局或依山或傍水，或在山麓或隘口，在有限区域里对土地有效利用最突出的特点便是密集型建筑群落格局，特别是依山而建的侗

1※ 土地开发与生态平衡［M］. 何永祺. 哈尔滨：黑龙江科学技术出版社，1983：20-28.

图 2-10 贵州黎平县肇兴寨、堂安侗寨、榕江县大利侗寨的宅田关系（图片来源：黎平县旅游局及作者拍摄）

族聚落，建筑呈级抬高，形成一层层有序堆叠的空间特征。有限的有效空间同时对整个聚落形态的体量也加以限制，形成平坝区域较大、山麓隘口区域狭小的空间格局（图 2-10）。

从土地脆弱性特征来看，侗族选择水田稻作的农耕方式，通过对土地正确干预而达到平衡，无须以频繁轮歇土地来保持土地的肥力，以稻作为主的农业耕作改变了迁徙的生活方式，从而建立稳定永固的栖居地，形成定居的生活模式，在聚落形态上表现出相对稳定性和系统性，并有一定的条件得以兴建大型的仪式性建筑（鼓楼、宗祠、戏楼等）和功能性建筑（民居、禾仓、禾晾等），这些建筑与建筑群"形成聚落'基质'中鲜明的'斑块'"。[1] 稻作产物及其处理过程的行为和场所也反映在了侗族聚落形态的具体表现中，晾晒稻穗的禾晾及储存谷物的禾仓之类的场所也成为聚落形态的一种符号而存在，与其他建筑共同构筑聚落内部独特的整体面貌（图 2-11）。

1※ 西南聚落形态的文化学诠释［D］. 李建华. 重庆大学博士学位论文，2010.4：96.

图2–11 贵州从江县邑扒村围合聚落边缘处的禾晾（上）、黎平县黄岗侗寨的禾晾秋景（下）（图片来源：作者拍摄+黎平旅游局）

2.2 聚落空间

历来中西方对于空间概念的讨论和界定不一而足。亚里士多德认为“空间就是一切场所的总和，是具有方向和质的特性的力动的场（Field）”。公元前约3000年的空间理论家欧几里得（Eukleides）“从几何学为基础，以‘无限、等质，并为世界的基本次元之一’来定义空间”。[1]老子在《道德经》中对空间的定义为：“埏埴以为器，当其无有器之用。凿户牖以为室，当其无有室之用。是故有之以为利，无之以为用”。有关侗族聚落的研究对于其空间文化的讨论是必不可少的，本小节试图从空间结构、空间意象、空间的尺度关系、空间的秩序性及适宜性几个层面出发，探究形成侗族聚落场所精神的“元”。

2.2.1 聚落内外空间结构

诺伯舒兹认为“若将聚落视为一个整体，就外部而言，是与自然或文化地景的内容有关。就内部而言，聚落包括了次场所，如广场、街道和市区。这些次场所又包含许多具有不同功能的建筑物”。[2]《尔雅》中有关聚落空间结构如是说：“邑外谓之郊，郊外谓之牧，牧外谓之野，野外谓之林。”[3]侗族聚落作为典型的农耕文化模式下的空间结构，由内部结构（鼓楼、鼓楼坪、萨坛或土地庙、禾晾、禾仓、戏台、民居、风雨桥、道路、水井、水塘、寨门等）和外部环境（耕地、林地、墓地等）共同组成，内外空间功能明确，内部结构之间又相互发生作用。

聚落内部就是一个“家”，内部所有的物质和内容属于聚落成员共有。南部方言区的侗族聚落空间结构在寨门、鼓楼、风雨桥、民居、禾晾、禾仓、水井、水塘等的综合构筑下形成，寨门是聚落内外的分界线，鼓楼和鼓楼坪共同组成这个“家”的中心，形成聚落内部的公共区域，通过发散式的道路网格将其他物质要素串联起来，形成密集型空间结构；北部方言区侗族没有绝对的中心点，内部的水井、水塘及其他建筑的布局呈现均质状态，唯有道路构成这个空间的动脉，将内部各要素串通起来，编织成纵横交错的空间网。

桥是空间之间的中介点，它不仅是内部各个空间的转换，也是聚落内外空间的连接线。外部环境是整个聚落的重要组成部分，

1※ 存在・空间・建筑［M］.（挪）诺伯格・舒尔兹（Norberg-Schulz，C.）. 尹培桐译. 北京：中国建筑工业出版社，1990.06：2、5.
2※ 场所精神：迈向建筑现象学［M］.（挪）诺伯舒兹. 施植明译. 武汉：华中科技大学出版社，2010.7：67.
3※ 尔雅［M］.（晋）郭璞. 北京：国家图书馆出版社，2006.

图 2-12　贵州省黎平县肇兴侗寨聚落内外空间景观（图片来源：黎平县住房和城乡建设局）

从建筑的关联性[1]来看，聚落内部空间结构诸要素不可避免地与周围环境产生关系，从而内外之间形成共生的空间状态，在与外部环境的融合过程中，聚落内部的人、建筑形态与外部环境形成共识，在内部空间的扩展与外部环境的“包被”交融下，共同构成“诗意”的聚落景观（图2-12）。

2.2.2 空间意象

空间暗示了构成聚落场所的元素，海德格尔认为“空间是由区位吸收了他们的存有物而不是由空间中获取”。[2]凯文·林奇认为人并不会直接对物质环境做出一定的反应，而是根据空间环境产生的意象所采取的行动。侗族聚落空间的边界、道路、区域、节点和标志物从不同角度阐释了相应的聚落意象，从而更进一步地说明其空间中的人、场所与场所精神之间的关联性。

2.2.2.1 边界与侗族聚落空间

“边界是除道路以外的线性要素，他们通常是两个地区的边界，相互起侧面的参照作用。”[3]边界可以是国家间的分界线，也可以是省际的划分，甚至是每个家庭单元结构的分水岭。侗族在国土范围内具有空间边界，贵州地区的侗族聚落与其他省份的侗族聚落之间也具有空间边界，省内侗族各聚落空间仍然具有边界，甚至是每一个自然寨。因此，边界可以明确每一个侗族聚落空间领地及内外空间结构关系。

贵州是一个多民族混居的地区，有17个世居少数民族，他们分别聚居在各个区域，侗族相对集中的黔东南州也有苗族、瑶族、布依族等其他民族，每一个地区、每一个自然村寨的边界在地图上可以清晰地标识出来，以此明确每一个区域的占地面积。在侗族款词《六面阳规》有这样的说法：“讲到山上树林，讲到破边竹林。白石为界，隔断山岭。一块石头不能超越，一团泥土不能吞侵。田有田埂，地有界石。是金树，是银树。你的归你用，我的归我管。”在《六面威规》中也有类似的说辞：“一个石头不给跨越，一团泥土不给移动。青石来划线，白石来划界，田有田埂划分，山有山石划界。”[4]侗族以款词的方式不仅阐述的是聚落与聚落间的区域界定，每一个聚落空间紧密相连又分界清楚；同时也是

1※ 建筑的关联性：在建筑领域，指建筑所处的周边环境，地理特点，以及街区的历史、文化景观等含义的用语。参见20世纪的空间设计［M］.（日）矢代真己等. 卢春生等译. 北京：中国建筑工业出版社，2007：160.

2※ 场所精神：迈向建筑现象学［M］.（挪）诺伯舒兹，施植明译. 武汉：华中科技大学出版社. 2012.

3※ 城市意象［M］.（美）凯文·林奇. 方益萍，何晓军译. 北京：华夏出版社，2001.04：47.

4※ 六面威规：六项警告的法规。侗族口传经典［M］. 傅安辉. 北京：民族出版社，2012.05：89、93.

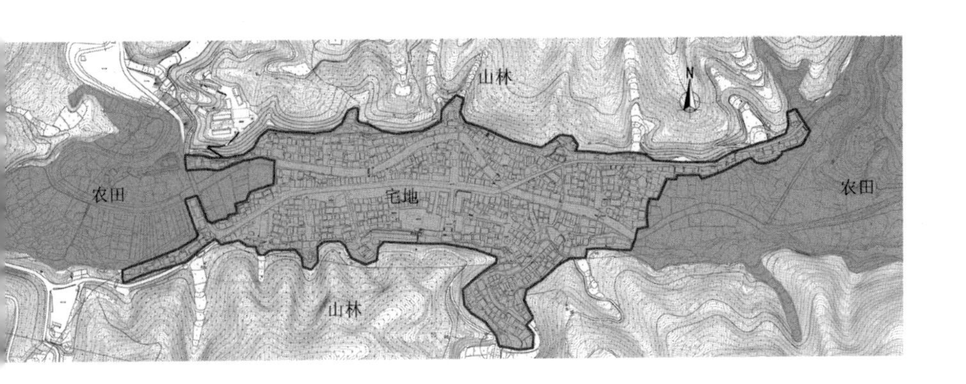

图 2-13 贵州黎平县肇兴侗寨的边界示意图（图片来源：作者绘制）

聚落内部成员之间的空间划分，这种白石为界的划分方式将聚落内部人员之间的领地方位及空间结构也做出了界定。

每一个聚落内外之间的边缘地带通常是农田或林地与宅地之间的边界划分。一般而言，聚落边界处与聚落中心的建筑密度有着明显的差异性，靠近聚落边界（也可以说靠近农田或林地）的建筑单体之间相对中心地带会比较松散。贵州黎平县肇兴侗寨的边界明晰，宅地、农田和山林之间的界限分明，东西两头靠近农田的边界线区域随着远离聚落中心，边界扩展逐渐减弱，建筑的密度也逐渐减少，并形成明确的围合感（图 2-13）。贵州榕江县大利侗寨的边界层次相对丰富，在越靠近农田的区域，宅地建筑密度逐渐降低；在边界区域，建筑仅是零散的分布于农田当中，所占比例很少；在宅地与农田交界的区域出现了建筑与农田混合的二级边界，增加了聚落空间的层次感（图 2-14）。

自然环境通常是侗族聚落的自然边界，环绕聚落的河流、山坡等具有明显阻隔作用的地形景观是侗族聚落边界的一部分或是全部。贵州从江县增冲侗寨是比较典型的以河流为边界的聚落，河流近乎完整地环绕了整个聚落，将增冲侗寨紧紧地围合在中间，以天然的屏障作为聚落的边界（图 2-15）。

“不论在平面构图上还是在空间序列上，寨门都是一个前奏”。[1]以寨门为界限，将侗族聚落内部空间的领域范围做出了界定，成为侗族聚落空间中内部结构与外部环境之间的分水岭，寨门也成为聚落场所空间的边界物质。一个侗族聚落通常有 1 个或数个寨门，如贵州黎平县肇兴堂安寨有 6 个寨门，主寨门规模较大，形成三门且两边带凉亭的形制，门楼装饰精美，四坡顶式造型；而侧面的寨门主要用于内部人员农作之便，造型简洁，每一个寨门的形态各异，主次分明（图 2-16）。

1※ 侗族聚居区的传统村落与建筑［M］. 蔡凌. 北京：中国建筑工业出版社，2007：250.

图2-14 贵州榕江县大利侗寨的边界示意图（图片来源：作者绘制）

图2-15 贵州从江县增冲侗寨边界示意图（图片来源：作者绘制）

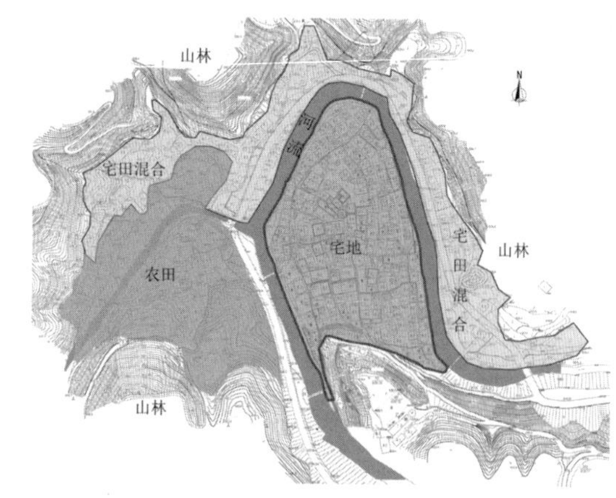

图 2-16 贵州黎平县肇兴堂安主寨门和侧门（上图由黎平县规划局提供，下图为作者拍摄）

2.2.2.2 道路与侗族聚落空间

对于城市规划来说，道路的设置具有一定的标准，必须遵从规划的许多细节来进行规范和控制，合理的路径安排和设置对能源消耗、行程时间、舒适性、方便性、建设维护等一系列有关社区的面貌、人的感受和状态以及工作需求等方面带来不可忽视的影响。而贵州侗族这样的乡村聚落却不一样，侗族聚落内部的路径是聚落成员生产、生活的道路，道路的形成并没有经过专业的规划师进行过精心的设计，没有绝对的模式和规范要求，而是在方便实用的基础上，结合聚落环境而形成的。这些路径将各单元住户与住户、鼓楼、风雨桥、农田等区域串通起来，某些建筑屋檐下方的区域也成为交通、交流的路径之一，道路在建筑、水塘、农田之间自然随意地穿行。所有道路成为侗族聚落空间中生活的一部分，不仅仅是交通线路，“还是作为社区而存在的”[1]。

“人们正是在道路上移动的同时观察着城市，其他的环境元素也是沿着道路展开布局，因此与之密切相关的”。[2]特殊的地形特征造就了侗族聚落的道路变化多端，随着地形的起伏而随之形成。地势平坦的区域，道路较为平缓，道路变化自由，东西向与南北向的道路相互交错，构成四通八达的交通网，如贵州榕江县车江侗寨；地势起伏较大的区域，则形成与等高线平行的横向道路及相交于等高线的纵向道路的网状道路系统，如榕江县晚寨和黎平县堂安侗寨，道路在山脊的动态引导下或平坦，或崎岖，或蜿蜒，或陡峭，起伏不定，变换自如；地势高差极大的区域，“之”字形的道路形式是最好的连接模式，利用增加道路长度的方式减缓坡度的同时，路径还通过改变方向来延缓并加长了通道的序列，使人在行进的过程中加强建筑物的视觉变化，如贵州天柱县三门塘王氏住宅前的“之”字形道路。此外，在道路交叉处，以某一个节点为中心也会形成发散型的道路形式，由此多条分支的次要道路随之形成，如黎平县堂安以瓢井为中心形成了多条道路的发射状（图2-17、图2-18）。

不规则的地形地势是侗族聚落空间中路径复杂多变的主要因素，这种连接内外和内部之间的交通网络，不仅影响着人们的生产和生活，而且还构成了聚落空间的扩展。如同原广司所说：“道路是聚落从整体到细枝末节的向导，所以道路的网络越是复杂，就越能引发聚落的无限变化”。[3]侗族聚落空间与路径之间的关系密切、方式多样，尤其是路径与建筑之间的空间关系。通常路径与侗族聚落空间有三种关系：其一，路径从建筑物旁边经过，建筑物依着道路两侧或一侧

1※ 街道的美学［M］.（日）芦原义信. 尹培桐译. 天津：百花文艺出版社，2006.06：29.
2※ 城市意象［M］.（美）凯文·林奇. 方益萍，何晓军译. 北京：华夏出版社，2001.04：35.
3※ 世界聚落的教示100［M］.（日）原广司. 北京：中国建筑工业出版社，2003：196.

图 2-17 贵州榕江县晚寨（左）和黎平县堂安（右）纵横交错的道路（图片来源：作者拍摄）

图 2-18 贵州天柱县三门塘王氏住宅前的"之"字形道路（左）；黎平县堂安以瓢井为中心的发射状道路（右）（图片来源：作者拍摄）

排列，有的建筑直接紧邻道路（或与道路平行，或与道路呈角度交叉），有的却增加斜向道路进行连接，增强了建筑物的正立面与形体间的透视效果（图 2-19）；其二，路径从空间内部穿过，亦即道路斜穿或横穿建筑物底层，或者将建筑底层局部架空形成道路，在穿越空间的过程中，路径在空间中形成休息或运动的空间场所（图 2-20）；其三，路径终止于一个空间，沿着道路直接导向建筑物的入口，道路尽头的视觉目标清楚，突出建筑的立面或入口（图 2-21）。

路径在与聚落空间发生关系的同时也出现了不同的空间形式，当道路两边的建筑物密度较大的时候，便会形成封闭的空间形式，由于地形特征的影响，建筑物之间的道路尺度或宽或窄，因此封闭的空间形式也会有不同的变化；当道路一侧为建筑，另一侧为河流的时候，空间形式处于半开敞的状态，道路成为停留、休息或观景的空间；如果道路两侧无任何遮挡物，便成为开敞的空间形式，这时的道路作为通道的功能性特征得以突显（图 2-22）。

图2-19 路径从空间旁边经过——榕江县大利侗寨（左上）、黎平县堂安侗寨（右上）道路与建筑的关系（图片来源：作者拍摄）

图2-20 路径从空间内部经过——榕江县大利侗寨（右）、天柱县三门塘（左下）、黎平县堂安侗寨（右下）道路与建筑的关系（图片来源：作者拍摄）

图 2-21 路径终止于一个空间——天柱县三门塘道路与建筑的关系（图片来源：作者拍摄）

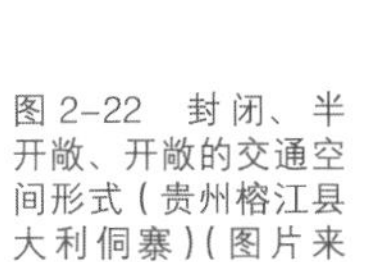

图 2-22 封闭、半开敞、开敞的交通空间形式（贵州榕江县大利侗寨）（图片来源：作者拍摄）

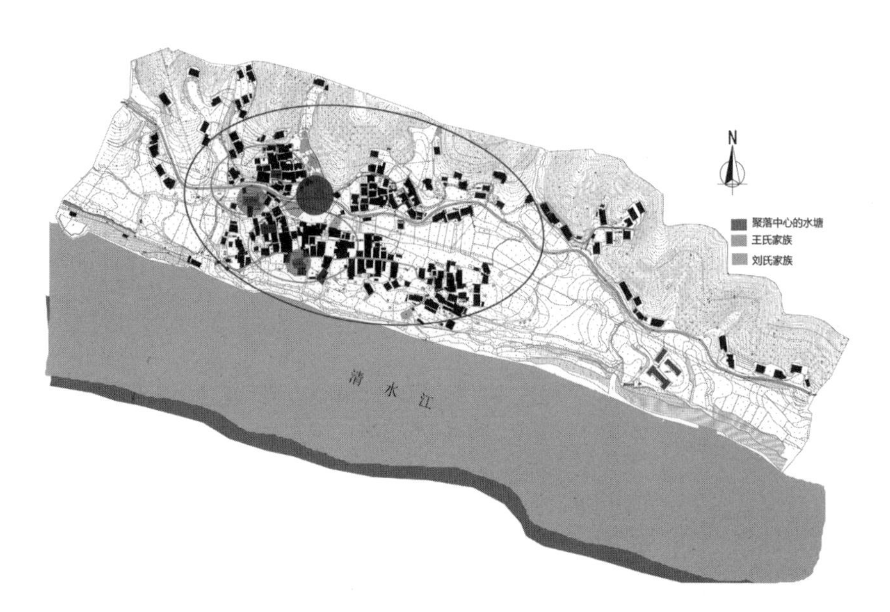

图2-23 北部方言区侗族的中心空间意象（天柱县三门塘侗寨）（图片来源：作者绘制）

2.2.2.3 区域与侗族聚落空间

贵州侗族聚落古朴的石板花阶，舒适宜人的自然环境、因地制宜的木质民居，极具聚落标志性特色的鼓楼、风雨桥等民族建筑，宗教体系下信仰文化的体现，农耕文化为基础的空间格局，以及身着独特服饰质朴的当地人们，这样极富视觉识别性的意象确定了侗族聚落的区域性。正如凯文·林奇所认为的，“决定区域的物质特征是其主题的连续性，它可能包括多种多样的组成部分，比如纹理、空间、形式、细部、标志、建筑形式、使用、功能、居民、维护程度、地形等”。[1]

区域的划分确定了聚落空间形态和结构，以家庭结构为单元明确了聚落空间的规模和领域。就民族区域而言，贵州侗族聚落从语言、信仰等文化将其分为南、北方言区侗族。而从单体聚落的区域来看，它与边界发生着必然的联系，边界形成这个区域的轮廓线。就这个区域结构而言，它又与所在区域的中心有一定的关系，从而形成有些区域是内向的，有些区域是外向的，但在这个区域内部总有一个核心要素左右着区域本身。侗族典型的社会组织结构形成聚族而居的聚落模式所反映出的中心区域，无论是北部方言区的宗祠、飞山庙（早期也有鼓楼）（图2-23），还是南部方言区侗族的萨堂（坛）、

1※ 城市意象［M］.（美）凯文·林奇. 方益萍，何晓军译. 北京：华夏出版社，2001.04：51.

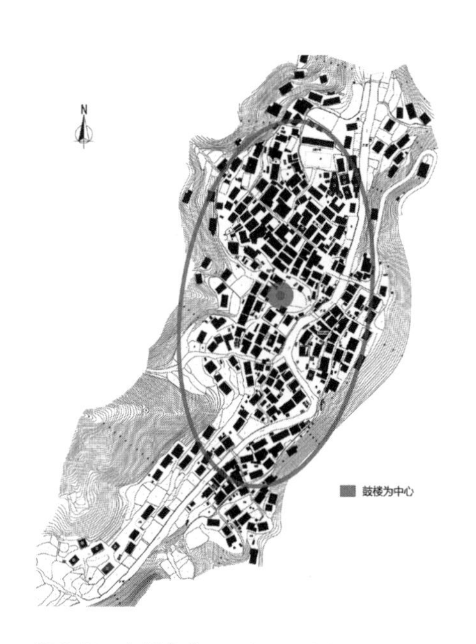

图 2-24 南部方言区侗族的中心空间意象（榕江县大利侗寨）（图片来源：作者绘制）

鼓楼（图 2-24），在每一个侗族聚落空间都存在有一个核心结构，它有着聚集的作用，围绕这样一个核心结构，增强了该区域的识别性，同时也使得该区域的特性更加突出。

2.2.2.4 节点、标志物与侗族聚落空间

侗族聚落空间中的节点可以说随处可见，节点被看作是平面中“点”的概念，这个点相对“面”而言可以很小，如聚落空间的某一棵树；也可以是相对较大的区域，比如聚落空间中的鼓楼坪。节点作为聚落空间中的视觉“焦点”，是聚落空间中的主要景观要素之一，辅以聚落标志物共同构成空间中的景观节点。聚落内部的空地、标志性建筑、广场、水井、道路拐角处、道路交叉处、道路开敞处等空间节点在聚落中扮演着不同的角色，成为具有休息站、汇集点、信息交流、娱乐活动等多重身份的场所，不仅丰富了空间层次，而且还增添了聚落空间中的人文气息（图 2-25）。

所谓标志物，是因为它造型的独特性、位置的特殊性、存在的历史性以及人们对它的需求性等多种原因，“自然而然地被假设具有了特别的重要性”[1]。鼓楼和风雨桥无论是外部造型，还是社会意义，都无可厚非地成为侗族聚落的标志物和重要节点，并自然成为外部人员判断该聚落是否为侗族的界定方式。常有将侗族聚落空间形态比喻为“蜘蛛网”，而这个蜘蛛网的核心便是鼓楼，所有的物质形态围绕鼓楼因地形而建，对于初到侗族聚落里的人，可以通过侗族聚落里的鼓楼数量来分辨这个聚落有多少个大姓，侗族聚落是单核组团或是多核组团的空间格局，以鼓楼来划分聚落空间结构，并从某种程度上利用鼓楼来组织侗族聚落结构，增强聚落内聚性特点（图 2-26）。风雨桥所具有的社会属性不亚于鼓楼在侗族聚落空间中的重要性，在满足生产、生活之需的跨水交通道路的基本功能之外，更是供人们乘凉休憩、遮风避雨的好去处，这里成为人们茶余饭后休闲交流的场所（图 2-27）。

1※ 城市意象［M］.（美）凯文·林奇. 方益萍，何晓军译. 北京：华夏出版社，2001.04：55.

图 2-25 贵州榕江县大利侗寨的水井和天柱县三门塘的道路交叉口（图片来源：作者拍摄）

图 2-26 贵州从江县小黄鼓楼里准备演出的青年男女、黎平县厦格鼓楼下面聊天的人们（图片来源：作者拍摄）

图2-27 贵州榕江县大利侗寨（左）和从江县高增（右）风雨桥上乘凉交谈的人们（图片来源：作者拍摄）

侗族聚落中的节点和标志物不能以绝对的方式加以界定，它们之间是互通的，节点“既是连接点也是聚集点”。[1]这些节点和标志物与人们的日常生活有着密切的联系，到鼓楼和风雨桥乘凉聊天、到瓢井担水等均是生活在这里的人们的一种生活方式，正是因为聚落内部人们真实的日常行为才产生并存在的，必须从侗族聚落内部场所精神的关联性出发而加以界定。因此，侗族聚落的空间意象从道路、边界、区域、节点及标志物出发加以阐述时，仅仅是一种物化的表面，必须与内在的文化现象结合起来加以审视，才能形成完整的空间意象。

2.2.3 空间尺度

对于侗族聚落空间的尺度关系应该从两个方面加以探讨：其一，从聚落整体空间范围的尺度控制来说明侗族聚落适宜性的规模；其二，从聚落内部各物质要素在空间中的尺度体现进一步阐释聚落内部的空间结构关系。

从聚落的整体性来看，侗族地区的地形地貌和聚族而居的传统模式决定了聚落空间结构的场地大小，并对聚落的规模大小给予了相应的圈定。有多大的承载量就容纳多少户人家，这是侗族先祖承袭下来的建寨标准，当人口发展至聚落所能容纳的最高上限时，便会分离出一部分人建立新的村寨，以此达到最适度的聚落环境，从而很多侗族聚落出现母寨和子寨的关系。如黎平县茅贡乡境内的地扪村，从元末明初迁徙至此，并很快发展壮大成高达1300多户的大规模聚

1※城市意象［M］.（美）凯文. 林奇. 方益萍，何晓军译. 北京：华夏出版社，2001.04:58.

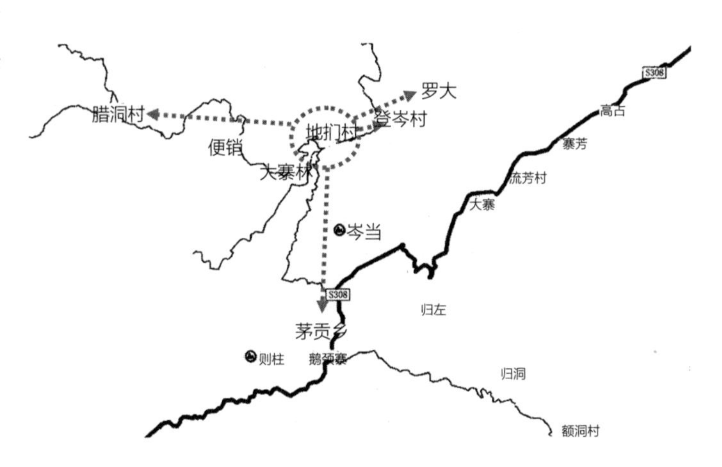

图 2-28 黎平县茅贡乡地扪侗寨分寨示意图（图片来源：作者绘制）

落，可是却违反了祖先的古训，有限的自然资源和地理环境无法容纳和满足太多人的消耗，只好逐渐向周边开辟新的生存空间，并形成新的聚落，最终留有 300 户继续生活在地扪，并按五大房族形成母寨、芒寨、维寨、模寨和寅寨分团而居，其余各户分居到茅贡、腊洞、登岑和罗大，形成母寨与子寨分寨而居的聚落关系（图 2-28）。

大部分侗族聚落的人口构成在相当长的时间内都趋于稳定，当人口增长至聚落所能容纳的量之后，便会出现如地扪村一样的分寨情况。如果人口膨胀到一定程度而未建新寨时，聚落内部便会出现明显的紧缩状态，以至于在有限空间中的密集程度呈现无以复加的状态，最终其聚落形态将遭到严重的破坏或更改。从聚落平面来看，将聚落原有的公共空间（防火塘等）改造利用建成房屋，增加建筑的密度；从纵向来看，原有一楼一底的建筑格局无法满足现有人口数量的增长，建筑从高度上改变了传统聚落的空间格局。聚落中容积率的改变必然会使原有空间面貌完全改变，以至于原有空间场所的特性逐渐消失，贵州榕江的车江大寨的空间演变尤为突出。依据 1999 年版的《榕江县志》人口密度数据来看，从清雍正九年（1731 年），每平方公里 7 户，到民国 21 年（1932 年）每平方公里 17 人，至 1995 年人口密度发展为每平方公里 86 人，而车江成为密度最大的区域，其人口密度为每平方公里为 194 人。[1] 从这个数据可以分析得出，土地面积无法增加的情况下，而人口的过度增长对于空间的影响非常大，以至于现在的车江侗族聚落中的建筑密度过大（图 2-29）。

1※ 榕江县志［M］. 榕江县地方志编纂委员会. 贵阳：贵州人民出版社，1999.10：32.

图 2-29 贵州榕江县车江寨头村待建建筑用地（图片来源：作者拍摄）

对于聚落内部空间而言，尺度关系反映了内部物质形态之间的排列与空间大小等。正如原广司所说："聚落也具有尺度体系，但这种体系并非十分严格，而是体现出一种宽松的性格。"[1]王昀也认为"聚落中的居住者都持有相对稳定的空间概念，而且在聚落的建造过程中这些空间概念被转化到聚落的空间组成上，并最终表现在聚落中的住居的大小、住居的方向，以及住居之间的距离上"。[2]对于贵州侗族聚落内部空间尺度关系的探讨，可以从横向空间和竖向空间两个层面进行说明：从横向空间而言，基于鼓楼社会功能属性的重要性，鼓楼和鼓楼坪，以及戏楼在空间中居于核心位置，形成宽阔的场所，用于侗族人们的各种重要仪式和聚会所需；围绕鼓楼因地而建的民居是聚落内部空间的主要成分，民居的占地面积因地理位置的所属和区域限制，从几十平方米到上百平方米不等，形成有"多大的地就修多宽的房子"，住房之间也同样受地势影响，房屋之间依据需求留有100毫米、400毫米左右不等的间距用于界限划分，如果达到800毫米以上的间距便自然形成连接各住房及其他物质要素之间的路径，建筑之间的间距完全取决于地理环境、土地所有及功能需求。从竖向空间来看，建筑顺着等高线鳞次栉比沿着山势层层延伸，后一排建筑有的略微高出前一排建筑，有的高出好几层，完全受制于坡地的变化。这种偶然性的聚落空间及相应的尺度关系虽然也受到宗教信仰、宗族关系、生活习俗等文化内涵的影响，但是就尺度本身而言，更多还是一种自然而然的形成过程，建筑面积的大小、建筑空间

1※ 世界聚落的教示 100［M］.（日）原广司. 北京：中国建筑工业出版社，2003：170.
2※ 传统聚落结构中的空间概念［M］. 王昀. 北京：中国建筑工业出版社，2009：1.

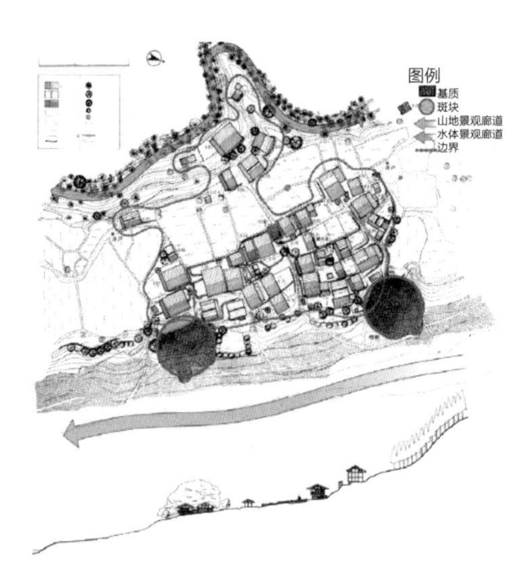

图 2-30 贵州苏洞村聚落横向与竖向空间示意图(图片来源：日本《住宅建筑》93(4)，转引自李建华. 西南聚落形态的文化学诠释[D]. 重庆大学博士学位论文，2010.04：101.)

格局、建筑间的间距、建筑的朝向等没有绝对的规定，完全取决于地形、材料、通风、光照及自然环境等因素(图 2-30)。

2.2.4 空间秩序性

贵州侗族聚落的集合体丰富多样，除了以居住为主体功能的住宅建筑以外，还包括承载着宗教与社会文化属性的其他建筑类型，这些建筑之间因为其独特的文化特质而对聚落空间形态做出了一定的限定，从而形成特定的组织关系，并通过建筑体之间整体与局部的序列整合，反映出聚落空间的秩序性特征，正如原广司所说："所有的聚落与建筑都已经被秩序化" [1]。秩序化是聚落空间形成的必然结果，并因地理地势及自然环境、宗族社会组织关系、宗教信仰体系、生活习俗等多方面文化特质因素的相互重叠而呈现出来。

地理环境是影响聚落空间秩序性特征的直接因素之一，特殊的地理环境在聚落空间的秩序性上具有一定的指向性。山脚河岸型的侗族聚落形态地势较为平缓，坡度高差较小，以自然环境形成封闭空间形态，紧邻山坡的位置往后延展的幅度受到限制，在有限的空间范畴形成高密度的密集型空间特征，区域内部呈现出中心空间、均质空间及混合空间样式，自然环境和边界上的建筑将聚落内外做出明确的界定；平坝田园型侗族聚落受到的限制较小，空间发展幅度较大，分布格局较为规矩，内部空间以均质空间为主要样式；而在半山隘口型聚落中的空间由于地形高差变化较大，空间发展的局限性突出，内部空间更加凸显中心化特征，中心区域人口密集大，建筑密度相对集中，边缘位置逐渐减少呈松散状(图 2-31)。

侗族聚族而居的建寨原则也突出了其秩序性，以血缘为纽带的聚落将修建鼓楼或宗祠作为空间的核心内容，在空间构成上自然形成了标志性建筑为主的中心空间秩序性场所特征。同时，宗教信仰和生活习俗等也强化了这种秩序性的表现，并通过人们日常的行为轨迹，将建筑与建筑、与周边环境之间的空间秩序性形成一定程度的独特性与柔韧性，这种秩序性的形成增强了聚落空间的协调感和适度感。

1※ 世界聚落的教示 100 [M]. (日)原广司. 北京：中国建筑工业出版社，2003：24.

图2-31 三种不同地理环境下的空间秩序表达（图片来源：作者绘制）

山脚河岸型侗族聚落（增冲）

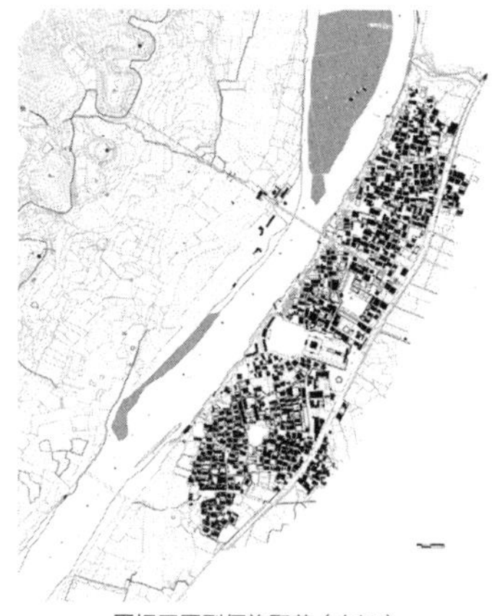

平坝田园型侗族聚落（车江）

半山隘口型侗族聚落（堂安）

2.2.5 空间适宜性

“一个聚居地是否适宜，是指其空间和当时的肌理是否与其居民的行为习惯相符，是指在行为空间和行为轨迹中活动和形式的相符”[1]，作为典型乡村特征的贵州侗族聚落所反映出来的不仅是自下而上的生成过程，更是这个生成过程中适宜性的体现，侗族聚落与整个模式之间的相配，正是聚落适宜性与聚落文化特质之间的

1※ 城市形态［M］.（美）凯文·林奇. 林庆怡、陈朝晖、邓华译. 北京：华夏出版社，2003：108.

紧密联系。总的来看，贵州侗族聚落中的适宜性主要表现在以下两个方面：

其一，聚居性。人在迁徙过程中通常以家族为单元，同时也因为以家族为单元的迁徙而定居下来的聚落形态，成为“同族共姓”的氏族社会聚落特征。在阶级社会里，氏族与氏族之间以强欺弱的现象极为普遍，聚族而居的居住模式加强了内部成员之间的相互依存和共同发展。发展到今天，虽然氏族竞争不复存在，但是只要聚落内部成员的婚丧嫁娶等各项大小事宜，也必然是全寨出动，互相帮衬。

其二，因地制宜。以农耕文化为主体的侗族先民，土地是重要的载体，由于贵州侗族聚落特殊的地理地势和自然环境形成以河岸山脚为主要的聚居地，特殊的地形促使人们不得不更好地利用土地以获取更大的空间，并满足居住和生活的基本需求，所谓占天不占地的干栏式建筑也大大提高了土地的利用；同时，宅、田、林之间合理的布局不仅增强了土地的利用率，而且通过劳作空间与居住空间的合理划分而具有更好的舒适性。农田紧邻居住地，使其更好地管理和保护农作物，避免大量体力的消耗，高差较大的区域将农田按梯状进行处理，提高了土地利用率。对于聚落内部空间而言，聚落中的公共场所就好比家庭中的客厅，是各成员间交流感情的场所，扩大了人们的行为空间和行为轨迹，并与人的行为活动相匹配。侗族在有限的土地资源下，最大限度的对土地进行合理布局，正是空间适宜性的体现。

第3章 贵州侗族聚落文化的生态表达

如今人类的生存环境面临着不同程度的恶化，“生态”研究也成为当今社会科学研究的主要命题，从有关自然科学领域到人文与社会科学领域，尤以德国哲学家海德格尔提出的“诗意的栖居”被认为是对“生态美学”最具经典的描述。曾繁仁对于生态意识的问题在《生态存在论美学论稿》一书中将其归结为人类的生存问题：“人们不仅要认识世界和改造世界，更重要的是要在同世界的和谐平等的对话中获得审美的生存。”[1]侗族作为一个追求美的民族，在其漫长的历史发展过程中，侗族聚落与自然生态、侗族内部人与人和人与社会之间、侗族人们的生存方式、信仰体系等各方面无不体现出和谐共生的生态意识。

1※ 生态存在论美学论稿［M］. 曾繁仁. 长春：吉林人民出版社，2003：13.

3.1 自然生态的和谐之美

侗族先民在与大自然之间的相互依存中形成了“天人感应、和实生物”的自然观，并认为人是自然的一部分，民间所流传的人类起源之说：

> “起初天地混沌，世上没有人，遍地是树蔸，树蔸生白菌，菌生蘑菇，蘑菇化成河水，河水生虾子，虾子生额荣，额荣生七节，七节生松恩。”[1]

在东方传统文化中，人与自然的关系是统一的，儒家崇尚天人合一的境界，其根本思想便是在于共生，正如《阿含经》中提及：“此有故彼有，此生故彼生；此无故彼无，此灭故彼灭”。侗族起源说中的人与自然关系进一步说明了人类与宇宙间万物“共生共荣”的生态和谐关系。

侗族聚落中人与自然的共生与其传统文化和审美意识有着必然的联系。庄子《知北游》篇有云：“天地有大美而不言，四时有明法而不议，万物有成理而不说。圣人者，原天地之美而达万物之理。是故至人无为，大圣不作，观于天地之谓也。”[2]侗族先民从聚落的选址到布局都遵循着自然法则，通过艰辛地迁徙跋涉，找到适宜的聚居地定居下来，利用绝对的地理优势，遵循着依山傍水的选址原则，较为“符合我国先贤哲人思想观念中关于‘辨物居方’生境观对栖居地选择的要求”[3]。侗族先民以审慎的态度选择宜居的栖居地，以和谐共生的生存理念实践着顺应自然的生存策略，合理开发大自然的馈赠，用山上大片的杉木作为建房材料和薪柴之用，开渠筑堰、挖池凿塘、引水灌溉以保证日常之需，追求着“天地万物各安其位、各得其所、各遂其生”的共生原则。

侗族先民对于自然生态也并不是一味地占用，他们非常清楚人类对自然的消费量与自然资本的承载量之间的差距。“十八杉，十八杉，姑娘生下就栽它，姑娘长到十八岁，跟随姑娘到婆家。”侗家人每当有人家生了孩子，长辈亲人们都会上山为孩子种上几十上百株杉树，待孩子长大成人之时，杉树也长成高大挺直的型材。从《榕江县志》得知，清雍正年前，榕江境内各族人民对“山中之树，听其长养”，以致“环山皆木”，到处覆

1※ 额荣是一种水中的浮游生物。七节为节肢动物。侗族文化史料［M］. 黔东南苗族侗族自治州民族研究所. 1988：189.

2※ 庄子集解［M］.（战国）庄子. 北京：中华书局，1954.

3※ 侗族古俗文化的生态存在论研究［M］. 张泽忠，吴鹏毅，米舜. 桂林：广西师范大学出版社，2011.6：85.

盖着葱郁茂密的原始森林；1992年第三次森林二类调查统计其森林覆盖率达58.47%，有些乡镇甚至达到60%以上，如两汪、栽麻、平阳等[1]。《黎平县志》记载“通过封山育林、人工造林、严格管理，2005年，全县有林地面积为463.93万亩，其中乔木林地454.53万亩，纯林地3985.10万亩，混交林地59.43万亩，竹林9.40万亩，活立木总蓄积量1914.79万立方米，森林覆盖率为71.18%”。[2]从各区域林地生态便说明侗家人非常懂得如何利用自然生态资源，更懂得如何保护发展自然生态资源，保持着适可而止的原则与大自然和谐共处，使得自然资源处于良好的平衡状态。

黑川纪章认为“居所是融入自然的‘临时住处’”，“所谓人类的理想，并不是去征服自然，也不是与动物斗争狩猎，而是要顺应自然，成为自然的一个组成部分”。[3]侗族鼓楼的由来在民间有这样的传说：侗族小伙曼林见小鸟和鱼儿都会找个地方集合，觉得人也应该有个地方来商讨事情，于是和村里老人商议后决定以杉树王的样子来修建木楼，最终修得的木楼层层递减，远远望去就像一棵挺拔的杉树。鼓楼的修建正是以仿生的手法，极为巧妙地将自然与建筑融为一体，历经百年的风吹雨打仍坚固如初。侗族依山而建、顺应地理环境、因地制宜地修建各式各样的居住场所，而非挖土放炮、开山搬石，这也是顺应自然的表现：其一是保护了草皮植被，不会因为过多的动土而造成水土流失、山体滑坡等现象；其二是大小不一、长短各异的木材因地势起伏、建筑样式等不同需求而被充分利用。不止鼓楼，侗族聚落中的风雨桥、民居、凉亭、禾晾、禾仓等木构建筑，都传递了与自然共生的文化现象，反映了建筑文化就地取材的建筑理念及顺应自然的精神信仰。远处望去，聚落中所有的建筑与自然完美地融合，使得侗族文化的内在气韵呈现一派和谐、静谧的生态美。

3.2 侗族聚落内部人与人、人与社会之间的和谐共生关系

人与自然之间的共生关系之外，人与人、人与社会之间的和谐共生也是侗族聚落中和谐生态营造的体现，这主要从家庭、亲属、地域社会这三个范畴来认知其血缘与地缘的共生关系。家庭是侗族社会最小的构成单元，每一个侗族家庭观念牢固，家庭成员关系融

1※ 榕江县志［M］. 贵州省榕江县地方志编纂委员会. 贵阳：贵州人民出版社，1999.10：483-484.
2※ 黎平县志［M］. 贵州省黎平县地方志编纂委员会. 贵阳：贵州人民出版社，2009.7：374.
3※ 新共生思想［M］.（日）黑川纪章. 覃力等译. 北京：中国建筑工业出版社，2008：197.

洽。一夫一妻的婚姻制度、以自愿为基础的婚偶选择，以及自由恋爱的择偶方式不仅体现了侗族男女的平等权利，还体现了聚落内部人与人之间的和谐相处。“侗族的亲属关系由宗族和姻亲两个方面，长辈、平行辈和晚辈三层梯级构成”。[1] 各辈分之间关系紧密，言行得体。扩大到地缘的范畴便是地域社会中人与人及人与社会的关系，侗族社会聚族而居的传统习惯，一个聚落通常由一个或数个家族分片区集中居住，形成地缘和血缘的自然重合，聚落内部不论是亲属关系还是家族关系，团结互助、和睦相处。侗族有这样一首古歌：

“一根棉纱难织布哟！一滴露水难起浪。抬木过梁要有几根杠哟！建造新房要靠众人帮。你拉绳来我拉杠哟！你拿锤来我穿枋。咚空咚空响不停哟！大夏落成喜洋洋。”[2]

和谐共生的集体意识体现了侗族社会人与人、人与社会之间的相互依存和密不可分，这种群体活动如迁徙定居、风俗节日、村寨交往等均是群体共生意识的强烈体现。侗族聚落以独特的自治方式来维护整个群体共生共存的“款”组织，并由聚落内部各成员共同订立的“款约”，村寨之间联合订立的“款规”共同维护着整个侗族聚落的社会治安、村寨友谊。款词内容丰富，包含劝教戒世或扬善抑恶的“寨规款”和“乡规款”，抑或有发布命令和惩治罪犯的“出征款”和“约法款”。[3] 这些款词对内处理民众大小事务，对外抵御外敌入侵，通过制定一系列的乡规民约，以告诫、规劝、警告之词使众人遵从风俗、避免纷争、依礼做人、同心合力地维护着整个聚落的和谐共处。侗族传统社会这样井然有序的和谐环境，除了款规条理的约束之外，礼俗规范的自觉遵守也是整个侗族社会所强调的自我调控、团结和谐的主要表现。礼俗道德遵从和款规款约的合举并用、互为提托，成就着人与人、人与社会和谐共存的侗族社会。

侗族社会的团结和睦还体现在风俗习惯中，如每年禾苗打苞至早稻将熟期间的吃新节、农闲时村寨交往的“月也”（汉译为“集体做客”），体现了聚落内外的和谐共处，通过各种民风民俗以不同的方式阐释着侗族社会和谐共生的审美理念。

1※ 侗族传统社会过程与社会生活［M］．廖君湘．北京：民族出版社，2009.5：119.
2※ 侗乡风情录［M］．杨通山等．成都：四川民族出版社．1983：312.
3※ 侗族款组织及其变迁研究［M］．石开忠．北京：民族出版社，2009.7：126-127.

3.3 侗族聚落生态生存意识的体现

侗族崇尚和谐共生，以人与自然、人与环境的和谐共生作为其审美生存的标准，有关侗族生态生存和谐的认知主要体现在人口因素。对于人口与环境的生态和谐，古希腊思想家亚里士多德提出，一个城邦的最佳人口界限，就是人们在其中能有自给自足的舒适生活，人口过多的城邦很难或者说不可能有良好的法制，因此，必须对其人口进行控制。[1]侗族人把自己所居住的聚落比喻为一艘船，周围的环境比喻为水，若是容纳量超出了船的容纳能力或者是水太浅，都会导致船出行的危险，一个侗族聚落能够容纳多少人，或者说这么多人需要多大的聚落，人口的控制要保持与自然资源取给平衡这一道理，侗族先民是非常清楚的。侗族古歌《侗族祖先哪里来》中唱道：

> "住在梧州那里，人丁实在兴旺；住在梧州那里，人口连年发展。父亲这一辈，人满院坝闹嚷嚷；儿子这一辈，人口增添满村庄；姑娘挤满了坪子，后生挤满了里巷。地少人多难养活，日子越过越艰难。树桠吃完了，树根也嚼光……"[2]

占里，因为著名的"中国人口与计划生育第一村"之称而被世人关注，占里人在人口与资源产生矛盾时，以控制人口数量来保证有限自然环境和资源的合理利用。为了保持与周围生态环境的和谐、共同发展，清初时期占里的寨老吴公立定下了寨规：全寨不能超过160户，人口总数亦不能超过700人；一对夫妇如有50担稻田的可以养两个孩子，有30担稻田的只准养一个孩子。[3]流传至今的侗族大歌中唱到："崽多无田种，女多无银两""一棵树上一窝雀，多了一窝就挨饿""七百占里是只船，多添人丁必打翻"等训词，占里通过人口控制形成了整个聚落生态和谐的意识观。

占里只是侗族聚落中有关生存问题生态和谐的一个典型范例，在传统侗族聚落中，侗族人们都非常清楚自然资源的有限，过多的人口发展不仅没有足够的土地供给，也会给聚落带来极大的灾害，人口适度的生态观，从而形成了人与自然、人与环境的永恒和谐。如黎平县地扪侗寨、肇兴侗寨、厦格侗寨等众多侗族聚落发展到一定程度时所出现分寨而居的生态聚居形式，均体现着侗族聚落与环境的和谐共生、共同发展的生态营造理念。

1※ 政治学［M］.（古希腊）亚里士多德. 吴寿彭译. 北京：商务印书馆，1983：61-68.
2※ 侗族祖先哪里来［M］. 杨国仁、吴定国. 贵阳：贵州人民出版社，1981：31-32.
3※ 在诗意中共存——论侗族地方性知识的和谐生态意识［J］. 杨经华. 侗学研究通讯，2011.4：136-142：139.

3.4 侗族聚落信仰体系中生态意识的体现

侗族在信仰体系中将自然万物、日月星辰作为神灵来崇拜，将女英雄作为萨神来敬奉，在侗族的信仰体系中人与自然万物是平等的，侗族古歌《人类的起源》唱到：

> “松恩和松桑，二人配成双，生下了十二个孩子，各是一个样。虎、熊、蛇、龙、雷、猫、狐、猪、鸭、鸡，只有姜良和姜美，才会喊甫乃（父母亲）。”[1]

古歌所反映的正是人类与自然界中一切生物之间的平等关系，同时也反映了由对自然万物的敬畏而产生的生态意识。据说中华人民共和国成立前的榕江加所寨有很多老虎经常窜入寨中，老虎和人相安无事，加上侗族对动物的崇拜，并订下规约不准伤害老虎，以示对动物的敬畏，这也是聚落中生态意识的一种反映。

侗族先民除了将一切动物如鸟、兽、虫、鱼等作为人类的手足，把日月星辰、山川河流、各种动植物等作为信仰对象，并视作为具有威力和生命的神。如巨树会被认为是聚落中的树神，这种树不但不能砍伐，连枯树枝叶也不能当柴火烧掉；再如嫁出的女性生头胎小孩满月回娘家时，总要到萨坛的黄杨树上摘几片树叶放到身上，以求黄杨树叶上附有萨神神灵保佑；路上渴了碰见泉水，喝水前总要先打一个草结丢到水里，意为请求管理井水的萨神赐水。[2]

无论是动物，还是树木，抑或是日月星辰及其他图腾，传说也好、古歌也罢，均印证了侗族信仰文化中所呈现万物同源、天地人和谐共存的生态思想。

3.5 风水观念在聚落中的表现

风水古称堪舆术，是一种临场校察地理的方法，其概念出现较早，在晋朝郭璞《葬经》中就有：“气乘风则散，界水则止。古人聚之使不散，行之使有止，故谓之风水。”[3]对于侗族人们的审美原则和要求，选择一块大吉的风水环境作为聚落居所，是为了居住

1※ 民间文学资料集·第一集［M］. 黔东南苗族侗族自治州文学艺术研究室. 内部版，1981：1.
2※ 侗族民俗风情［M］. 吴鹏毅. 南宁：广西民族出版社，2012.7：142-144.
3※ 葬经［M］.（东晋）. 郭璞. 上海：上海普义善会，1923.

的平安和人丁的繁衍。侗族通常按照风水的觅龙、察砂、观水、点穴、定向这地理五诀的“形法”来选定聚落基址，划分范围，在选址上讲究龙脉，龙脉顺着山脊到平坝或溪流边便终止的地方被称为“龙头”，依山傍水是选址原则，在风水中将这种坐落模式称为“坐龙头”，即在龙头后面是蜿蜒起伏的山脉的水边或向阳的地方划地起屋。侗族聚族而居的格局也反映出了在限定范围内修建建筑可以获得龙脉灵气的风水观念，并以寨门、风雨桥或凉亭作为聚落内外的分隔标志，以锁住灵气。

有史以来，侗族聚落修建住宅和鼓楼，需要遵循船形的风水观念，以模仿船的形态来规定各部分的结构样式。据相关资料记载，贵州黎平县的肇兴侗寨是最具有典型风水特征的聚落形态，整个肇兴大寨所在之地被看成是一条大龙船，这个聚落包含有高懈、登格、殿邓、闷、拍五个自然寨[1]，高懈坐落的地方被看成整只船的船头，因此该寨的鼓楼仅为7层，是整个聚落最矮的鼓楼；登格寨和殿邓寨的区域恰好是船舱的位置，因此鼓楼必须高大，登格寨建成了11层的鼓楼，殿邓寨的鼓楼是整个聚落最高的，为13层；闷寨所处之地被视为船篷，并用歇山顶的建筑样式来仿造船篷，且船篷不能太高，故修建为9层；拍寨位于船尾，鼓楼犹如桅杆的意义，因此层数不宜超过船舱，但要高过船头和船篷，故修建为11层（图3-1）。[2]船形的风水聚落同时也寓意着一帆风顺，且多大的船便容多少人，船大人少则生活富裕，船小人多则饥不择食。

同样的风水理念也反映在黎平县肇兴的纪堂侗寨，这个聚落居于麒麟山西端的凹地位置，住宅及其他建筑顺着龙脉顺山而上，在风水上称此地为“龙口”。纪堂寨的三座鼓楼也依照风水选择层高，位于“龙”舌尖的上寨和左额的寨头不能建高，且左额的鼓楼四根中柱也不能落地，下寨居于“龙”的下颌，因此鼓楼要建得高（图3-2）。这些风水观念讲究龙脉，依据龙脉的走势来规定建筑物的大小高矮，达到所谓的既降伏龙脉又不伤害龙脉，使之整个侗族聚落生活富裕，百事顺利。

侗族独特的文化特质形成了特有的聚落风水观，自然万物千姿百态，同样是依山傍水的环境，可并不一定是聚落的最佳位置，侗族先民面对不理想的聚落位置时，并不是盲目地顺应自然，而是对地形地貌进行一番改造，使之符合理想的居住模式。侗族风水讲究龙脉，聚落背后的山脉必须绵延不断，山脉上需要有象征生命力的参天古树，聚落周围的

1※ 高懈、登格、殿邓、闷、拍五个自然寨在20世纪80年代初，分别是仁、义、礼、智、信来称呼，这是汉语的称谓方式，因此不十分确切。

2※ 侗族文化研究[M]. 冯祖贻. 贵阳：贵州人民出版社，1999.9：44.

图3-1 肇兴各自然寨鼓楼（图片来源：作者拍摄）

高懈寨鼓楼

登格寨鼓楼

殿邓寨鼓楼

闷寨鼓楼

拍寨鼓楼

环境也需要是圆形或槽形的盆地，如若没有这样完美的环境，侗族先民通常以修桥、栽树、立亭、改道、改水立寨等方法予以改造，使之形成聚落与自然环境相互交融，并符合风水观念中的“风水宝地”。

在风水观念中，水象征财源、吉利、干净，聚落中或边缘的河流水源不断地流走，侗族人认为水把村寨的财富冲走，为了改变这一缺憾，一是将寨前的水道改为弯曲的河道以便流水藏财；二是通过架桥来弥补风水，有的桥架在河流之上，而有的则架在田边地角。田边地角的桥大多是为了配风水之用，而架在河上的风水桥通常位于寨子下游的河上，有些地方的桥身靠寨子一边为栏杆，另一边则用木板封起来，以寓意防止水冲走财富的意思，并将此类桥称作“福桥”。

由于贵州特殊的多山地理环境，因此侗族聚落多处在盆地之中，不论是最为常见的山脚河岸型侗族聚落，还是较少的平坝田园型、半

图 3-2 贵州黎平县肇兴纪堂寨（图片来源：黎平县规划局）

山隘口型的聚落形态，侗族人认为山坳处既是封闭盆地的出口，又是风水的漏风口，如果聚落的风口漏气不贯气，会漏掉寨中的财气。因此，通过在风口处修建亭子（汉语称之为“凉亭”），将聚落边缘的山脉连接起来并保持其完整性，在堵住寨中的风口以完善聚落风水的同时，还是人们乘凉休息的好去处。

宅、田、林共同组成了一个完整的侗族聚落形态，每走进一个侗族聚落，都仿佛置身于原始森林之中，郁郁葱葱的树木将整个聚落环抱起来，形成一道独特的生态风景。在聚落周围、路边或靠山的位置成片茂密的森林，或者是路口禁忌砍伐的大树古木，侗族人称之为“风水林”或“风水树”。这些绿色的屏障成为聚落的守护神，以象征侗族聚落宁静和谐的环境，正是这些风水林、风水树在侗族聚落中存在的特殊性，使聚落生态环境得以保护并协调发展，并使侗族地区广袤的森林得以保留至今，从江县的鉴村保留了近 10 平方公里的原始林区就是一个典型的例子。

侗族聚落所遵循的风水观以自己对风水的独特理解，深入每一个侗族人的内心，并形成固定的观念影响着人们的一言一行，从而改变着侗族聚落的自然生态环境和人文环境，让人们知道破坏风水不仅会影响整个聚落的安定繁荣，还会殃及自身。侗族人将遵循的风水观念作为自己的义务和责任，主动行善积德做好事、为公共环境出资献策（如主动出资架桥修路、植树造林等），以此更好地保护和完善侗族宜人的居住环境。

第4章 贵州侗族仪式性建筑文化

“仪式具有集合的属性和作为保护神话要素的基本特征。仪式的这种重要性不仅是理解纪念物意义的关键，而且也是理解城市的建立以及城市思想传递意义的关键。”[1]具有一定象征性或表演性的仪式，在传统文化束缚下有着整套的行为轨迹，并直接体现在建筑文化之上。仪式性建筑作为当地文化的象征，通过承载一些节庆活动和祭祀活动等来体现其建筑的文化特征。贵州侗族因为地域差异和方言区别所划分的南北两大体系，在传统文化方面有着不同程度和不同形式的体现，反映在仪式性建筑类型和形式上也有一定的区别。据方志所载北部方言区侗族的某些区域至明代仍建有鼓楼，乾隆《玉屏县志》记载有：“南明楼，即鼓楼，明永乐年间建”，“其始基以坚础，竖以巨柱，其上栋桷题栌之类，凡累三层。”[2]三门塘乾隆初年也建有鼓楼一座，时称乘凉楼，嘉庆六年（1801）重修，据谱碟记载：此楼“层瓦辉碧，迭檐流苏，典雅古朴。俯瞰商船出进，环顾木排横江，风清月朗，笑语飞歌，山川灵秀，独钟此楼”，同治四年（1865）三月，毁于战火。随着北侗地区的传统文化流失，原有仪式性建筑逐渐被祠堂、土地庙、飞山庙等具有汉文化特色的建筑类型和建筑形式所替代；在南部方言区，却保留了大量传统文化习俗的仪式性建筑，如鼓楼、风雨桥、寨门、戏台、萨坛（堂）等，仍然得以传承并发挥着各自的文化功能和精神内涵。

1※ 城市建筑学［M］.（意）阿尔多·罗西. 黄士钧译. 北京：中国建筑工业出版社. 2006.9：26.
2※（清乾隆）玉屏县志 .

4.1 宗族与社会组织的标志性建筑

4.1.1 社会组织的象征性建筑——鼓楼

鼓楼作为南部方言区侗族最为标志性的主要建筑，它所承载的仪式性功能，以及它作为侗族聚落精神灵魂的象征，使其在聚落中彰显着独具一格的作用和意义。侗族文化特质赋予了鼓楼作为仪式性建筑的作用和意义，它涵括了鼓楼的起源、鼓楼的功能、鼓楼的形制、鼓楼的文化价值等方面。

4.1.1.1 群体意象溯源

侗族古歌“鱼窝”说反映在鼓楼的由来承袭了图腾崇拜的思想意识：

“鲤鱼要找池塘中间来做窝，人们也会找好的地方来落脚，我们祖先开拓了路团寨，建起鼓楼就像大鱼窝。子孙万代像鱼群，红红绿绿出出进进多又多”。[1]

与侗族“遮阴树”一说同出一辙，鼓楼的生成与极富生命力的物种相关联，寓意着民族旺盛的生命力和庇佑福荫的吉祥物，因此侗族建寨必先建鼓楼，凸显了鼓楼在侗族聚落中的存在价值和精神象征。

石开忠在《侗族鼓楼文化研究》中从鼓楼的称谓加以研究，认为“鼓楼在大部分地区的侗语中被称为‘楼’（louc），但在都柳江沿岸的侗族村寨的人们把它称之为‘百’，即堆垒之意”。如今将侗族的“楼”或“百”称为“鼓楼”则是受到汉族鼓楼的影响[2]。《赤雅》称之为“罗汉楼”[3]：其中“罗汉”便是指青年后生，“罗汉楼”便是指侗族的青年男女活动的场所。而清代《黔记》则将其称为“聚堂”[4]，即聚众集会的地方。聚堂在侗语中又称“堂卡”或“堂瓦”，意为“众人说话的地方”、“众人议事的场所”。

有关鼓楼的描述至明代万历三年（1575年）才有一定的记载，古本《赏民册示》中如是说：“遣村团或百余家，或七八十家，三五十家，竖一高楼，上立一鼓，有事击鼓为号，群踊跃为要”。[1]另有清代李宗昉的

1※ 侗族［M］. 杨权等. 北京：民族出版社，1992：69.

2※ 鼓楼最早出现在黄河流域北朝时期的北齐（561-578年）。据五代时期马鉴撰《续事始·鼓楼》载，当时交州刺史李崇，以地多盗，“乃村置一楼，楼置一鼓，以防盗贼”，所以民国时姜玉笙认为侗族鼓楼是以前“之遗制也”。——侗族鼓楼文化研究［M］. 石开忠. 北京：民族出版社，2012.9：12、83.

3※（明）邝露. 赤雅［M］. 上海：商务印书馆，1936.12.

4※（清）李宗昉. 黔记.

《黔记》记载有："(侗族)诸寨共于高坦处建一楼，高数层，名聚堂。用一木杆，长数丈(尺)，空其中，以悬于顶，名长鼓。凡有不平之事，即登楼击之，各寨相闻，俱带长镖利刃，齐至楼下，叫寨长判之。有事之家，备牛待之。如无事而击鼓及有事击鼓不到者，罚牛一只，以充公用。"[2]这些鼓楼功能文化在《沸腾歌》中也有唱到姜良姜妹"造鼓楼于寨中，制礼俗于乡里"。

4.1.1.2 内部认同与精神价值的维系

通过鼓楼起源的简略梳理发现，鼓楼从最初的击鼓报信的功能出发，其功能延伸到集众议事、宣讲款词款约、宣传村规民约、摆古聊天、弹琵琶吹芦笙、踩堂"多耶"、迎宾送客等，在强化鼓楼作为侗族聚落的灵魂、聚落中心效应的建筑文化特征，以及"侗族民族精神的物化表征"[3]的同时，其仪式性意义也被大大强化。

击鼓报信是鼓楼最基本和直接的功能，具有防御特征。清朝嘉庆年间《梦广杂著》记载有关侗族的鼓楼："每寨必设鼓楼，有事则击鼓聚众。"[4]凡是侗族聚落发生大情小事，便可击鼓传递求救、增援信息，不同的击鼓方式表示不同的信息内容，村民便依照鼓点提示（即为声域信息）来辨别事情的轻重缓急，获取各种命令，并作出相应的回应。

鼓楼除了防御功能，还是集众议事和行使权力（宣讲款词款约、宣传村规民约等）的固定场所，所议之事范围广泛，包括制定款规村约、安排各类事宜，或是有关民事纠纷等，都由寨老召集村民在鼓楼集中讨论，在鼓楼议定的诸多事宜有的会刻成款碑立于鼓楼之下以供人们去遵循。如增冲鼓楼下就立有四块清代碑刻：一块为立于清康熙十一年（1673年）七月且为现存最早的《万古传名》碑、一块为清道光五年十二月二十七日里的《名扬百代》、一块为清道光二十九年（1849年）正月初九立的《府正堂示》以及清光绪二十二年（1896年）六月立的《遗得万古》，碑刻内容涉及处理男女关系和家庭纠纷、处理偷盗问题和保护农林生产、维护社会治安和联防联治，以及移风易俗和一些大事记等等[5]；也有些鼓楼将村规民约刻在木板上挂于鼓楼的主承柱上，或以红纸、白纸等书写张贴在鼓楼柱上供人们遵守执行（图4-1）。

每逢过年过节或重大事情，鼓楼便是侗族人民举行盛大活动和祭祀仪式的场所，其中数一次性的"多堂"礼仪和平日里四时八节的奉祀"萨堂"的"祭萨"仪式最为隆重。"祭萨"游寨活动到达鼓楼之时，芦笙声、鼓声、笛声、歌声融合在了一起，将整个聚落

1※（明万历年间）绥宁县官府．赏民册示．
2※（清）李宗昉．黔记．
3※ 侗族文化研究［M］．冯祖贻．贵阳：贵州人民出版社，1999.9：183.
4※（清嘉庆年间）俞蛟．梦广杂著．
5※ 参见侗族地区的社会变迁［M］．姚丽娟、石开忠．北京：中央民族大学出版社，2005.8：288.

图 4-1 肇兴智团鼓楼柱上的海报（图片来源：作者拍摄）

的欢乐气氛推向了高潮。侗族春节期间集体走寨做客（侗语称为“月也”“也赫”“为也”或“为顶”），以及农闲时的“多耶”、“抬官人”等民俗活动都会在鼓楼里进行，客人会被迎接到鼓楼，在鼓楼互赠礼物，青年男女在鼓楼坪“踩歌堂”，老人则在楼内的长凳上相互问候、摆古聊天以增进村寨友谊。在侗族丧葬礼仪中，侗族习俗对于年满 60 岁以上正常去世的老人，或者是有名望但未到 60 岁的正常死亡者，可以享受在鼓楼坪举行隆重的丧葬仪式的待遇。鼓楼所显现的文化特质将侗族人民的物质文化和精神文化全然托出，它是侗族社会内部认同的文化现象，是多元一体的精神象征，鼓楼所承载和演绎的文化是侗族精神文化的物化表现。这些都说明鼓楼对于一个侗寨而言所承载的不仅仅是标志性的建筑，更多的是精神上的仪式性建筑。

不用一钉一铆的鼓楼艺术所体现的文化丰富性和多样性，与侗族聚落的物质和精神生活发生着交互式的联系，以“在鼓楼里成长，受鼓楼文化熏陶的人，才是一个真正的侗家人”[1] 的评价方式彰显鼓楼的文化价值。鼓楼作为一个姓氏、一个聚落的象征，它承载着一个宗族或整个聚落的群体意识和宗教观念，反映了宗族或聚落的纽带关系。通常一个寨有建一座鼓楼的习俗，族姓多的聚落也有分“兜”而居建多座鼓楼并立，甚至是各个“兜”各建一座鼓楼，整个聚落再合建一座鼓楼作为集体精神的象征。修建鼓楼的楼体材料由聚落内部各“兜”成员共同捐献，聚落或“兜”中长者家庭承担着主承材料（中柱）的捐献义务，表明这些长者家庭是聚落或“兜”中的“主体”[2]；其他成员则共同承担着鼓楼所需的其他材料，表明鼓楼

1※ 侗族“鼓楼文化”的层面分析［J］. 余达忠. 贵州民族研究，1989.03：44-48.

2※ 如 1981 年贵州黎平肇兴侗寨“斗格”（家族）修建鼓楼时，除右前柱外，四根主承柱均按照惯例由相应房族代表世袭捐献。——走进肇兴：南侗社区文化考察笔记［M］. 石干成. 北京：中国文联出版社，2002:17.

图 4-2 小黄侗寨鼓楼柱上的牛角（图片来源：作者拍摄）

是大家共有的，每家每户都是鼓楼的一部分；连接中柱的枋凳由与之有着通婚关系的邻寨或“兜”捐献，表明邻里之间的和睦关系。鼓楼记录了整个家族、宗族、聚落的荣辱，斗牛胜利所获的匾额会挂在鼓楼主柱上以示荣耀，斗牛失败便会将牛角悬挂在鼓楼用于垂范（图 4-2）；对于违反规约或丢失族人脸面之人，除了按款规予以处罚之外，还要在鼓楼柱上钉入耙钉作为警告以示耻辱，只有获得全族或对方原谅方可拔掉耙钉。鼓楼文化主题下的宗族观念将整个聚落内部团结起来，并强化了群体意识和内部认同，鼓楼建造的意义使其存在的价值增大。

鼓楼的精美、高大直接影响着整个聚落或宗族的地位，对于鼓楼建造艺术价值的追求也自然而然被扩大。鼓楼是集体共存的产物，对内而言是聚落政治、文化的中心场所，对外代表的是聚落（或宗族）的财富标志和群体关系，这成为修建“高大上”鼓楼的主要驱动力，也是侗族众多鼓楼建筑中无一座一模一样的建造奇观的体现。虽然在建造结构上可以分门别类，但是每一座鼓楼都有自己的故事，也有描绘自己形态的“笔墨”，以或壮观，或雄伟，或秀美，或玲珑，或雅致的手法打造着属于侗族审美需求的独特造型，把侗族独有的文化元素极为和谐地物化到鼓楼建筑文化之中，并衍生出丰富独特的价值取向。

4.1.1.3 多样的形制特征

鼓楼作为侗族聚落的标志，是侗族建筑的“符号样本”[1]。据调查统计，贵州省境内侗族的鼓楼多达 600 余座，其中黎平县境内有 319 座，是侗族地区保存侗族鼓楼最多的县份；榕江县 100 余座，从江县 160 余座。[2] 这么多座鼓楼却很难找到一模一样的形制，或层高不一样，或结构不一样，其中最主要的原因是鼓楼的修建全靠师傅教徒弟口授心传而延续下来，既没有明确的形制要求，也没有图纸留存。

鼓楼形式多样，有“卡房”厅堂式鼓楼、楼阁式鼓楼、门阙式鼓楼及密檐式鼓楼形式，其中最为常见的为密檐式鼓楼。“卡房”作为

1※“符号样本”一词是借鉴历史文化视角下的贵州地方性知识考察［D］. 张晓松. 东北师范大学博士学位论文, 2011.6：77 中认为鼓楼是侗族建筑的符号样本。

2※ 石开忠教授在《侗族鼓楼文化研究》第 16、17 页中的统计贵州境内鼓楼为 425 座，其中黎平县为 317 座，从江 100 座，榕江 10 座，玉屏侗族自治县 1 座。据作者调研发现，在此统计中缺失太多，因此这组数据的参考价值有一定的局限性。有关数据参考黎平县志（1985-2005 年）［M］. 黎平县地方志编纂委员会. 贵阳：贵州人民出版社，2006：967.

众人议事的场所需求成为早期的鼓楼，一般为方形的单层小木屋，由四根木柱支撑，四周围有板壁，顶部覆以木皮，其形制相对简单，并与厅堂式建筑形制接近，亦称为厅堂式鼓楼，这种建筑形式在聚落空间中的标识性不强，且现存较少，如湖南省通道县芋头寨的龙氏鼓楼（图 4-3）、贵州省黎平县的茅贡乡寨南村的寨俄鼓楼、寨芳鼓楼、寨南鼓楼、寨南旧寨鼓楼和控洞村 1913 年修建的社祭垃鼓楼等。楼阁式是鼓楼建筑的另一类形式，与汉族阁楼相似，这类形式在侗族地区也较为少见，如贵州从江庆云寨鼓楼（图 4-3）和银良寨鼓楼这两座均属于此类。另外一种少见的鼓楼为门阙式鼓楼，这类鼓楼通常建于聚落入口处，与寨门连接在一起或充当着寨门的双重作用，如湖南通道县平坦乡阳烂村的阳灿鼓楼（图 4-4）。

图 4-3 卡房式鼓楼（湖南省通道县龙氏鼓楼）、楼阁式鼓楼（从江县庆云寨鼓楼）（图片来源：高家双．侗族鼓楼建筑类型学研究［D］．中南林业科技大学硕士学位论文，2011.5：36、37.）

图 4-4 门阙式鼓楼（湖南通道县平坦乡阳灿鼓楼）（图片来源：蔡凌．侗族鼓楼的建构技术［J］．华中建筑，2004.03：137-141：140.）

图 4-5 歇山顶式鼓楼——肇兴智团鼓楼（左）（作者拍摄）；双层攒尖顶密檐式鼓楼——登岑鼓楼（又称“中日友好鼓楼”）（右）（图片来源：黎平县城乡规划办）

现存鼓楼建筑类型以密檐式为主，约占鼓楼总数的 90% 左右，这种建筑形式将亭、阁、塔集于一体，挑檐一层一层往内收缩，各层密檐间距较短（一般为 0.8~1 米），形成下大上小层层递减的锥形建筑外貌。密檐式鼓楼造型多变，形式丰富，有通体为四角四檐、六角六檐或八角八檐的鼓楼造型；也有底层或塔身下半部分为四角四檐，二层以上或塔身上半部分为六角六檐或八角八檐的复合造型形式。顶部造型也较其他形式的鼓楼丰富，常见的有歇山顶和攒尖顶，其中又以攒尖顶鼓楼顶为甚，且分为单层攒尖顶和双层攒尖顶（又称双层宝顶），更加丰富了视觉效果（图 4-5）。攒尖顶下端层层出挑的蜂窝状斗拱支承着顶端的檐檩，形成独特的装饰结构。蜂窝下端的窗棂常以菱格纹或梅花纹进行装饰，形成楼颈部分，更加烘托出楼身的婀娜。

从鼓楼内部来审视其形制特征，鼓楼底层分为开敞式、半开敞半封闭式和全封闭式，除了开敞式之外，均设有明堂，用长 2.2 ~ 3 米、宽 10 厘米左右、厚 2 厘米的木板装修而成，板壁上悬挂庆贺鼓楼落成的匾额等。一层穿枋和中柱上通常会写有吉祥语或对联，增加鼓楼的仪式感。整栋鼓楼楼内均无楼板，空至宝顶，通过楼内设置的

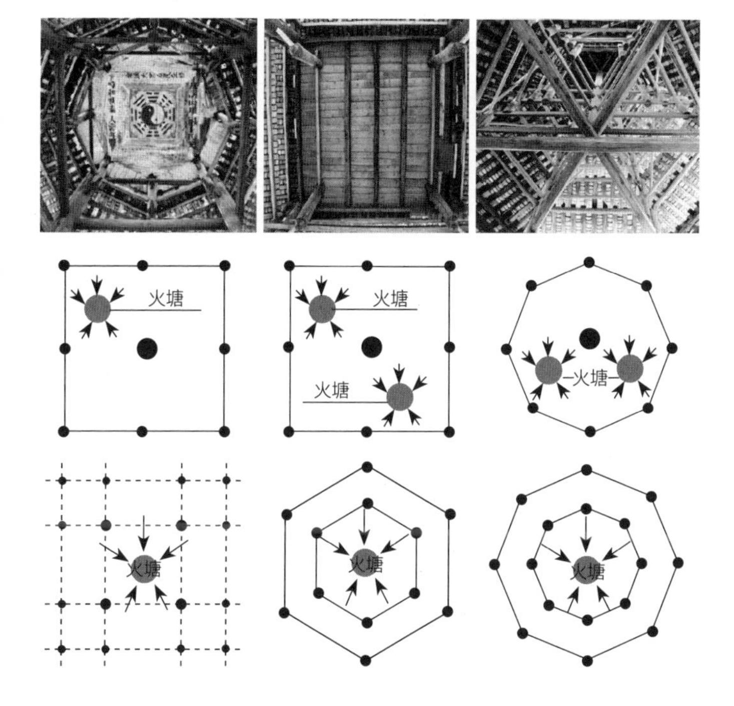

图 4-6 鼓楼三种内顶形式——八卦形、井干形、伞形（图片来源：向同明. 侗族鼓楼营造法探析［D］. 贵州民族大学硕士学位论文，2012.6：62.）

图 4-7 独柱型鼓楼火塘布局示意（图片来源：作者改绘，参考蔡凌. 侗族鼓楼的建构技术［J］. 华中建筑，2004.03：137-141.）

图 4-8 多柱型鼓楼火塘布局示意（图片来源：作者改绘，参考蔡凌. 侗族鼓楼的建构技术［J］. 华中建筑，2004.03：137-141.）

木梯攀爬到达悬鼓层。雷公柱底端的内顶处理大致分为八卦形内顶、井干形内顶和伞形内顶[1]（图 4-6），使建筑内部呈现多样性特征。

火塘在鼓楼中的存在意义重大，它是凝聚全族、全寨人们的核心点。在独柱鼓楼的内部空间中，火塘的设置由于中柱位置占据了中央点，进而将火塘设置在角边，有些在其中一个角设置一个火塘，也有在对角设置两个火塘（图 4-7）；而多柱型鼓楼的中柱由四根、六根或八根围合而成，有的直至檐顶，有的上部连接雷公柱下的十字枋，因此鼓楼中心留有足够的空间，并在中央位置设置火塘，也成为整个聚落最核心的位置（图 4-8）。从两种鼓楼形制中的火塘布局来看，独柱型鼓楼的中心性次于多柱型鼓楼，将火塘布局于正中位置的多柱型鼓楼的内聚性特征被强化，更加符合鼓楼的精神象征，围着火塘举办仪式、商定制度、摆古聊天、欢歌共舞，火塘自然而然地成为这一具有向心性凝聚力的承载物。

火塘或为正方形，或为多边形，抑或是

1※ 八卦形内顶，八边形，正中绘有八卦图，以具风水之用，四周写有“风调雨顺、国泰民安、人寿年丰”等吉祥语；井干形内顶为正方形，由 3~7 根抬楼等距交叉形成“丰”、“井”字形，抬楼上再嵌板；伞形内顶指十字形穿枋交叉形成伞形结构，在将军柱（雷公柱）底端五遮板，可以看见顶端，依据檐边数形成“*”形或“米”形。参见侗族鼓楼营造法探析［D］. 向同明. 贵州民族大学硕士学位论文，2012.6：62.

圆形，用青石或鹅卵石拌石灰泥浆围合而成。火塘的周边会安置有木凳，木凳有两种类型：一种是固定在周边或柱脚上用又宽又厚的枋片制作而成，另一种是可以移动的直条型木凳或弧形木凳（图4-9）。从江高增坝寨鼓楼里面的“龙云凳”是鼓楼木凳中的孤品，以盘绕的龙形顺着鼓楼成半圆形姿态，以有力的表现手法彰显着龙形特征。

鼓是鼓楼中的必需品，只是如今鼓的存在意义和重要性不如以前，以至于有些鼓楼不再设置鼓。鼓的摆放位置大致有三种：一种是悬挂于鼓楼顶部，需要通过攀爬独木楼梯至楼顶方可击鼓，这一置放方式较为常见；另外一种则是将鼓悬吊在鼓楼一层的穿枋上，无须设置楼梯即可敲击；还有一种方式便是直接将鼓放在鼓楼大厅的一角。大多数鼓楼登顶击鼓的木梯是一根木柱上横穿多根小木方的独木梯，也有修建转角的旋转楼梯的样式，如从江高增下寨鼓楼就设置有旋转楼梯（图4-10）。

图4-9 固定在柱脚上的木凳（左）、从江高增坝寨鼓楼里的“龙云凳”（右）（图片来源：作者拍摄）

图4-10 鼓楼里面的独木梯和旋转楼梯（图片来源：作者拍摄）

4.1.2 宗族组织的象征性建筑——宗祠

4.1.2.1 宗祠建筑在侗族地区的缘起

清水江、舞阳河和都柳江这三条河流成为划分贵州侗族南北片区的界限，清水江贯穿了剑河、锦屏、天柱等区域，沿江主要居住着北部方言区的侗族，"是侗族地区交通运输的大动脉"[1]，流经之处的侗族地区依靠水运事业而兴旺发达。清水江流域林木繁茂，据文献记载，早在明武宗正德九年便开始在贵州锦屏一带征收皇家用的木材，在《明实录》之《武宗正德实录》卷117中便记载有"工部以修乾清、坤宁宫，任刘丙为工部侍郎又都御史，总督四川、湖广、贵州等处采取大木"[2]。在被皇家征用的同时，也有大量木材客商携资开拓这里，繁华的木材交易曾经一度使江面木筏成串，形成极为壮观的"木头长龙"。

雍正九年（1731年），清政府在王寨（现锦屏县城）设置了弹压局和总木市，茅坪、王寨、卦治三个村寨经贵州巡抚批准发牒正式开设木行，并确立了"三寨轮流轮值三年"的当江制度[3]，这一当江制度的确立意味着当地的木商只能运到这三个村寨，再由寨内的行户销售至外省的木商手中；而外省木商也只能落脚在这三个村寨，由行户向当地木商购买。同处清水江的坌处、清浪、三门塘等村寨在利益受损的激发下，历经150余年的"争江"活动，最终商议确定木商只能在内江交易，运输出省最终送至三门塘扎排放排（图4-11）。三门塘以辐射内外江[4]的地理优势，通过"当江歇客、代客买木"等中介角色而一度成为清水江流域的代表，正因为这种商业贸易的兴盛所带动整个地区的社会发展和文化融合（宗祠建筑修建年代正好吻合"当江"时期），如此便能理解作为汉族礼制文化的宗祠建筑在清水江流域的生长和繁荣。清水江畔侗族聚落宗祠的兴建作为一种特殊的文化交汇现象，所代表的不仅是"汉族建筑文化的单向移植，而是汉侗民族文化互动的结果"[5]。随着侗汉文化的不断融合，北侗地区原有的鼓楼由于自然原因逐渐消失，而被宗祠所取代。

宗祠主要是祭祀祖先、缅怀先辈、晒谱议事、教育子弟遵纪守法、尊老爱幼、勤劳诚实、团结乡邻、惩罚不孝的场所，同时也是传承祖先优秀品德，弘扬民族优良传统习俗的精神依附所，这与原有鼓楼的功用相似。据相关部门统计，沿清水江河畔修建的宗祠

1※ 侗族［M］. 杨权. 北京：民族出版社，1992：3.
2※（明武宗）明实录·武宗正德实录［M］. 卷117.
3※ "当江"指王寨、卦治、茅坪三个村寨行户按年序依次轮流开行歇客，凡是当值年度开行歇客承当交易中介任务的称为"当江"。
4※ 历史上便将清水江以洋渡溪为界被分为内、外江，其中王寨、茅坪和卦治为内三江，而坌处、清浪、三门塘则为外三江，内外三江交易并存。
5※ 蔡凌、邓毅、姜省. 社会变迁与文化传播中的建筑文化互动：以贵州天柱县三门塘村为例［J］. 华中建筑，2012.08：169-172.

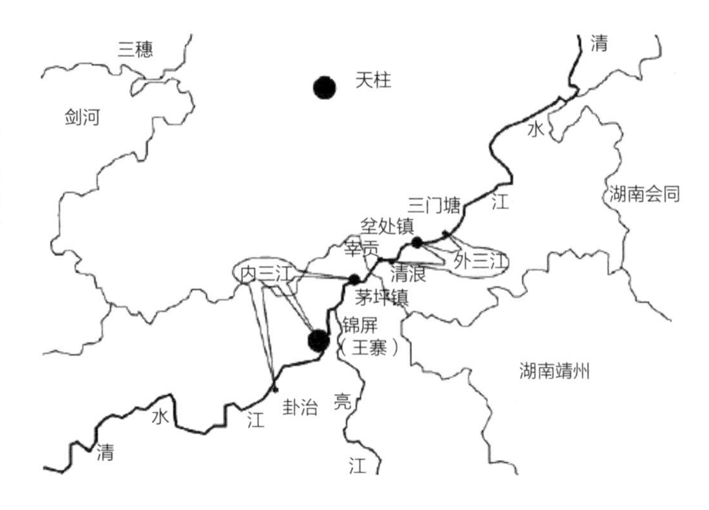

图4-11 清水江内外三江分布图及三门塘区位图（图片来源：蔡凌、邓毅、姜省.社会变迁与文化传播中的建筑文化互动：以贵州天柱县三门塘村为例［J］.华中建筑，2012.08：169-172.）

建筑达130多幢，目前保留较好的仅10多处宗祠，如天柱县三门塘的太原祠（王氏宗祠）、刘氏宗祠等。

4.1.2.2 遗存的宗祠建筑

1）刘氏宗祠

刘氏宗祠，这座清水江流域仅有的一座集中西方建筑风格为一体，象征血缘姓氏建筑符号的仪式性建筑，历史上曾多次遭遇磨难。该祠堂于乾隆五十三年（1788年），由王朝征讨蛮夷而被派驻西南安抚少数民族的将军后裔修建，在咸丰年间因战乱遭到毁坏；光绪初年在原来的基础上进行了维修；民国二十二年（1933年），由国民革命军第十军的北伐名将、天柱县著名画家王泽寰（字济民）和技艺超群的湖南建筑师李应芳进行设计和建造，对门面牌楼进行了修整；中华人民共和国成立以后，该祠堂在“文化大革命”期间又遭到破坏，之后当地村民分别于1988年、1996年两次集资维修。现如今留存下来的整个建筑坐东向西，临江而建，时时可以俯瞰清水江面的繁华景象。建筑面阔约11.7米，进深约14.1米，建筑面积近200平方米，祠堂四面围筑的封火墙在保证其安全性的同时，也赋予了极为精美的装饰。祠堂内部为传统木质结构厅堂建筑，古朴陈旧，内有四方天井、左右为厢房和戏楼走廊，正堂敞开且无装饰，设有祖宗牌位，内部空间宽敞明朗。正殿比前厅抬高48厘米，将其两个空间以阶梯进行划分，明确空间的功能属性。内部留有少量相对私密的空间，增加空间的层次感（图4-12、图4-13）。

图 4-12 刘氏宗祠平面、剖面图（图片来源：作者绘制）

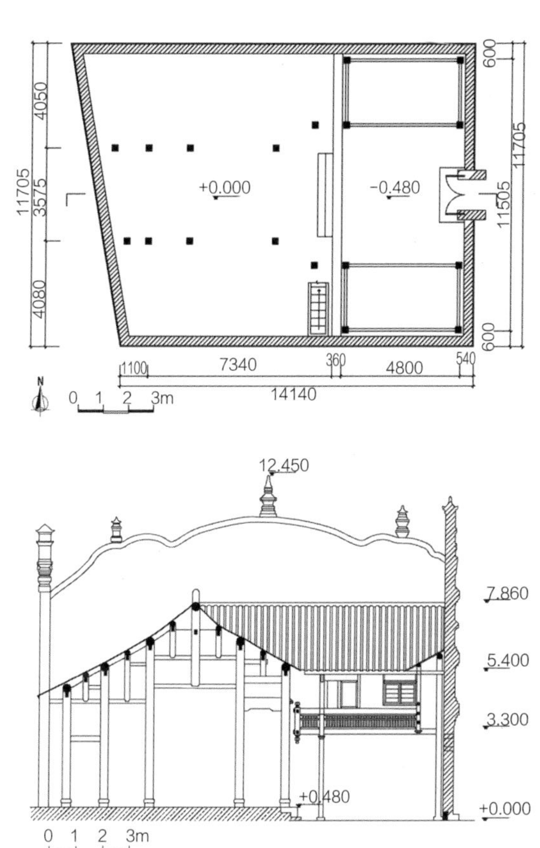

从建筑外立面来看，建筑正立面的装饰繁复，有别于其他宗祠建筑的装饰特征。最为醒目的当属“刘氏宗祠”这四个繁体楷书大字，高大宽敞的石库门位于这四个大字的正下方，古朴厚重的青条石门框和“万”字图案，以及门框两边镌刻的“白水高名千秋尚在，香山重望万古犹存”对联增加了建筑文化的历史感。对联的耳角描绘的“双狮戏球”和门楣正中雕塑的“双凤朝阳”，以及门框顶上圆拱内雕刻的展翅飞翔的巨鹰，每处细节的描绘都生动活泼，活灵活现。在“刘氏宗祠”横书的上方是一幅由盘龙缠绕的西式塔柱和横边围成的字框，竖书“昭勇将军”四个行楷阳刻大字，凸显了刘氏家族的显赫地位。字框两边以对称的手法雕以圆拱假窗，内设装饰性花

草。石库门两侧各有三根塔式高柱直至檐顶，形成明间、次间和边间的横向格局，并用装饰边框将次间和边间分别隔成四层和三层的竖向格局，突出整个立面的高大和对称性，其中次间一至四层分别为圆拱假玻璃窗、圆拱形真窗、彩绘金色西洋钟和山水图案进行装饰，边间的一、二层同次间，三层以树木图案作以区别，两侧图案对称，形象逼真。正面墙柱上方，以浮雕的形式分别呈现两组拉丁字母，左为 HN、OA、CK、PR、ON、NC、FL、TY、EL、VH、UA；右为 UA、PR、TN、BL、CV、HO、UT、NA、UL、EO、CA，这两组神秘字母代表何种意思，至今无人能破解（图 4-14）。

左右两侧山墙上的装饰也不亚于正立面，二进柱上方也各有一行不对称的字母，左五组，为 TH、UN、AP、OV、IL，右七组，为 HU、NA、PR、OV、IC、BL、KE。并以二进柱将前厅和正殿位置作以标注，两侧山墙上绘有多种传统图案，各层分别用圆拱假窗、圆拱形真窗和树木图案进行装饰，特别在一进柱和二进柱之间的二层窗框上方的左右两边还雕有凤凰，形态生动。两侧山墙的处理方式几乎一致，形成较为对称的装饰手法，如今留存的左侧山墙破损严重，仅留有前厅位置的装饰，从墙面痕迹可推测以前有在左侧处建有偏厦或其他建筑（图 4-15）。

图 4-13 左右厢房及正堂（图片来源：天柱县文物局）

整个宗祠的屋顶起伏跌宕，飞檐翘角，檐边用圆雕的方式塑以展翅的巨鹰、驾驭灵兽的仙人，以及各种造型的神兽，整座建筑外观上的装饰采用了中西合璧的方式，中式的图案文化、西式建筑的造型技术和艺术，极好地体现出了中西文化融合的鲜明特色。刘氏宗祠这一仪式性建筑的文化价值更多地在于其装饰艺术的体现，用各种装饰手法记录了整个家族的发展历程和繁荣景象，它所呈现的信息丰富多彩，富有深意。

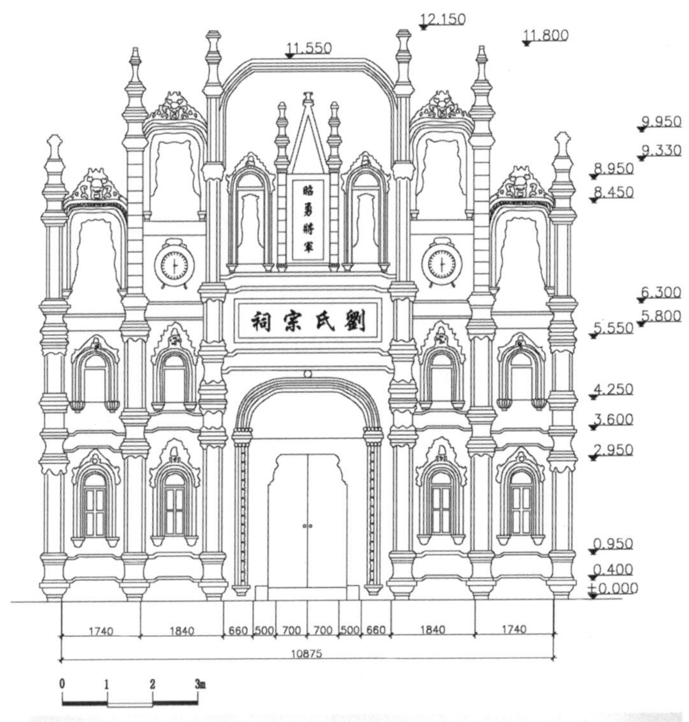

图 4-14 刘氏宗祠正立面图（图片来源：作者绘制及拍摄）

图 4-15 刘氏宗祠左右两侧的山墙（图片来源：作者拍摄）

2）太原祠

太原祠是坐落于三门塘的另外一座仪式性建筑，它为王氏家族的祠堂，因此也有“王氏宗祠”之称，该建筑立于村口，仿佛一座守护神一样保护着王氏家族的后裔及其他姓氏村民。太原祠始建于乾隆年间，后毁于战火，于清光绪三十四年（1908年）重建，整栋建筑坐东向西，由牌楼大门、厢房、正堂、天井等组成，祠内是三间两进木结构厅堂，为祭祖聚会之所，整个格局与传统的汉族宗祠相差无几。宗祠外环以砖墙围合形成保护层，以牌楼的存在界定其正面，整栋建筑面阔13.3米，进深25米，建筑面积达300多平方米，建筑整体为穿斗式木构形式，硬山顶上覆以小青瓦。其中正堂面阔、进深各三间，面积近140平方米。前厅与正堂之间由壁龛间隔断开来，并将正堂抬高近80厘米使其空间层次更为丰富，壁龛间区域形成天井式空间格局，并将整个地面下沉近10厘米，不仅在空间断面上增加了起伏变化，而且也从功能上将收纳雨水等细节考虑得极为周全。在空间私密性上，以厢房和开敞空间作以区别，将大部分区域作为公共场所以便家族人员活动（图4-16、图4-17）。

王氏宗祠的建筑装饰虽然与同一区域刘氏宗祠的形式手法不同，但它在立面上的表现也是丰富多彩。正面牌楼面阔三间，高12米，明间为四方形石库门，门框、门槛均为厚重光滑的方形长条石，简洁大方又不失庄严。大门两边凸出两根墙柱直至屋檐，从斑驳的图像中仍能看出栩栩如生的盘龙缠绕于上。石库门的门楣处隐隐可见二龙戏珠的纹样（本是浮雕，由于年久失修浮雕已经破损了）。门楣上方正中的方框内题以“太原祠”三个阳刻鎏金大字，“太原祠”字框两侧以八仙祝寿、哪吒闹海、山水风光等内容，以浮雕方式布局于相应框内，虽然图像不一，但形制上仍以对称方式来体现其美感。字框的上面以镂空雕塑五颗肥壮的大白菜浮雕，造型饱满，形象逼真，五棵白菜稳稳地将飞檐翘角的楼檐托住。顶檐两侧的肩檐处长满了绿藤，檐口下方也分别用两颗大白菜浮雕予以装饰。据王氏后人回忆，在大门左侧墙上曾彩绘有摩诘行吟图，右侧墙上则彩绘秦王拜将图，人物形象栩栩如生，如今只剩砖墙和斑驳的石灰涂层了（图4-18）。

建筑左侧封火墙面留有两扇小门（现用砖石封住），并开有多处方形窗孔以增加室内采光。两侧山墙的处理对称，墙面装饰简单，反而突出了高低错落的封火墙，使其天际线的变化更加唯美，别有一番江南情调。至今王氏家族里面有任何大小事务都会在祠堂里面举行，延续着它的文化意义。

图 4-16 太原祠平面及剖面图（图片来源：作者绘制）

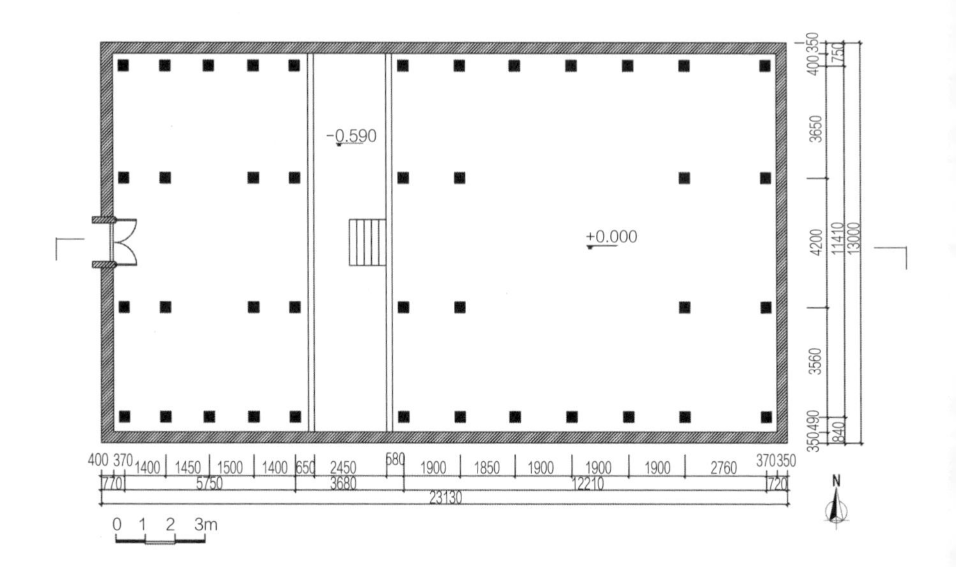

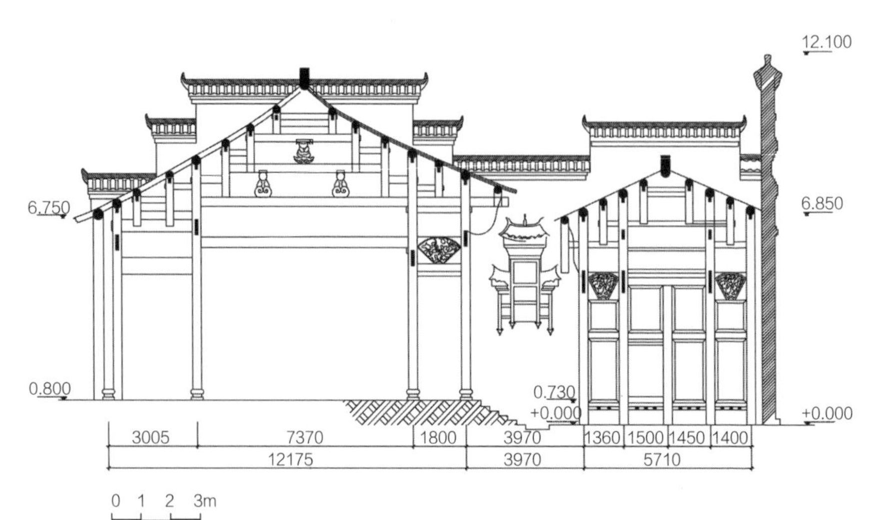

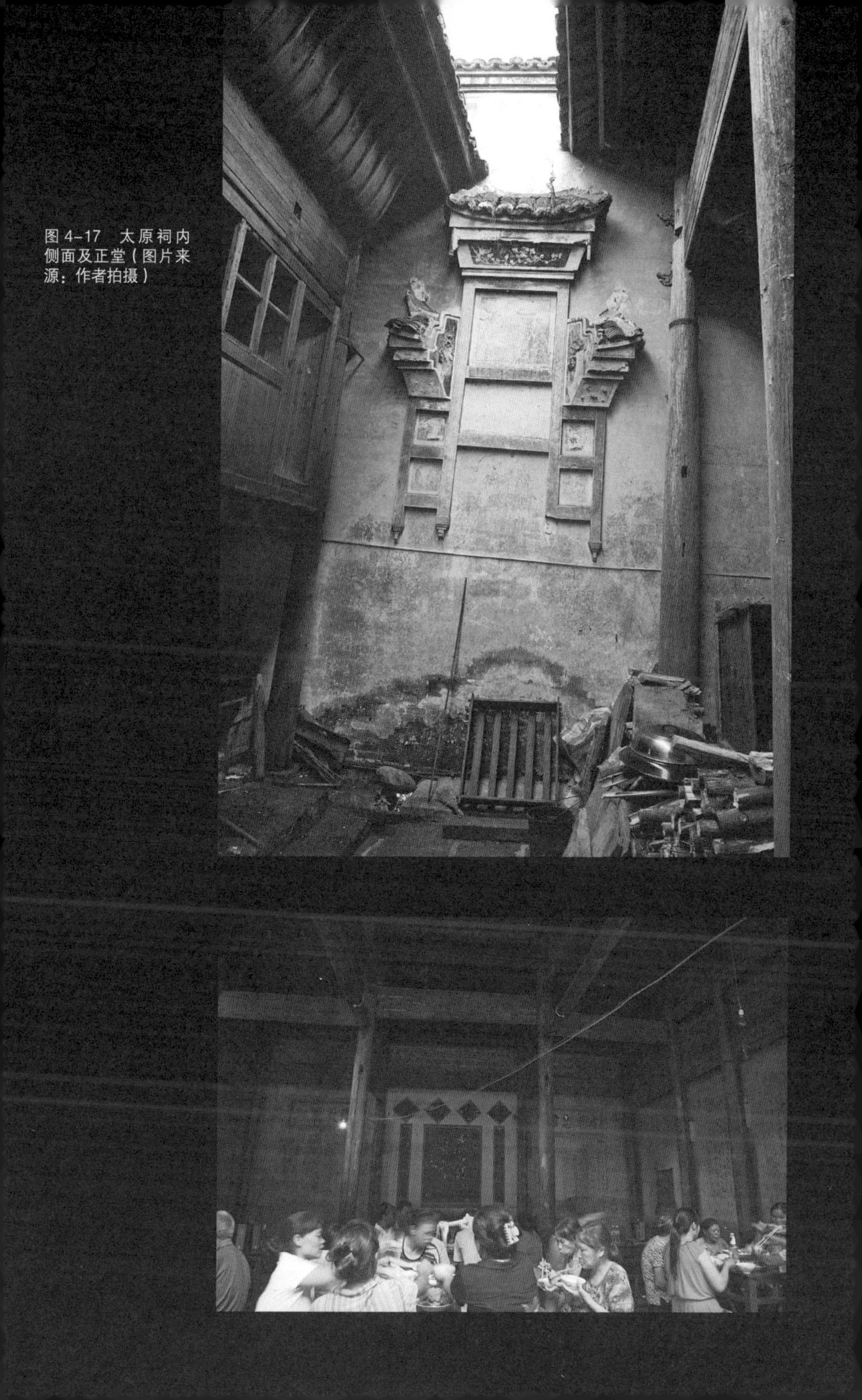

图 4-17　太原祠内侧面及正堂（图片来源：作者拍摄）

图 4-18　太原祠正面（图片来源：作者拍摄）

3）石家祠堂和宋氏祠堂

一种被认为出现受汉化较为普遍的北部方言区的宗祠建筑，同样也有出现在南部方言区的局部地区，比如位于黎平县高屯镇潭溪村的石家祠堂。该祠堂约建于清顺治年间，为潭溪及周边石姓宗脉的祭祖宗祠，坐西朝东，前后两进三开间，两屋之间形成进深5米多、宽11米多的宽天井，建筑内部为木质结构，四周围以封火墙，与三门塘区域的宗祠建筑大同小异。从区域历史来看，潭溪旧设有上长官司，有古驿道经过此地，按照建筑形制和造型，作者猜测该建筑应该是清水江流域木商贸易扩展而遗存的文化产物，应属于北部方言区侗族汉化的延伸（图4-19）。此外，还有因外出而吸收外来文化熏陶，告老还乡而建的祠堂建筑也出现在南部方言区侗族聚落，如黎平县德凤镇所留存宋氏宗祠便是清代宋久伯外出为官，还乡后所建造的，建筑坐南朝北，四面三开间木构架建筑形制，前低后高空间格局，封火墙上塑有各种花鸟、鱼虫和人物的形象，雕刻精美，做工别致，现仅保存有门楼和正殿部分（图4-20）。在南部侗族地区所出现的这些外来文化所涵化而形成的建筑形制，虽然不是很多，但对研究侗族传统建筑文化带来了新的讯息。

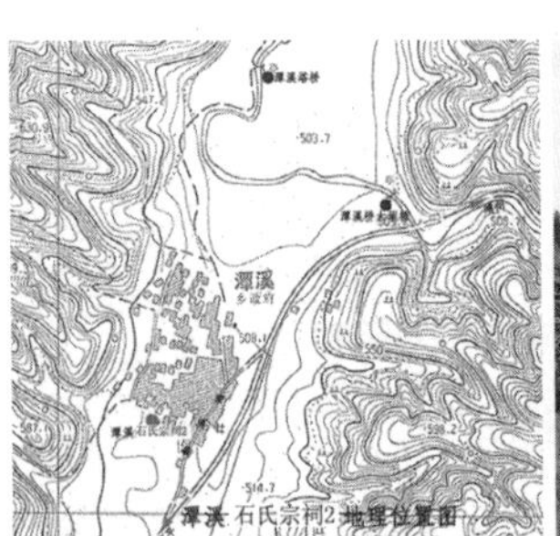

图 4-19　黎平县高屯镇潭溪村的石家祠堂（图片来源：黎平县文物局）

图 4-20 黎平县德凤镇宋氏祠堂（图片来源：黎平县文物局）

4.2 宗教性建筑

4.2.1 萨崇拜与萨坛

室外或室内的土丘上，或石丘，或土石丘上栽种一株象征“萨”神的黄杨（侗语称“常青树”或“祖母树”），上面常年插着一把纸伞（称“祖母伞”），摆放着一些挂扇、衣物等，这一类型的祭祀场所便是最早出现，且延续至今依然存在的一种露天坛形式，侗语称为 daengc sax（即为“堂萨”“腾萨”等称谓）。榕江县大利侗寨和黎平县茅贡乡的流芳寨仍然保留着这种传统的祭萨场所（图 4-21），这种具有原初文化的祭祀场所承载着侗族人们的精神寄托，以仪式、供祭等方式表现出对“萨”神的崇拜，从而获得心理稳定性。

随着社会的发展和汉文化的影响，露天坛式祭萨场所发生着建筑形式的转变和延伸，出现半封闭和全封闭式的萨堂，一是在原来露天的“堂萨”基础上修建敞轩式瓦顶，或将整个“堂萨”围合起来，但不封顶，又称为“萨岁坛”，黎平县堂安侗寨在萨岁坛上插一把纸伞，坛外用石墙紧紧围住，入口设置坛门，四周再围以木栅栏，紧闭的坛门说明这里不能随便进入，增强了场所的神圣感（图 4-22）；另一种则是用砖墙封闭形成庙宇建筑形式，侗语称这种转型的祭萨场所为“然萨”（yanc sax）或“堂殿萨”（dangc jenh sax），据记载，这种“然萨”形式出现于清嘉庆二十年（1815 年），如今，在榕江县车江寨头村保存的两座圣母祠，就是所谓的“然萨”形式：一座在鼓楼旁边，是一座有前殿和后殿构成的院落式萨堂，带有明显的汉族宗

图 4-21　贵州榕江县大利侗寨的露天萨坛和黎平县茅贡乡流芳萨岁坛（图片来源：作者拍摄及黎平县文物局提供）

图 4-22 黎平县堂安侗寨半封闭式萨岁坛（图片来源：作者拍摄）

图 4-23 贵州省榕江县车江侗寨的两座圣母祠（图片来源：作者拍摄）

图 4-24 黎平县龙额乡岑鱼村六甲萨岁坛（图片来源：黎平县文物局）

祠建筑的文化痕迹；另外一座在聚落内部，白墙正中那扇紧闭的红色大门上方写着“圣母祠”三个黑色大字，围墙将供萨的坛和一棵古榕树围合起来，这两座萨坛的形制各异，但所拥有的神秘感和神圣感毫不谦让（图 4-23）。

多样的萨堂建筑形制突出了“萨”文化的包容性，黎平县龙额乡岑鱼村六甲寨 3 组的六甲萨岁坛，其精美可见侗族人们对女神崇拜的重视，这座萨岁坛始建于唐代武德年间，坐东朝西，整体宽 8 米，长 16 米，高 10 米，三重檐歇山顶木结构，上履小青瓦，东边为单檐四合院式木结构房屋。为了表示对侗族最大的祖母神“萨玛天岁”至高无上的信奉，当地村民共同筹款修建了这座萨岁坛。每年正月初八至初十,四面八方侗族聚落的人们便会敲锣打鼓、吹着芦笙、扛着侗旗聚集到六甲萨岁坛进行祭萨仪式，当天的六甲萨岁坛热闹非凡，这一仪式从古至今从未间断过，并一直承载着侗族人们精神信仰的仪式场所（图 4-24）。

4.2.2 土地崇拜与土地庙

卡纳在他的著作《性崇拜》中指出：“对于那些开始以农业生产为主要生活来源的原始部落来说，除了天上的神灵之外，土地就成为最重要的崇拜对象。”[1] 以农耕文化为主的侗族对土地的依赖、对土能生万物的土地崇拜与土地神观念表现得尤为突出，不论是下田劳作，还是开工动土修新房，提着香纸到田间地头焚烧，以示对土地的祭祀。侗族土地崇拜的物化表现便是村头寨尾或桥头路口建有大大小小的土地庙或土地祠。

侗族地区的土地崇拜与“萨”崇拜具有极大的关联性，因给生长万物的土地设祭而出现保护农业生产的女神“萨样岁”，并以“风水”观念对土地神的崇拜细化为如管理村寨、巡乡保境的女神“萨样”、管理江河湖泊的自然女神“萨能登”、坐守溪流桥梁及疏通往来的女神“萨高桥”等。因此，在许多侗族聚落出现土地神和萨神合二为一的神坛，或者由土地神演化为人为神的神坛，并认为在称呼上就存有“萨神”与“土地神”交叉并用的情况。[2] 榕江县腊酉寨在萨堂前就安设了一座土地庙，认为土地公是萨岁神的助手。

土地崇拜的祭祀有固定的场所，祭坛形式或简或繁，形式不一。一种形式在聚落内外、桥头路尾、山坳凉亭等地方设立土地庙

1※ 性崇拜［M］.（英）卡纳. 方智弘译. 长沙：湖南文艺出版社，1988：30.
2※ 侗族 ：贵州黎平县九龙村调查［M］. 刘锋、龙耀宏. 昆明：云南大学出版社，2004：549.

图 4-25 黎平县德化乡岑己村的土地祠（图片来源：黎平县文物局）

进行供奉，土地庙的形制小巧敦厚，形似神龛，如始建于清代靠近岑己河附近的黎平县德化乡岑己村的土地祠，坐南朝北，用青石砌筑而成，宽 0.8 米，高 1.2 米，进深 0.8 米，呈房屋状，上方阴刻“土地祠”三个大字，下有对联“隆隆恩德普四方，兴兴人文荣本墇”，两旁雕刻着两只巨大的灯笼及花鸟图案，中间为圆拱门（图 4-25）；另一种便是“萨”神和土地神共处一室，体现了多种神灵崇拜倾向，如榕江县车江寨头村“堂萨”内的祭坛中央摆放着代表“萨”神的大黑伞外，在萨坛背面靠墙的木桌还摆放有土地公公和土地婆婆的神像。[1]

4.2.3 飞山崇拜与飞山庙

飞山神的崇拜虽不是侗族所独有，但从资料得知，贵州省黎平县一带的飞山庙数量最多、密度最大，由此推断贵州黎平是飞山神杨再思一生中主要的活动区域，也是飞山文化的起源地。位于黎平佳所的杨再思墓地也进一步证明了飞山文化在侗族地区的影响力。由于侗族地区普遍信仰萨神，因此飞山崇拜的地区同样也崇拜萨神，对于多神并存的区域，其飞山神的神格大致分为三种：其一是飞山神的神格高于萨神，如黎平县洪洲镇的平架、六爽等侗族聚落，称飞山神为“飞山大王”，这些聚落除了建有全寨共有的飞山庙，每一个有一定规模的家族也会建一座，并在每月初一、十五，由专人祭祀，而当地建于寨外的萨坛仅在每年正月初八全寨祭祀飞山神时才得以一并祭祀；其二是飞山神与萨神并存，如黎平县雷洞乡牙双村等地区，认为飞山神“主外”，保佑全寨一切平安，而萨岁“主内”，保佑全寨人丁兴旺、丰衣足食，各神具有不同的神祇；其三便是飞山神的神格低于萨神，如湖南和广西部分侗族地区。

由于飞山神的崇拜存在于包括侗族在内的五溪之地，与侗族独有的萨神有所区别，其崇拜的内容也不尽相同，有的视飞山神为“款王”，也有将其视作平安神、河神，甚至是祖宗等，因此其飞山庙的修建形制也并无一定的规定和要求，如贵州锦屏县将飞山神视

1※ 相关信息参见喧嚣与躁动：当代 C 寨侗族的日常生活研究［D］. 黄哲. 中央民族大学博士学位论文，2013：162.

作“河神”加以崇拜，并修建飞山庙于清水江北岸（锦屏县城东北角），据清《黎平府志》、《开泰县志》记载，这座飞山庙始建于清乾隆三十四年（1769 年），坐北朝南，原来建有山门、戏台、正殿、厢房和飞山阁等建筑，占地达 2700 平方米有余，建筑面积有 1200 平方米。中华人民共和国成立前后经过多次修复修缮，现存整个庙阁面积有 720 多平方米，包括山门、戏台、耳房、正殿及飞山阁等建筑，飞山阁与配殿底门相连，构成封闭的合院格局，其中主体建筑飞山阁高 24.8 米，四层三檐四角攒尖顶，石鼓型柱基，青瓦盖顶，阁内以木梯上下相通，二至四层四面开窗，以万字纹和冰裂纹作以装饰，底层望江门题有“俯视波涛遥忆长江归碧海，仰观云汉直凝高阁上青霄”的对联一副；正殿和戏台分别始建于清同治十年（1871 年）和十一年（1872 年），正殿为抬梁穿斗式悬山顶，面阔三间，进深五间；戏台与飞山阁相对，为穿斗式悬山顶，面阔两间，进深三间的两层建筑（图 4-26）。锦屏县飞山庙是侗族地区飞山崇拜物化的代表之一，具有一定的历史意义。

对于与萨神并存、具有同等地位的黎平县雷洞乡牙双村的飞山庙，其格局与锦屏县飞山庙截然不同，牙双飞山庙占地仅 40 多平方米，为全木结构建筑，正门以篆书题名“飞山宫”，殿内供奉着带有乌纱帽的杨再思像，神像两边题有“用作飞山主，常为万户恩”的对联（图 4-27）。

图 4-26 锦屏县飞山庙（图片来源：黔东南州锦屏县人民政府网）

图 4-27 黎平县雷洞乡牙双村飞山庙正门及殿内神像（图片来源：红网靖州站）

贵州侗族境内的飞山神神祇职能不一，飞山庙的建筑形式各异，这一信仰的物化内容充分说明了人们对神灵的依赖和精神的寄托，虽然有的保存完好，有的在战乱和“文革”中被毁，但是在建筑形式、建筑风格以及建筑规模上的差异性并不影响其相应的信仰虔诚度。

4.3 其他仪式性建筑

4.3.1 风雨桥

4.3.1.1 风雨桥的意象溯源

风雨桥是侗族聚落中不可或缺的仪式性建筑之一，村头寨尾、田间地角上似楼、似亭、似廊、似塔的建筑为侗族聚落增添了另一番景色。地理环境是侗族聚落建桥的首要因素，依山傍水的聚落选址使聚落避免不了与外界的隔绝，以架设在溪河之上的桥连接着聚落内部与内部、内部与外部的关系，成为人们交流往来的交通要道。由于桥身一般为纯木质结构，为了保护桥身不被风雨损坏，上履小青瓦对桥身予以保护，并为行人提供躲避风雨的歇脚处，故称为“风雨桥”。

传统的风水和原始宗教观念对侗族聚落有着一定的物化反映，并体现在风雨桥的修建上。“水”在侗族人的观念中具有“财”的含义，水流暗含有财气和人气的流动，通过在溪河之上架设具有阻挡之意的桥，以此达到“堵风水、拦村寨”的作用。受到这一观念的影响，以至于许多村寨所架设的风雨桥主要体现其风水观，而忽略其作为交通的作用。在很窄小的河沟之上，或者是无通行障碍的田间，抑或是距离聚落很远的下游位置修建的风雨桥，通常被侗族人们称为“福桥”，意即为侗族聚落带来福祉的桥。大年除夕之时的“祭桥”仪式，或是小孩生病所进行的“添桥”礼仪，或是为病危的孩子进行的“砍桥”仪式，抑或是还愿的“安桥”仪式及架桥求子仪式[1]等，福桥在侗族聚落的意义被无限放大。它成为人们眼中具有神灵的神形象征，不仅为聚落赐福解难，还是阴阳两界的连接神灵，并衍生成了佑家招财的保家桥、弥补风水缺陷的风水桥、祈求子嗣的子孙桥、延续龙脉的回龙桥、交龙桥等。

据有关部门不完全统计，仅贵州侗族地区的风雨桥就有 400 多座，且有一部分是始建于明清时期的。侗族聚落所修建的风雨桥并不像鼓楼那样具有宗族识别性，风雨桥的修建主要是依据河流和聚落布局，在数量上并没有明确的规定。有些村寨仅在寨尾或寨头或田间修建一座风雨桥，如黎平县堂安侗寨风雨桥就坐落在远离聚落的田间；而有些村寨则有数座风雨桥分布在聚落的边界和内部，如榕江县大利侗寨村头寨尾和寨内有大大小小、形式不一的五座风雨桥横卧于穿寨小溪上；还有一些风雨桥建在寨口承担着寨门的功能。

4.3.1.2 形制及演变

侗歌唱到“花桥长又长，琉璃阁上安，玉珠檐下装，富丽又堂皇，百样强。水秀山又青，胜过别的山乡”。[2]侗族风雨桥拥有着不少赞美诗篇，但它却一样经历过从原初形态到成熟形态逐步演变的过程。如今极少见到的“板凳桥”属于风雨桥的最初原型，这种桥的桥桩似日常用的条凳，桥面分数跨组成，每一跨由几根原木并成一排铺设在桥桩上形成桥面，整个桥体就好像是数条条凳连接而成。虽然这种桥受力有限，夏季雨量较大时极易被冲走，但这种简易的桥体构造简单，搭建起来十分方便，因此成为宽阔河面浅水区的交通要道。20 世纪 80 年代还留存架设在榕江县车江侗寨寨蒿河河面上的板凳桥连接着住宅与农田，这座极具功能主义的木桥成为当地人们到

1※ 祭桥仪式：大年除夕，寨上的男女老少，都会扯下衣服的一绺棉线，将它与一包茶叶、盐枕放在村前寨后的某座桥下，谓之“祭桥”。将随身携带的东西祭供于桥，表示自己的魂灵与桥同在，生命亦长留。
添桥仪式：小孩生病了要“添桥”。添桥的时候，在小孩祭拜的桥旁边添上一根新杉木，杉木系上家织的红布，以召唤孩子失落的灵魂从系有红布标志的桥上转回家来，祈望桥头婆婆保佑孩子平安无事。
砍桥仪式：是侗家人对弥留生命的最后寄托。孩子病危，是因为其灵魂误上了别人的桥，请来巫师行法，砍断那误导孩子的桥。
安桥仪式：“还傩愿”要“安桥”，以示从桥上接过一批小孩的魂灵来阳世投胎，赐降还原夫妇以金童玉女；娶亲迎嫁，新娘进男方家门时要走过一根放在门槛下象征“桥”的扁担，表示新娘的魂灵走过了桥，得到男方家族历代祖先的认可。
贵州天柱三门塘侗族聚落至今还保留有“架桥求子”的风俗，一种是安放在堂屋进火炉门的门槛下，用三根小杉木拼列搭成，称为“阴桥”；另一种是搭建在野外山地某处人畜罕至的隐秘地方，称为阳桥。取材杉木，是取其丛生多子属性，又暗寓杉木是一种经济林，能结出金果银锭，送来贵子之意。参见历史文化视角下的贵州地方性知识考察［D］. 张晓松. 东北师范大学博士学位论文，2011：83.
2※ 历史文化视角下的贵州地方性知识考察［D］. 张晓松. 东北师范大学博士学位论文，2011：82.

图 4-28 20 世纪 80 年代车江侗寨寨蒿河面上的板凳桥和如今的简易木桥【图片来源：（左）贵州省文管会办公室、贵州省文化出版厅文物处. 贵州侗寨鼓楼风雨桥［M］. 贵阳：贵州人民出版社，1985.6：2；（右）作者拍摄】

图 4-29 板凳桥、简易木桥（图片来源：宛志贤、石开忠等. 民族民间艺术瑰宝：鼓楼·风雨桥[M]. 贵阳：贵州民族出版社，2009.1：47、15）

河对岸的主要通道；如今，当年的板凳桥桥桩被石桩所替代，桥面仍然承袭着捆扎成排的原木，形成新型的“板凳桥”（图 4-28）。而在较窄的河面上则使用单跨的简易木桥，木桥以原木作为梁，面上铺满木板形成 2 米左右宽的桥面，其主要作为通行功能（图 4-29）。

随着建筑技术和艺术的进步，在“板凳桥”和简易木桥的基础上开始有了带顶盖的简易风雨桥。从桥墩来看，简易型的风雨桥因河面宽度而出现了两种跨度模式：其一为河面较宽时使用的多跨型风雨桥，桥墩仍采用“板凳桥”木桩的结构模式；另外一种则是河面较窄时的单跨模式。从桥身来看，桥面加宽形成面状，一般 3 至 5 米不等，一边或两边增加了约 1 米高的护栏形成廊道，柱间设置用于休息、乘凉的长凳，为了保护木质结构不受影响而在长廊上建有单檐廊盖，或者是在单层檐顶的中央或两侧加一层或两层与底檐同向的悬山式重檐，以丰富桥的廊顶层次，梁枋和檐顶很少有装饰（图 4-30）。总体来说，简易型的风雨桥由于结构、造型、装饰、工艺均较为简洁，对于经济条件并不富裕的大部分侗族聚落而言极为实用，在现存风雨桥中，这种类型占有绝大多数。

除了技术和艺术的不断完善，审美要求的提升也使得风雨桥的造型变化越来越丰富，桥基和桥墩逐渐被混凝土或石材所替代，廊体顶部和梁枋板壁出现更丰富的造型和装饰：或以歇山式廊顶取代平檐廊顶（黎平县肇兴智团风雨桥的廊顶便是少有的歇山顶式）（图 4-31），或是在原来单层檐顶的基础上，以单点式、两点式、三点式，或多点式桥楼分布于桥体中央和两侧，每一座风雨桥上的桥楼形式多变，使整个桥廊形体更为饱满壮观。

图 4-30 木质桥墩的多跨简易风雨桥和单跨单檐风雨桥（榕江县大利侗寨）【图片来源：（左上）宛志贤、石开忠等. 民族民间艺术瑰宝：鼓楼 · 风雨桥 [M]. 贵阳：贵州民族出版社，2009.1：48；（右上）作者拍摄】

图 4-31 单点式桥楼——黎平县肇兴侗寨歇山顶式的智团风雨桥（图片来源：作者拍摄）

单点式桥楼即在桥体中央加建单层或多层悬山式顶、攒尖顶式檐顶造型，如黎平县肇兴侗寨的仁团风雨桥廊顶以单层悬山式重檐造型桥楼，并在檐顶雕以“二龙戏珠”进行装饰；再如始建于明朝永乐年间的黎平县坝寨乡高西村的高西风雨桥（现存风雨桥重建于1989年），在单拱石桥上所建桥廊的廊檐中部再建二层重檐、重檐形成六角攒尖顶式桥楼，形如鼓楼塔顶（图4-32）。

两点式桥楼通常以左右对称的两个多层重檐立于顶檐两侧，顶楼样式以攒尖顶为主，如榕江县晚寨风雨桥在桥廊两头建有两层四角攒尖重檐，左右完全对称，桥身无过多施彩，单两个桥楼就足以体现其秀美（图4-33）；不同形制的桥楼形成不同风格的风雨桥样式，如始

图4-32 单点式桥楼——黎平县肇兴仁团风雨桥、黎平高西风雨桥（图片来源：作者拍摄及黎平县文物局提供）

建于清咸丰元年（1851年）的黎平县高屯镇潭溪村的潭溪风雨桥，顶楼样式为悬山式，曾是潭溪通往靖州古驿道上的重要交通桥梁，全长38.5米，宽3.6米，桥廊建有十四柱11间桥亭，廊顶两头在底檐基础上分别建有二重檐悬山顶式桥楼，桥面为木板，柱间设置的坐凳紧靠栏杆（图4-34）。

图4-33 两点式桥楼——榕江县晚寨风雨桥（图片来源：作者拍摄）

六约风雨桥是在两点式桥楼中较为少见的不对称样式，这座位于黎平县龙额乡六约村，始建于清同治三年（1864年），这座风雨桥特别的形制恰是侗族地区唯一一座为了纪念“萨岁”而建的，远观形如距离2公里远的六甲萨岁坛（图4-24），桥长29.9米，宽3.4米，桥面长廊中部为重檐悬山式桥顶，西端建三重檐歇山顶桥楼，桥廊两侧设坐凳和栏杆（图4-35）。

三点式桥楼是较为普遍的一种风雨桥样式，形成左、中、右三座桥楼，通常中部桥楼在形体造型和尺度大小等规格上要优于两侧的桥楼，形成主次之分，增加桥身的变化和美感。如极具风水观的黎平县茅贡乡高近村的高近风雨桥，又名“迎龙桥”，始建于清乾隆三十年（1765年），桥体宽2.7米，长约10米，小巧精致的桥廊上立着三座桥楼，中间一座以楼阁拉伸高度连接六角攒尖顶式桥楼，两边在如意斗拱上形成歇山顶式门楼，更加突出中部桥楼形体（图4-36上图）。顶部桥楼处理形式多变，同在黎平县茅贡乡的地扪村芒寨风雨桥的桥楼中间为两层叠加悬山顶，顶部塑以“双龙戏珠”进行装饰，两端建有双层歇山顶式门楼（图4-36下图）。

图4-34 两点式桥楼——潭溪风雨桥（图片来源：黎平县文物局）

图 4-35 两点式不对称桥楼——六约风雨桥（图片来源：黎平县文物局）

图 4-36 三点式桥楼——高近风雨桥、芒寨风雨桥（图片来源：黎平县文物局）

在三点式桥楼的风雨桥中，因其独特性而被大众所关注的贵州省黎平县地坪乡甘龙的地坪风雨桥，始建于清光绪八年（1882）（也有资料记载为光绪二十年，即为 1894 年），该桥将地坪上寨、下寨两个侗族村寨连成一体，全长 60 米，桥面宽 5.2 米，桥间石桥墩将桥分为两拱。桥上建有三座桥楼，中间一座为五重檐四角攒尖顶桥楼，两侧各置一座三重檐歇山顶边楼，桥廊内设栏杆坐凳、藻井及走廊，壁板上绘有“侗族织锦”“行歌坐月”“吹笙踩堂”等侗族风情画。期间地坪风雨桥于 1959 年遭受到火灾而破坏，1966 年“文革”期间又遭一劫。2004 年 7 月 20 日地坪风雨桥被洪水冲毁，当地群众不顾生命危险将飘落的桥体结构和材料一一捡回，这一举动体现了风雨桥在侗族聚落中的存在意义和仪式性价值，后于 2006 年得到国家拨款按原状进行了修复（图 4-37）。

在跨度较大的风雨桥中会出现多点式桥楼，如始建于清乾隆二十七年（1688 年）黎平县坝寨乡寨头村的寨头回龙桥，桥长 30.9 米，在三拱石桥基础上修建的风雨长廊，桥廊上建有中楼 1 座，两头各建边楼 1 座，最两端还各建有门楼 1 座，形成多个视觉焦点，中楼、边楼和门楼间主次分明，造型样式各异（图 4-38）。

风雨桥遍布于侗族聚落每村每寨，作为聚落具有神性的空间之一，承载着聚落内部神性场所的需求，聚落中的风水要素与风雨桥之

图 4-37 三点式桥楼——地坪风雨桥平面及实景图（图片来源：黎平县文物局及作者拍摄）

图 4-38　多点式桥楼——寨头回龙桥（图片来源：黎平县文物局）

间的联系，强化了整个聚落的秩序性，使得整个聚落环境与建筑密切关联起来。从物质层面而言，风雨桥是使河、岸、地互为邻居的地景场所，并塑造其场地上的空间层次；从精神层面而言，它连接的是人与人、人与神之间的互动关系，以其独特精美的造型存在于侗族聚落中，成为仪式性活动的空间场所。凭借高超的建筑技术和建筑艺术，将廊、亭、塔、楼等多种建筑形式完美地融合于一体，其建筑造型成为侗族聚落内极具民族风格的风景线。

4.3.2　凉亭

侗族修建在聚落附近的田间地边、交通要道、山坳隘口等地的凉亭，大多是为了给过往的行人和劳作的人们提供休息之便，凉亭的柱上常常挂有一双草鞋与人便利（现在几乎无人穿了），以及放置装满泉水的木桶及木瓢供人饮用。但有的凉亭除了单纯的休息功能，还兼具作为对侗族聚落风水的完善补充，特别是一些建在山坳风口处的凉亭，其作用是堵住风口，以保佑村寨财富满满。

兼具多种意义的凉亭，在规模上虽不及鼓楼那么壮观，构造简单却不失精美，常见的有四、六、八根立柱的方形凉亭，也有六边形、八边形凉亭，柱间设置木枋形成条凳供人歇息。位于黎平县坝寨乡蝉寨村内的八角亭可谓是凉亭建筑中的极品，这座始建于清代的五重檐木质结构建筑，坐南朝北，台基及亭身均呈八边形，亭身重檐层层上收，上下檐之间错落有致，亭角外翘，亭柱及板壁雕龙画凤，精美的外形极其引人注意，成为当地村民休闲纳凉的好去处（图4-39）。

平面为奇数的凉亭较为少见，而在黎平县堂安侗寨聚落内的岔路口有一座三角形凉亭较为引人注目，三根边柱呈等边三角形，其中一面开口，另外两边柱间以木板连接形成条凳，边柱通过穿枋与中柱相连，整个凉亭为两层檐，形成三面攒尖顶，檐顶下方以蜜蜂窝装饰，封檐板上施以彩绘，远远望去好似一个缩小版的异形鼓楼（图4-40）。

侗族聚落中“有桥必有亭”，因此除了置于聚落内外的单体凉亭外，桥与亭二者合一的建筑在聚落中也多有存在，甚至让人们分不清楚它到底是桥还是亭。

图4-39 黎平县坝寨乡蝉寨村内的八角亭（图片来源：黎平县文物局）

图 4-40 黎平县堂安侗寨的三角凉亭（图片来源：作者拍摄）

4.3.3 戏楼

“歌海戏乡”的美誉，“说的就是侗族不仅‘视歌为宝’，同时也‘视戏为珠’”。[1] 以歌代言、以歌传情、以歌叙事是侗族人们的交流方式，侗族大歌、琵琶歌，以及汉侗文化结合的侗戏，均成为侗族文化对内传承、对外传播展示的方式。侗族地区戏楼的出现与侗戏的发展所带来的影响力远远大于侗族大歌，侗戏的鼻祖吴文彩在汉戏、桂戏、阳戏等戏种的感染与启发下，萌发以汉族文学作品《朱砂记》、《二度梅》为模本，以侗族服饰为扮相、侗歌唱腔为基调、以侗语说唱为表演形式，将汉戏和侗族音乐融为一体，最早翻译改编成两部侗戏《李旦凤娇》和《梅良玉》，受到广大侗族人们的喜爱。后来其他歌师、戏师模仿吴文彩的创作方式，以榕江县车江侗寨为故事发生地，创编了《珠郎娘美》，一直传唱至今。因为侗戏的产生、发展、传播及影响，使得侗族地区每村每寨几乎都建有戏楼，甚至有些村寨修建几个戏楼。据粗略统计，20 世纪 80 年代仅从江县境内的侗族聚落中就有戏楼 300 多座。

戏楼在侗族聚落中的存在，不仅是侗族文化的传承，也是汉侗文化交融现象的展现，其物化的反映便是戏楼的修建。通常情况下，戏楼会选择修建在鼓楼、风雨桥附近或寨子中心位置，不仅将公共空间加以集中处理，同时也最大化利用鼓楼、鼓楼坪及风雨桥，

1※ 符号与仪式：中国贵州山地文明图典 [M]. 张晓松. 贵阳：贵州人民出版社，2005.5：992.

使其成为最佳看台。因此，侗族的戏楼虽然不及鼓楼、风雨桥的历史悠久，但它的存在为侗族聚落增添了另外一道风景线。戏楼如同侗族聚落中的其他建筑一样，受地势变化、修建年代、资金投入等多种因素影响，其建筑形式、装饰手法、修建地址等均有所不同，因此在侗族聚落中也没有一模一样的戏楼建筑存在。

早期的戏楼建造形式相对简单，一般只设置化妆间和主台，主台抬高，形成距离地面约 1 米高度的架空空间，无顶部设计。随着人们对侗戏喜爱的升温，戏楼的建筑样式逐渐受到重视，在建筑形制和戏台装饰上也开始讲究起来，戏台底部有些仍然保留架空，如从江县岜扒侗寨鼓楼旁的戏楼，底层架空高约 1 米，戏楼与鼓楼相对，戏台两侧搭建披檐形成侧台，犹如民居的偏厦。有些戏台直接架设在水面之上，与鼓楼或鼓楼坪（芦笙场）等场所遥相呼应，如黎平县黄岗侗寨的戏楼，马路将歌坪与戏楼隔开，形成呼应，整体建筑包括前台、后台和侧台，以石柱支撑，置于水面之上，前台宽大，整体往前凸出，前台两侧柱之间安置板凳，供侗戏表演所需，侧台和后台整体后退，两侧侧台低矮小巧，前后台之间形成鲜明的对比，更加突出前台的重要性（图 4-41）。

戏楼底层根据需求，也可将其封闭起来形成休息间或准备间，以增加戏楼的使用率，如黎平县堂安侗寨戏楼以水面将其与鼓楼隔开，顶部为两层悬山顶式，上覆小青瓦，两侧侧台与戏台齐平，披檐盖顶，底层空间比架空型戏楼高出许多，三面板壁密封，前面板壁以竖条型窗棂装饰，同时保证底层采光和通风。以侗族大歌而闻名的贵州从江县小黄侗寨，由小黄、高黄、新黔 3 个自然寨组成，建有两座戏楼，其中小黄戏楼在总体规模上较之其他戏楼庞大许多，并挂牌为“小黄村侗族大歌传习基地”，戏楼为 2 层顶，六个开间，其中中

图 4-41 贵州从江县岜扒侗寨戏楼（左）、贵州黎平县黄岗侗寨戏楼（右）（图片来源：作者拍摄）

间两个开间宽大，约占一半长度，左右四个开间较小，形成两边的侧台，底层约 2 米高，形成封闭空间，以作休息或他用（图 4-42）。

前台、后台和侧台于一体的戏楼是侗族聚落中较为常见的，但也有些戏楼建造复杂，在左右及正面设有走廊式的看台。如贵州省黎平县茅贡乡东部的高近村保留有至今最古老的戏楼一座，距离鼓楼约 30 米，与高近风雨桥遥相呼应，戏楼的建筑风格独特，空间结构和功能布局考虑周全。这座始建于清道光年间（1821-1851 年）、距今有 100 多年历史的古戏楼，总体格局包括主戏台、廊房和观戏坪三部分，其中主戏台建造精美，高约 12 米，占地面积达 300 多平方米，底层架空，二层为表演台；戏台两侧设有宽 4 米，长约 8 米的廊房，也分为上下两层，为雨天看戏提供了场所；戏台前面以鹅卵石镶嵌成宽 9.47 米、长 10 米的方形观戏坪，戏坪前面有一条 1 米多宽的青石路，高出戏坪 2.8 米，砌成 10 级台阶，为人们提供更佳的看戏场所（图 4-43）。

图 4-42 黎平县堂安戏楼（左上）、从江县小黄戏楼（右上）（图片来源：作者拍摄）

图 4-43 高近戏楼（左下、右下）（图片来源：黎平县文物局）

侗戏的发展时间才一百多年，受到汉族等其他戏种的影响，也没有固定的模式。因此，有些地区创造性地把侗族传统建筑特色融汇在戏楼的修建中，屋顶造型有单层或双层，有悬山顶和歇山顶，并在檐檩上施以彩绘等装饰方式，使得戏楼在侗族聚落中别具一格，如贵州黎平县肇兴义团戏楼（图4-44）。

现代社会城市化进程中，侗族文化在变迁、侗族聚落在变迁、侗

图4-44 黎平肇兴义团戏楼（图片来源：作者拍摄）

族建筑也在潜移默化中出现了新的材料、新的用途，如贵州从江县洛香戏楼以砖木结构代替了传统的全木干栏式结构，从江县岜扒戏楼前面的幕布说明了这里也被用作露天影院，黎平县肇兴义团戏楼上的表演灯光装置也突破了传统侗戏的表演方式，这种传统与现代的结合，使侗族聚落既有浓郁朴素的地域特点，又感受到了现代文明的气息。

4.3.4 寨门

寨门，如同一个家庭的大门一样，不仅具有防御的功能，而且还是空间地界的划分标志。通常情况下，侗族聚落并无实体墙来界定内外空间，对于侗族聚落林、田、宅之间的空间序列，寨门在某种意义上便成为聚落内外空间的分界点，也可以说寨门既是内外空间序列的开始，也是这个空间序列的结束，其边界的意义超出了防御的功能，寨门成为出入侗寨的地标，在寨门下摆上拦路酒迎宾送客（侗族称作“维耶”），表示侗家人的热情好客。寨门作为标志性建筑之一，也是侗族聚落众多仪式性建筑不可或缺的一部分。

一般而言，寨门的多少与聚落内部出入的通道数量有着极大的关系，聚落主入口的寨门一般修建得较为隆重，次要通道的寨门则简单许多。承载着多重意义的寨门，侗族人们更是通过丰富的造型体现其对寨门的重视，以干栏式、门阙式，以及混合式多种结构形式加以塑造，形成变换无穷的建筑形式，每村每寨的寨门无一重复，甚至是拥有几个寨门的村寨，其形式也是繁简不一。

寨门门洞设置以三门形式最多，中间为出入通道，设置高大的门楼，楼顶顶部集合鼓楼和风雨桥特征，有攒尖顶式、悬山顶式、混合式等多种造型，根据造型，有单层、三层、五层檐、甚至九层檐，层檐形制与鼓楼一样，如从江县高增坝寨寨门就有九重檐，一至三层檐为悬山顶，四至九层为六角六边攒尖顶，中间门洞上方题有“迎归楼”，左右两侧门上方板壁施以彩绘，下部设置条凳供人们休息，远远望去就好似一座鼓楼立于聚落入口。左右两侧门通常结合凉亭形式，内置条凳，形成休息空间，顶部多为单层，如从江县占里寨门和黎平县黄岗寨门；顶部也有多层造型，如从江县小黄寨门，整体高度比中间门楼低矮许多，为了更好地突出中间门楼的壮观（图 4-45、图 4-46）。

寨门的存在，既是地标，也是礼仪的象征。透过寨门丰富多变的造型，便可探求侗族人们不仅对其聚落环境空间限定的重视，同时也是对侗族文化的一种展示。

图4-45 从江县高增寨门“迎归楼”（上）、占里寨门（下）（图片来源：作者拍摄）

图 4-46 黄岗寨门（左）、小黄寨门（右）（图片来源：作者拍摄）

第5章 贵州侗族功能性建筑文化

5.1 民居

5.1.1 民居外部形态

功能主义学说产生的时间较早，但由马利诺斯基明确提出并加以运用。他在针对人造物、物体和住房时指出：“以人们住房为例……在研究其不同的技术阶段和结构元素时，人们应当考虑住房的整体功能。”[1]

贵州侗族所处的区域为我国重要林业区县范围，有着大量优质的木材，因此，侗族地区功能性和仪式性建筑的主要材料大部分以木材为主。走进侗族聚落，木柱支撑、柱枋交错、杉皮盖顶的干栏式穿斗结构木楼随处可见，其中以密集的民居群落占据着绝对的视觉优势。民居作为贵州侗族聚落主要构成要素，从备料、建造、装饰，直至入住，甚至需要数年的时间才能完成，其建造过程便成为侗族家庭的重大事件。经济状况也决定了房屋建造完工的进度，通常是先立屋架盖瓦之后，再逐年装修，以至于如今侗族聚落中仍有许多古民居看上去都像是未完工的状态（有的细部装饰因主人觉得不需要使用便不再处理）。

生存环境、生活习惯、建筑材料等方面的属性与建造形式发生着直接关联，按照不同的地形特征建造不同形式的建筑，即便是同一个侗族聚落空间区域，也很难找到两栋完全一样的房屋。正如阿尔伯蒂针对城市住宅与乡村住宅的区别中说道：“在城市，你必须调整自己，以尊重周围的邻居；而在乡村，你却有很多的自由”。[2]侗族所在区域复杂的地形特征以及稻作文化而产生习水而居的居住习惯，虽然民居建筑的样式有所不同，但仍可根据建筑风格找到其共同之处。传统侗族民居的平面空间变化万千，有相关学者将其划分为高脚楼、吊脚楼、矮脚楼和平地楼四类[3]，由于吊脚楼和矮脚楼是高脚楼的变体，总体来说均属于干栏式建筑，因此也可将其直接分为干栏式和地面式两类的。

高脚楼是贵州境内侗族地区的主要建筑形式，针对侗族地区山野猛兽较多，加上境内潮湿多雨多山，而人们却喜欢近水而居等多方面因素，侗族的高脚楼从安全性、舒适性等方面出发，对上述问题给予有效地解决。

1※ 马利诺斯基（Malinowski）. 文化的科学理论及其他［M］.（A Scientific Theory of Culture and Essays. Chapel Hill. University of North Carolina Press，1944）. 转自城市建筑学［M］.（意）阿尔多·罗西. 黄士钧译. 北京：中国建筑工业出版社. 2006.9：48.
2※ 引自居住的概念——走向图形建筑［M］.（挪）诺伯格－舒尔茨. 黄士均译. 北京：中国建筑工业出版社，2012.4：94.
3※ 侗族文化研究［M］. 冯祖贻. 贵阳：贵州人民出版社，1999：57.

作为高脚楼变体形式的吊脚楼和矮脚楼，其中吊脚楼为了适应山区地形需要，将其修建在斜坡面上，采用房屋前部用木栏架空，或连接廊柱，后部与坡体连接，这一类型在喜欢靠山而居的苗族地区更为常见，也可以说侗族地区的吊脚楼是周围文化相融的反映（图5-1）。吊脚楼式民居通常将大门开在后面接地的平地位置，也有利于偏厦围廊连通前廊。矮脚楼与地面楼近似，区别在于矮脚楼仍然属于高脚楼的变体，在一层木质地板与地面之间有垫高30厘米至40厘米高度，起到防潮作用；而地面楼的一层则直接以水泥或混凝土作为地板（图5-2）。由于侗族地区有“前怕牛栏后怕仓”的居住禁忌，所以在这两类民居形式中畜舍均另建在屋侧或屋后，将谷仓建在屋前或楼上。

无论是高脚楼，还是平地楼，在开间上均以三开间为主，两边加偏厦的格局，底层之上的数层，每一层竖起吊柱，一层比一层宽，上一层比下一层悬挑出近1米宽度，形成上大下小的“倒金字塔”型特征。但是由于每一栋房屋所处地形环境和居住需求的差异，侗族地区的干栏式民居建筑特色也不尽相同，在开间的增减和竖向设置、纵

图5-1 高脚楼（左上：黎平县堂安）、吊脚楼（右上：榕江县晚寨）（图片来源：作者拍摄）

图5-2 矮脚楼（左下：榕江县大利侗寨）、地面楼（右下：榕江县车江侗寨）（图片来源：作者拍摄）

横向上的比例关系、屋顶形式、楼梯布置构造等方面均有丰富的弹性变化，因此在整体的外部形态上呈现出千变万化的视觉盛宴。

5.1.2 内部空间秩序

侗族民居的建筑外部形态灵活多变，同时也延伸到了民居的内部空间，并形成多样化的内部空间形态。由于特殊地理生存环境，多样的地形地貌为空间的利用和布局提供了极大的伸缩性和灵活度，在充分发挥空间的有效使用价值的基础上，将竖向空间依据需求设置相应的功能空间，按照平面空间形式还可分为单栋式、长屋、共廊式以及合院式等多种居住空间形态，其中宽廊将居住空间的公共区域和私密区域贯穿起来，并形成合理的布局。

1）空间分析

从竖向空间来看，主要是以功能进行区域空间划分。一般情况下，传统高脚或吊脚民居中，底层用于圈养牲畜，放置农具、柴草之类，底层架空层功能运用灵活方便，根据需求可以形成不同的空间格局，外壁可以封闭，也可以开敞；二层为主要的居住空间，以长长的宽廊将火塘、堂屋和卧室串通起来；三层以上均为卧室或粮仓，一般最顶棚层用于堆放杂物。局部地区因为用于建房的山体坡度极为陡峭，便形成二层为堆放杂物或喂鸡鸭，三层以上才是人居住的三级吊脚楼。而在矮脚楼或地面楼的竖向空间设置上，一直延续着将底层作为堂屋、火塘、卧室等生活区域，二层以上布局为卧室或储藏空间（图 5-3）。随着生活方式等方面的文化变迁，原来的居住方式逐渐改变，竖向功能空间的设置做出了一定的调整，高脚楼或吊脚楼将原为二层的公共活动区域下移至传统居住方式关养牲畜的底层空间，底层的板壁甚至以砖石代替，将畜舍另建于屋侧或屋后。

从横向空间来看，无论是哪一种建筑形式的民居，横向开间通常情况下有一至五个开间不等，最常见的多为三个开间，两边增设偏

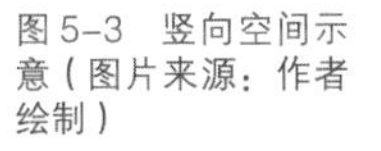
图 5-3　竖向空间示意（图片来源：作者绘制）

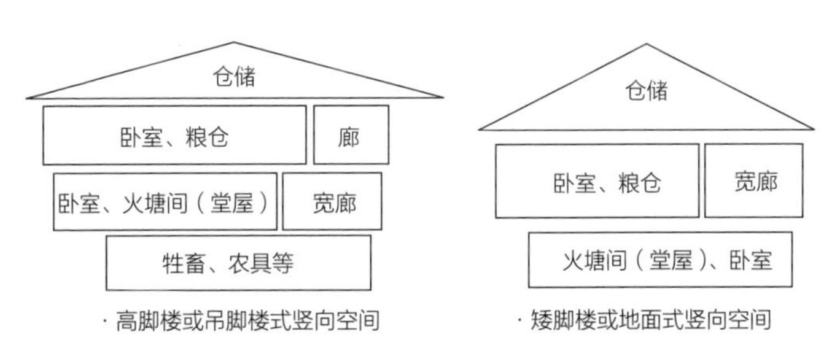

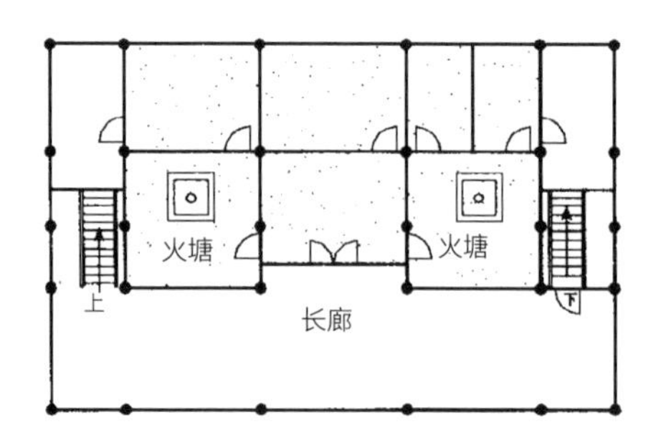

图 5-4 横向空间示意——三开间带偏厦二层平面图
（图片来源：蔡凌. 侗族聚居区的传统村落与建筑［M］. 北京：中国建筑工业出版社，2007：141）

厦（图 5-4）。在横向空间上延伸便出现长屋的形式，如贵州榕江县乐里镇保里寨一带的干栏长屋，常见二十柱四排三间的民居形式（图 5-5）。

从纵深空间而言，即为山墙位置，最简易的有“三柱两瓜”，也有“五柱九瓜”等不同的构造形式，最为常见的即为“五柱七瓜”式构架，纵深空间形成“前—中—后”的串联式空间格局（图 5-6）。而在纵深方向进行扩张，便形成带天井式的合院式住宅或印子屋形式住宅，如榕江县大利侗寨的杨氏住宅（图 5-7）。

2）居住空间的中心——火塘间和堂屋

“一个火塘四四方，
三脚架架坐中间。
塘内不断千年火，
鼎罐不断万年粮。”[1]

这是一首侗族新居开火事炊之时，亲朋好友带着祝福送来的赞歌。火塘的设置在侗族民居中占有绝对的重要性，它甚至是家庭的象征。一栋建筑中设置有几个火塘，就意味着有几个实质的家庭单元，当一个家庭因子女长大成人会分成几个单元，与汉族的分家仪式不同，侗族家庭则是分火塘，即为新建火塘，且新建的火塘必须从旧屋的火塘取火种，以宣告从大家庭中分离出来。如榕江县大利侗寨现存唯一的四合院内便有四个火塘，意味着这栋建筑属于四个家庭共有，按照四合院主人之一、第六代传人杨成方老人的说法“这栋房子是四个‘公’共有的，每一个‘公’各留有一屋”[2]（图 5-7），火塘甚至成为侗族家庭的代名词。侗族的火塘间除了煮食、取暖、照明和熏臭等基本功能之外，还承载着休息、娱乐及多种文化内涵，特别是作为家庭象征的文化寓意，火塘间的存在成为侗族传统民居中不可或缺的重要组成部分，同时在空间布局上也反映了侗族人家对火塘间的重视程度。

资料显示，有些专家从南北侗族对火塘的设置进行大致的分类，认为北侗地区的火塘间常设置在堂屋两侧，而南侗地区则多设置在堂屋之后。这种分类方式虽然具有一定的参考性，但从侗族民居多样性特征来看，按南北分类的方式并不能准确说明其规律。从资料和调研中发现，火塘间的设置与堂屋有绝对的关联性，在场所上共同形成家庭的中心区域，通常设置在堂屋左右两侧的独立房间，或者是堂屋

1※ 侗族文化研究［M］. 冯祖贻. 贵阳：贵州人民出版社，1999：60.
2※ 通过采访杨成方老人口述记录。

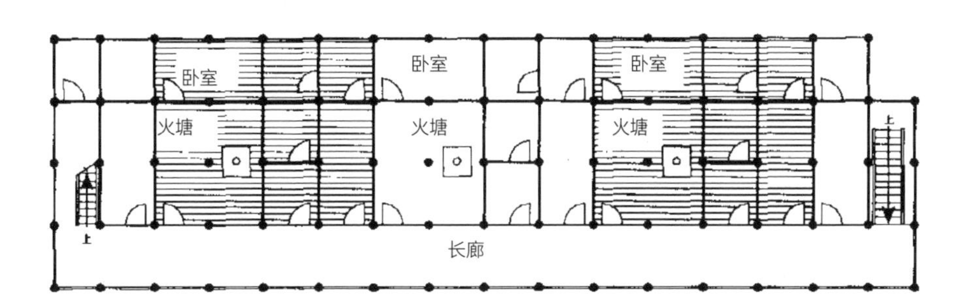

图 5-5 横向空间示意——贵州榕江县保里寨吴宅 15 开间长屋平面（图片来源：蔡凌. 侗族聚居区的传统村落与建筑［M］. 北京：中国建筑工业出版社，2007：136）

图 5-6 纵深空间示意（资料来源：罗德启. 贵州侗族干阑建筑［M］. 贵阳：贵州人民出版社，1994：12）

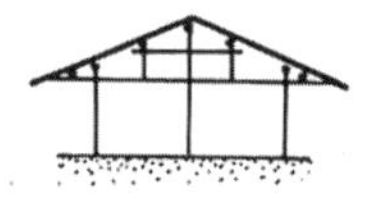

1 三柱两瓜 直线水面 排扇枋代替出水枋

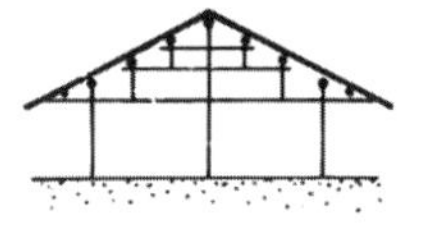

2 三柱四瓜 直线水面

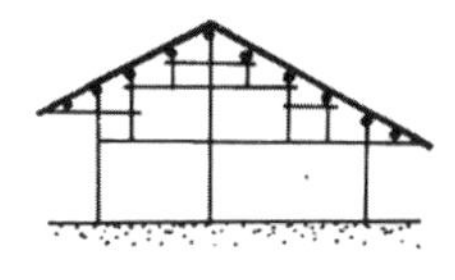

3 三柱五瓜 后墙排扇枋替出水 前墙另设出水枋

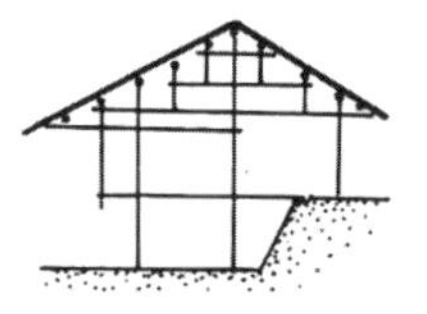

4 三柱四瓜 前二柱吊脚 前加吊瓜

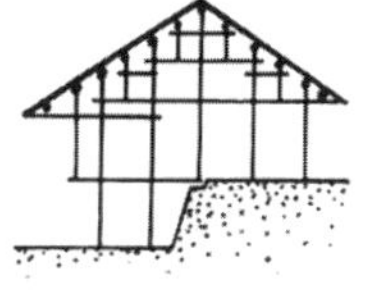

5 五柱四瓜 前二柱吊脚 前加吊瓜

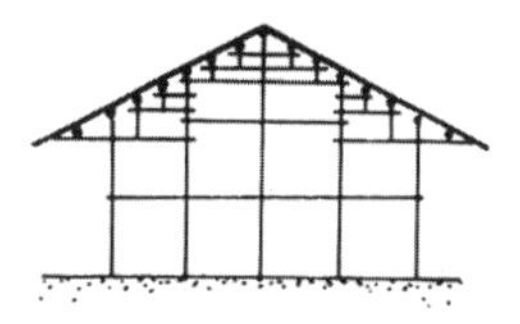

6 五柱八瓜 直线水面

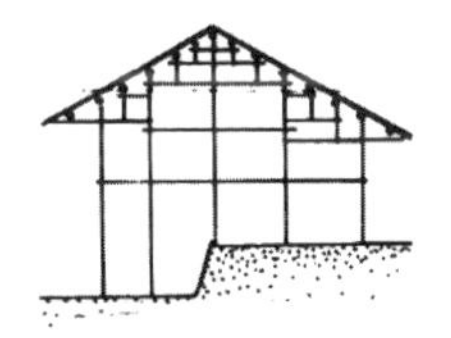

7 五柱七瓜 前二柱吊脚 直线水面

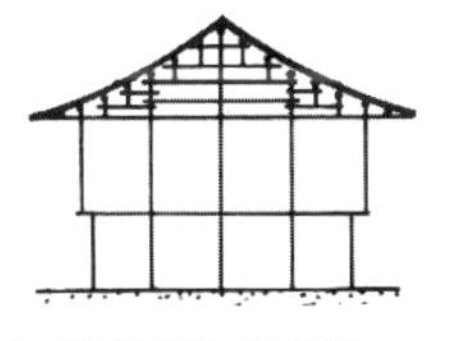

8 假五柱八瓜 前后吊瓜 人字水面

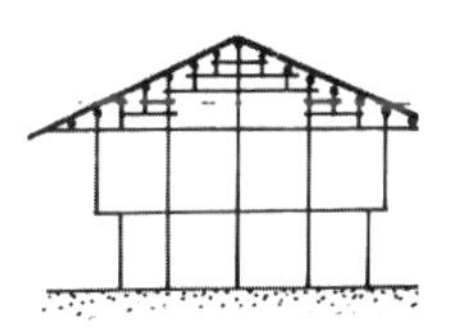

9 假五柱八瓜 前后吊瓜 直线水面

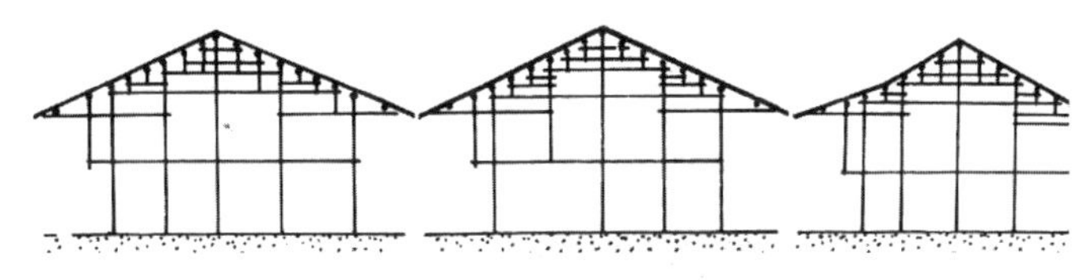

10 五柱九瓜 前加吊瓜 直线水面

11 假五柱八瓜 前加吊脚 直线水面

12 五柱七瓜 前后吊瓜 人字水面

图 5-7 纵深延伸形成合院空间示意（资料来源：榕江县文物局）

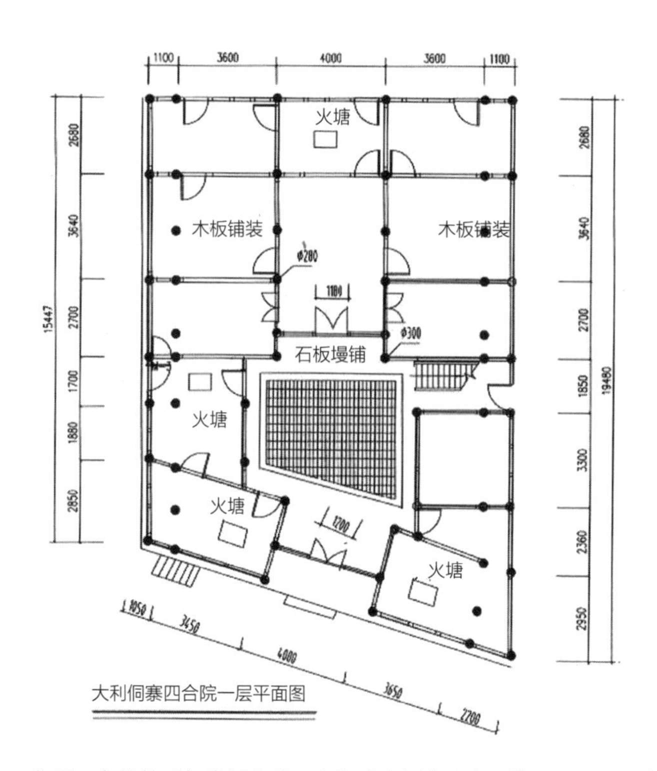

之后，有的甚至与堂屋共处一室组成空间的中心。按照“元”理论的类型学角度出发，将火塘作为侗族民居建筑的主体要素，正如罗西指出的：“一种特定的类型是一种生活方式与一种形式的结合，尽管它们的具体形态因不同社会而有很大变化”[1]，因此每一栋民居空间火塘间的设置具有相当灵活的布局方式，火塘间的常规设置是民居建筑最初的空间布局，随着人口的变化出现分火塘的现象，火塘间的设置并不再按照原来的方式进行，而是在原有基础上出现新的火塘间，因此在火塘间的空间设置上也出现了多种可能性。如贵州天柱县三门塘王扬铎宅有两个火塘间，说明这栋民居由两家人共有，其中一家的火塘间设置在堂屋的左侧，据推测，可能因为分火塘，加上住宅空间的限制，另一家的火塘则设置在堂屋后面的房间（图 5-8）；同在三门塘的刘治权宅也同样属于两家人共有，以堂屋为中轴划分为左右两部分，相应的两家人的火塘间也设置在了堂屋的两侧（图 5-9）；而在黎平县肇兴和堂安等地，火塘间和堂屋共为一体（甚至有些没有堂屋），与宽

1※ 当代建筑设计理论：有关意义的探索［M］. 沈克宁. 北京：中国水利水电出版社、知识产权出版社，2009：74.

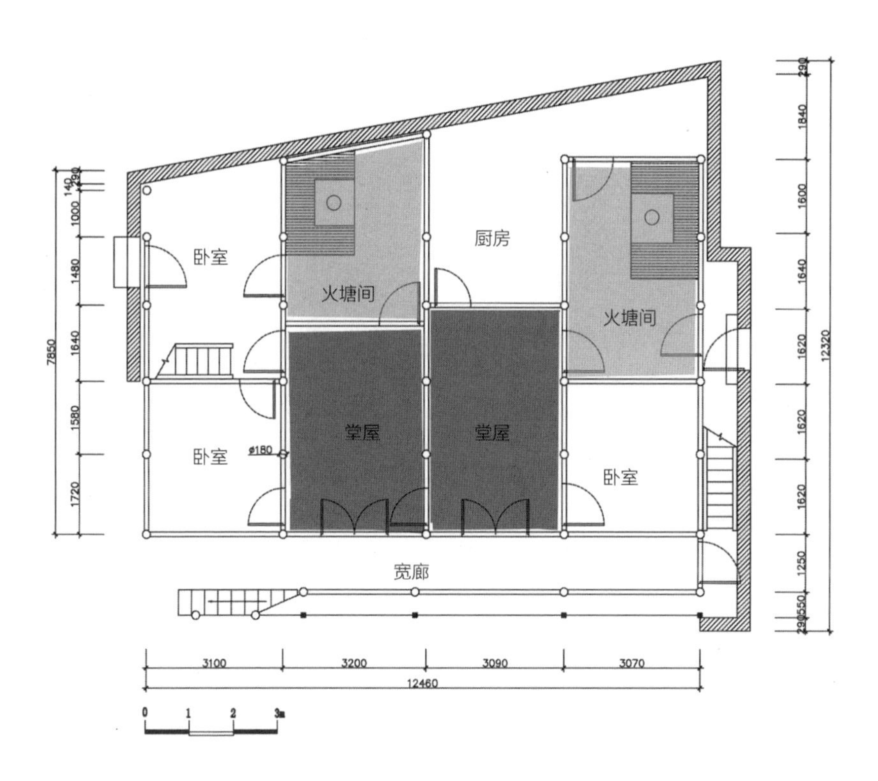

图 5-8 三门塘王扬铎宅火塘与堂屋示意图（图片来源：作者绘制）

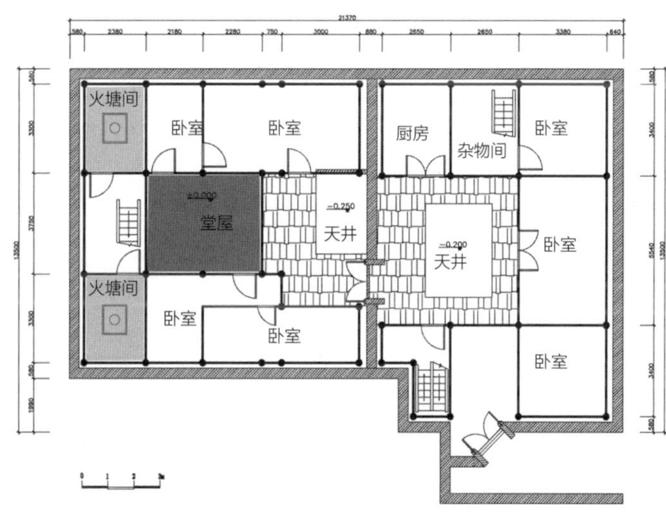

图 5-9 三门塘刘治权宅火塘间与堂屋示意图（图片来源：作者绘制）

廊相连，组成家庭公共活动空间。不论是何种形式的火塘间，它在民居中占有足够的面积，甚至比卧室的面积还大，这也足以说明火塘间在侗族民居中存在的重要性和中心场所的意义。

相对火塘间而言，堂屋的存在意义显得相对比较次要，特别是南部侗族地区，有些民居因为空间的局限性只设置火塘，而不设置堂屋，或者是堂屋与火塘间共用，或是堂屋与宽廊揉为一体（图 5-10、图 5-11）。

在设置堂屋的民居中，堂屋自然成为家庭成员的活动中心，同时还是接待客人和举行例如祭祀活动的主要场所，有些地方还在堂屋内设神龛和祖宗神位，如天柱县三门塘和榕江县车江侗寨民居中的堂屋均为如此（图 5-12）。

3）内外空间的中介——宽廊

位于第二层的宽廊是侗族民居内部一个重要的灰色空间，它是内外空间的中介，宽廊同样作为侗族民居中“元”要素而存在，成为侗族民居区别于其他民居的重要特色之一。宽廊的设置通常是一侧连通火塘间、卧室等空间，靠近栏杆一侧则放置座凳供人们交流休息，宽廊的顶部通常是上一层的卧室或廊道，形成三面实体的半开敞式空间。围栏的形式多样，最为常见的是用 1 米左右高的木板封

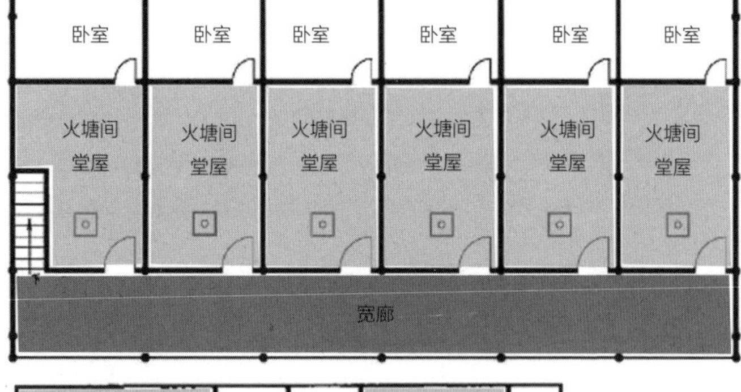

图 5-10 黎平县肇兴陆庆海宅二层火塘与堂屋共用示意图（图片来源：作者改绘；参考黔东南六洞地区侗寨乡土聚落建筑空间文化表达研究［D］. 赵晓梅. 清华大学博士学位论文，2012：112）

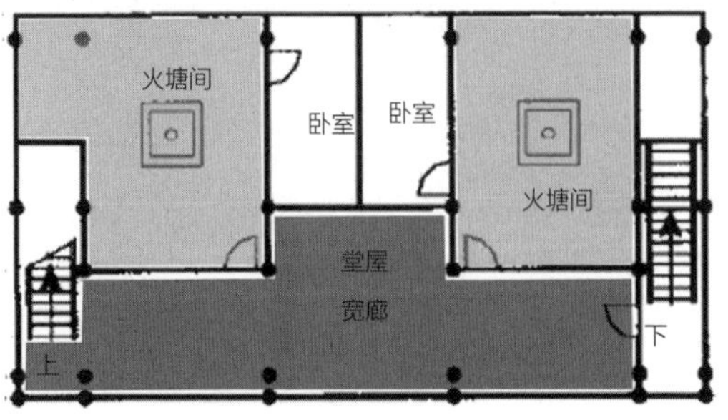

图 5-11 黎平县堂安潘云安宅的火塘间示意图（图片来源：作者改绘；参考侗族聚居区的传统村落与建筑［M］. 蔡凌. 北京：中国建筑工业出版社，2007：89）

图 5-12 堂屋布置图（左上：榕江县车江侗寨杨昌平宅；右上：天柱县三门塘刘治权宅）（图片来源：作者拍摄）

图 5-13 木板围栏（左下：榕江县大利侗寨，右下：榕江县乐里寨）（图片来源：作者拍摄）

闭，有的还留有几个圆洞供狗伸出头去瞻望；还有以方楞直条及圆柱栏杆作为围合，有的甚至雕以纹样或涂上油漆；再或用图案进行装饰两柱之间的栏杆，形成整体图案（图 5-13）。侗族人把自身的开放性特征反映在了建筑形式当中，民居中设置的半封闭的围栏和长长的宽廊，模糊了建筑与周边环境的内外关系，相比完全封闭的卧室，宽廊空间界限的多变性增加了空间乐趣，正如罗德启先生所描述："宽廊的双重性在于：它的空间界限似清楚又不明确，似围合又通透，似独立又依存，在侗居中确是一种极富人情味的过渡空间"。[1] 虽然如今的侗族聚落中许多民居在宽廊上半部分加装窗户形成封闭的空间，但仍然留存着它作为外部环境与火塘、堂屋及卧室的关联性意义。

在侗族聚落中，宽廊的中介作用不仅体现在单个民居建筑之中，在建筑与建筑之间也有着突出的连接作用，在榕江县的乐里，从江县的增冲等地，利用廊道将建筑连通起来，从一栋建筑随意穿行到另外的建筑，出现两栋或者多栋建筑串联的关系，增强了建筑之间的密集程度和关联性，也突出了侗族聚落的群居意识（图 5-14）。

宽廊不仅是内外空间的中介，还是内部空间的过渡。就内部空间序列而言，以宽廊作为

1※ 贵州侗族干阑建筑［M］. 罗德启. 贵阳：贵州人民出版社，1994：9.

图 5-14 连廊式建筑（左：榕江县乐里寨建筑连廊；右：从江县增冲寨建筑连廊）（图片来源：作者拍摄）

连接各空间要素的导向，形成宽廊——火塘间（堂屋）——卧室的空间序列，出现前—中—后的纵深空间格局，并出现如前廊直入型、前廊火塘型、前廊堂屋型[1]等不同形式的空间关系（图 5-15）。

由于外部环境的文化交融与渗透，侗族民居在空间上也发生着一定的变化，传统的干栏式建筑中的空间模式逐渐向地面式建筑空间格局转变，空间序列也发生着不同程度的变化，除了在竖向空间做出功能调整之外，空间“元”要素也出现了一系列的变化，由于公共活动空间转向底层空间，宽廊进行封闭形成内部空间（图 5-16）；或者将宽廊变短变窄，与堂屋相通；或将前廊放宽，形成吞口，栏杆形式也采用苗族民居中的美人靠构造方式等等。

5.2 禾仓、禾晾

侗族聚落内部除了民居、鼓楼等木构建筑元素外，住宅旁水塘上方修建的木结构干栏式建筑也是特别引人注意的物质要素。拥有稻作文化的侗族聚落，粮食晾晒和储存至关重要，聚落中的禾仓、禾仓群和禾晾让整个聚落充满着浓郁的生活气息，使聚落环境和聚落空间变得更加丰富有趣。为了防止火灾和虫鼠侵扰，禾仓多建在聚落内外的水塘或溪沟之上。

也有建在聚落边缘的山坡地带，形成距离水面或地面约 1 米高的干栏式建筑，禾仓底层架空，架空层四面不设木板，以保证对流空气来保持粮仓内部干燥，从而解决谷物

1※ 前廊直入型、前廊火塘型、前廊堂屋型这三种类型名称参见侗族聚居区的传统村落与建筑［M］. 蔡凌. 北京：中国建筑工业出版社，2007：134-141.

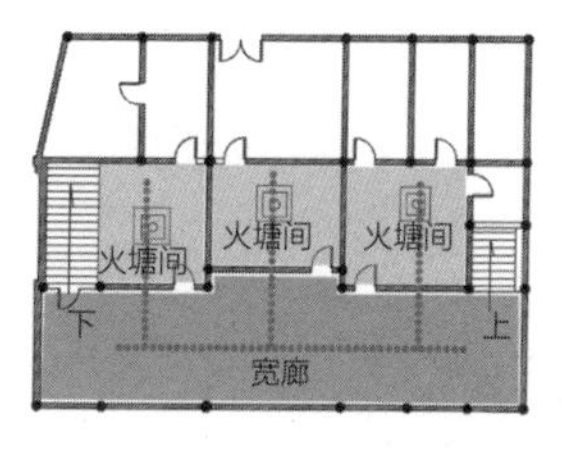

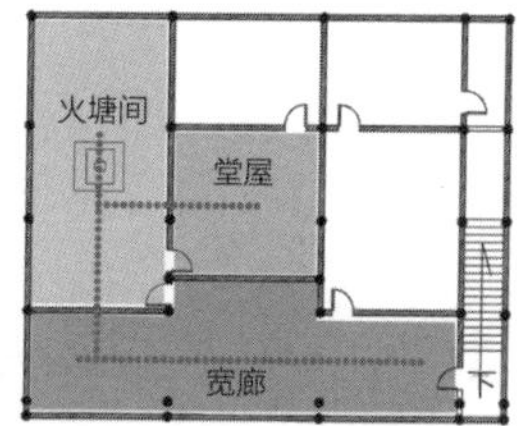

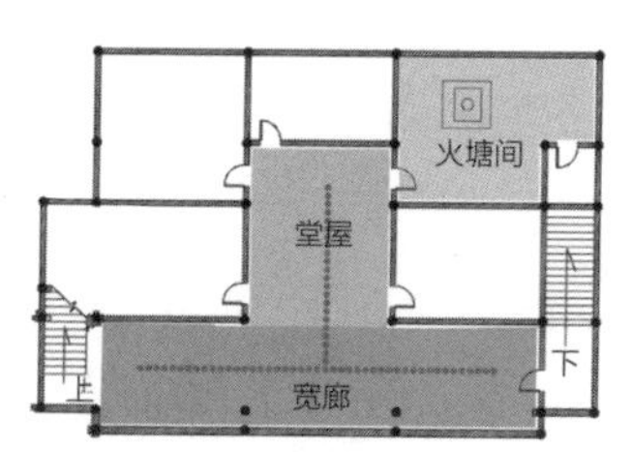

图 5-15 空间序列——前廊直入型、前廊火塘型、前廊堂屋型（图片来源：作者改绘；参考侗族聚居区的传统村落与建筑［M］. 蔡凌. 北京：中国建筑工业出版社，2007：149.）

图5-16 空间“元”要素的变迁（榕江县晚寨）（图片来源：作者拍摄）

存放可能会发生霉变的担忧。散落水塘上方的禾仓多以三四米见方的单仓形式存在，柱脚立于水中，露出水面 1 米左右，有些浅水塘直接以石块为柱基将木柱抬高，禾仓仿民居吊脚楼形式，以整柱建竖的方法修建而成，顶部覆以小青瓦或杉木皮，仓面和仓身以厚实的木板密封形成严实坚固的空间，有的在仓身中间开有一个小窗，有的仅在正面开一仓门供人出入，并以仿板或半边木连接塘埂供主人行走取放谷物（图 5-17）。禾仓的构架形式多样，有单层仓、双层仓；在平面开间上又分为一开间、两开间，甚至是三开间的独栋禾仓，每一栋禾仓的开间大小根据用户需求及地理环境所决定，大的禾仓可储存上万斤的谷物，小仓也能装下几千斤粮食。

聚落中的禾仓除了储存谷物之外，还兼有晾晒谷物的功能，因此这种具有多重功能的禾仓更为常见，主要以穿斗式或叉首式两种结

图 5-17 从江县增冲寨内的禾仓（图片来源：作者拍摄）

构形式（图 5-18）。根据结构需求，穿斗式禾仓通常在谷仓四周装有横杆形成禾晾，而叉首式则在向阳的一面安装禾晾杆件，用以晾晒稻谷等作物（图 5-19）。

侗族聚落大部分禾仓均建在村寨边缘的山坡或水塘处，形成规模壮观的禾仓群。建在山坡的禾仓群，依照地势以等高线顺势排列，沿坡而建，一排一排地合理布局，底层架空层用于存放材料或棺木（图 5-20）。置于水塘的禾仓群根据水塘大小及位置，或建在水塘之上，或建在水塘（稻田）旁边，整齐排列或顺势而建。禾仓群的规模大小不一，根据聚落环境，小的三五个一组，多的上百个一群。据统计，侗族地区禾仓数量最多、最为集中的当属黎平县茅贡乡登岑村的禾仓群，共有禾仓 135 栋，总面积达 800 余平方米。[1] 这些始建于清代的禾仓群大多建在寨子边缘的水塘之上，形成距离水面 1.2 米左右高的架空建筑群，仓身使用厚实的木板进行密封，仅在正面留有一道仓门供人进出。几十个禾仓为一群的布局在许多侗寨都能看见，聚落边缘大大小小的禾仓群，有的建在山坡处，有的建在稻田旁的水塘上面，将整个聚落团团围住，形成自然的边界线，特别是到了金秋收获时节，挂满谷穗带禾晾的禾仓群甚是壮观（图 5-21、图 5-22）。

每到收获的季节，禾仓上的禾晾远远不能满足稻谷的晾晒，侗族聚落中还有一种肋木形式的木架，侗语称为“liangn”或“langn”，汉译为“禾晾”。禾晾通常顺着聚落四周而竖起，少量建在聚落内部空间朝阳的空地

1※ 数据参考黎平县文物局的统计数据。

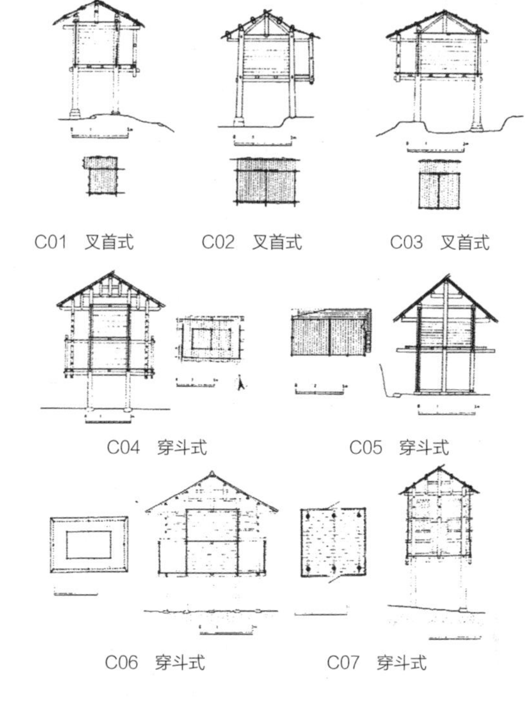

图 5-18 穿斗式及叉首式结构示意图（图片来源：罗德启. 贵州民居［M］. 北京：中国建筑工业出版社，2010：126）

图 5-19 榕江县大利侗寨双层叉首式带禾晾禾仓、从江县增冲侗寨穿斗式带禾晾禾仓（图片来源：作者拍摄）

图 5-20 黎平县登岑干栏式禾仓群底层存放的棺木（图片来源：黎平县旅游局）

图 5-21 黎平县地扪侗寨寨边的禾仓群（图片来源：黎平县旅游局）

上。聚落中的禾晾大致有两种形式：一种是以两根高五六米的主柱呈“一”字形并排而立，中间用无数根活动的横木穿插，主柱前后再立几根斜柱支撑加以稳固（图 5-23）；另外一种看上去像禾仓，底层架空，由五排“一”字形禾晾共同组成“井”字形禾晾架，以此增加晾晒的场所和面积（图 5-24）。有些禾晾还以杉树皮扎成檐顶，形成半坡顶或双坡顶，以防晾晒过程中谷物遭受雨淋，这种立体化的晾晒方式不仅因通风而有效避免了谷物发霉，同时还大大节约了晾晒场所。

图 5-22 从江县岜扒侗寨寨头的禾仓群、黎平县黄岗侗寨挂满谷穗的禾晾和禾仓群（图片来源：作者拍摄）

图 5-23 从江县占里侗寨沿河而建的“一”字形禾晾及挂满谷穗的禾晾（图片来源：上图作者拍摄；下图来自 www.image.haosou.com）

图 5-24 黎平县黄岗侗寨的“井”字形禾晾及挂满谷穗的禾晾（图片来源：黎平县旅游局）

第6章

贵州侗族建筑的艺术营造

6.1　鼓楼的建造艺术

贵州侗族建筑的艺术呈现可谓是“世界建筑艺术的瑰宝”，其中鼓楼的建造艺术首当其冲。鼓楼优美的结构艺术与鼓楼的起源和功能有着密切的关联，从鼓楼的建造结构来看，主要为抬梁穿斗混合式和穿斗式两种。[1]抬梁穿斗混合式[2]鼓楼现存较少，普遍存在于厅堂式鼓楼中，虽然这种结构金柱与檐柱之间可以有很开阔的内部空间，但是不能形成较大的体量，通常为一至三层高度的四边形平面类型，屋顶一般为歇山顶或悬山顶式。穿斗式[3]是鼓楼建造结构中最为普遍的类型，由于受力情况和顶部造型的区别，又有中心柱型鼓楼、非中心柱型鼓楼之分。非中心柱型鼓楼与抬梁穿斗混合式鼓楼有一定的近似之处，平面均为四边形，“外观呈现为殿堂或楼阁”[4]形式；其中抬梁穿斗混合式鼓楼加入了一些汉族抬梁式构造方式，将檩搭建在梁上，而非中心柱型鼓楼却是将檩条直接落在柱头上，采用了侗族传统的构造方式。

相比非中心柱型鼓楼而言，中心柱型鼓楼更为常见，它是侗族穿斗式建筑构造的集中写照，反映了穿斗式结构在侗族建筑中的发展过程。中心柱型鼓楼有独柱型鼓楼与多柱型鼓楼之分。由“遮阴树”一说可以推测独柱型鼓楼应该是早期鼓楼的发展式样，整个造型仿照杉树的形态，将原始崇拜极好地体现在了鼓楼建筑造型之上。早期独柱型鼓楼结构简单，仅中心柱作为唯一的支撑点，没有任何辅助支撑，“由中心柱支承的悬臂穿枋出挑形成屋架”[5]，整体造型如伞形，这种造型受外力影响较大，很容易被外界因素所摧毁。现存独柱鼓楼便是在早期独柱鼓楼的基础上，中心柱的四周加檐柱以稳固整个建筑结构（图6-1）。位于贵州黎平县岩洞镇述洞村下寨的述洞独柱鼓楼是现如今仅存的两座独柱鼓楼之一[6]，又名现星楼，坐北朝南，最早修建于明崇祯九年（1636年），现在的鼓楼是1921年重建的，鼓楼为七层平檐四角攒尖顶、密檐式建筑结构，鼓楼中心柱位于鼓楼的中央，大小不一的穿枋与中柱交错，每一层挑檐依次递减，犹如杉树的树枝与树干一样（图6-2）。

1※ 也有将其分为井干式、穿斗式和抬梁式三种的。

2※ 抬梁穿斗混合式，是指在前后檐柱之间或金柱之间以穿枋联系，枋上立瓜柱支承三架梁或五架梁，形成脊步或上金步局部的抬梁结构，亦即上金檩、中金檩是落在梁下而不是柱头上，但金柱和檐柱的联系仍为穿斗式。参见侗族鼓楼的建构技术［J］. 蔡凌. 华中建筑，2004.03：137-141：137.

3※ 穿斗式，是以落地柱和瓜柱承檩，柱与柱之间的联结用穿枋，屋架由顶部的檩条和横纵若干道穿枋、斗枋连接成整体。参见侗族鼓楼的建构技术［J］. 蔡凌. 华中建筑，2004.03：137-141：137.

4※ 黔东南六洞地区侗寨乡土聚落建筑空间文化表达研究［D］. 赵晓梅. 清华大学博士学位毕业论文，2012：125.

5※ 侗族鼓楼的建构技术［J］. 蔡凌. 华中建筑，2004.03：137-141：138.

6※ 据资料记载，现存的独柱鼓楼是有两座，一座是贵州省黎平县岩洞镇述洞村下寨的述洞鼓楼，另外一座是广西壮族自治区三江侗族自治县独峒乡独洞村鼓楼。参见侗族鼓楼文化研究［M］. 石开忠. 北京：民族出版社，2012：36-37.

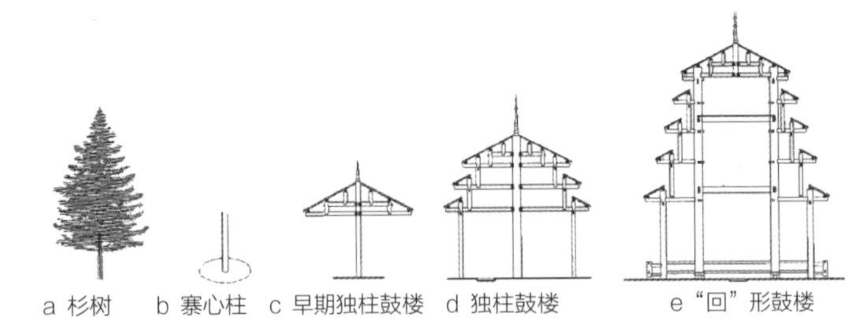

图6-1　侗族鼓楼的发展示意（资料来源：侗族鼓楼的建构技术[J]. 蔡凌. 华中建筑，2004.03：137-141：140）

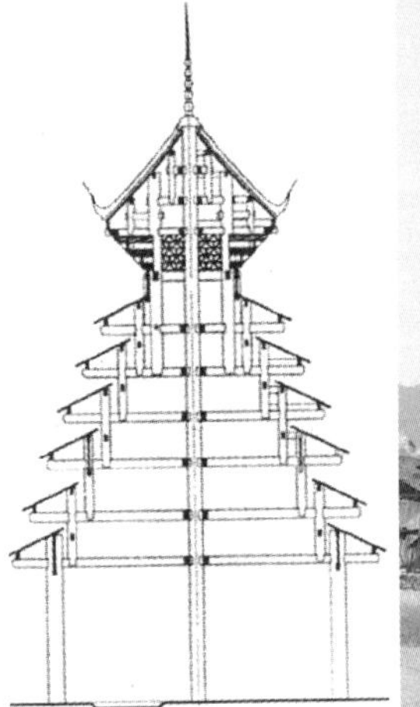

图6-2　黎平县述洞独柱鼓楼剖面和全景（图片来源：左图为侗族鼓楼建筑类型学研究[D]. 高家双. 中南林业科技大学硕士毕业论文，2011.5：60；右图由黎平县旅游局提供）

由于独柱鼓楼的高度取决于中心柱型材的长度，且因为中心柱的位置使火塘的位置靠边，空间的局限性促使新的鼓楼结构样式出现，多柱型鼓楼结构的出现解决了空间高度和内部空间内聚的效果，中心柱由独柱逐渐演变成四柱、六柱和八柱，其中以中心柱为四柱的最为常见，有专家将其称为“回形鼓楼”。多柱型鼓楼结构“在中柱与对应边柱的连线方向用穿枋联结支承瓜柱并且出挑，瓜柱再以挑檐穿枋与中柱相连，如此反复而上，中柱内的瓜柱凭对角线方向的穿枋与童心柱相连，形成一榀屋架，这榀屋架是重复使用的。同一标高的瓜柱之间，中柱之间均有穿枋与雷公柱联结。这样，在水平面上就形成了层层的箍，将各榀屋架联系起来，使整个空间结构更加稳固。”[1] 据作者调研初步统计，贵州境内多柱型鼓楼的柱网布置方式形式多变，大致有内4外8、内4外12、内4外24、内6外6、内6外12、内6

1※侗族鼓楼的建构技术[J]. 蔡凌. 华中建筑，2004.03：137-141：138.

外16、内8外8、内8外16等多种柱网布局方式（图6-3）。无论内柱是4根、6根或8根，只要檐柱（边柱）为12根及以上时，鼓楼立面外观有两种形式：其一为通体为四角四檐（图6-4）；其二是鼓楼下半部分为四角四檐，通过在穿枋上增加横梁，再在横梁上加短柱的方式，使鼓楼上半部分变换为六角六檐或八角八檐的变体形式（图6-5）。而檐柱为6或8根时，檐角从第一层至顶层均分别为六角六檐（榕江县大利鼓楼）或八角八檐（从江县增冲鼓楼）（图6-6）。

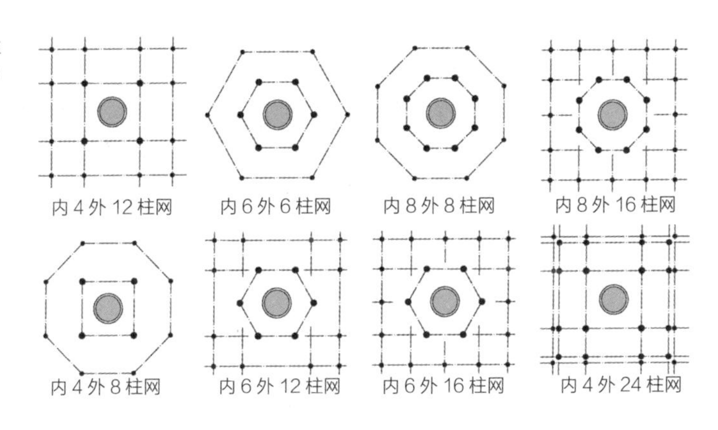

图6-3 鼓楼部分柱网示意图（图片来源：作者绘制）

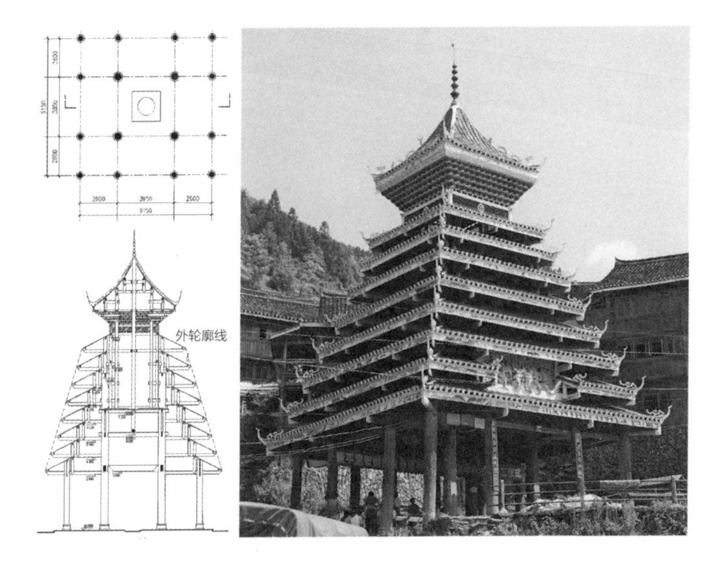

图6-4 檐柱为12柱型、通体为四角四檐鼓楼（黎平县堂安鼓楼）（平剖面来源：蔡凌. 侗族鼓楼的建构技术[J]. 华中建筑，2004.03：137-141：140；图片来源：作者拍摄）

图6-5 檐柱为12、16柱型、鼓楼下部分为四角四檐，上部分为六角六檐（从江县高增坝寨鼓楼）或八角八檐鼓楼（黎平县肇兴信团鼓楼）（图片来源：作者拍摄）

图6-6 檐柱为6柱型鼓楼（榕江县大利鼓楼）、檐柱为8柱型鼓楼（从江县增冲鼓楼）（图片来源：作者拍摄）

柱网的布局变化使鼓楼呈现着不同的视觉美感，在中心柱型鼓楼中有一座极其特殊，可谓现存的孤例，即为中柱不落地的黎平县纪堂左额鼓楼（宰告鼓楼），风水解释此鼓楼位于龙的舌尖，因此中柱不能落地。整个鼓楼由檐柱间的梁来支承，在有限的场地（4350毫米×4390毫米）“利用边柱间‘井’形相叠的梁枋将四根主承中柱抬高距地面约3米，以保证较实用完整的底层空间”[1]（图6-7）。

1※侗族鼓楼的建构技术［J］. 蔡凌. 华中建筑，2004.03：137-141：138.

中心柱型鼓楼中，不论是独柱鼓楼还是多柱型鼓楼，平面以偶数呈现，或四边，或六边，或八边，立面上则是1、3、5、7、9、11、13、15层等以奇数来建造，在卡房式鼓楼也有2层的建造形式。目前最高的鼓楼要数榕江车江21层高的三宝鼓楼，1至4层为四角四檐，5至21层变换为八角八檐的形式，从建筑外轮廓来看，呈现内凹的曲线，使整栋建筑显得更加秀丽轻盈（图6-8）。

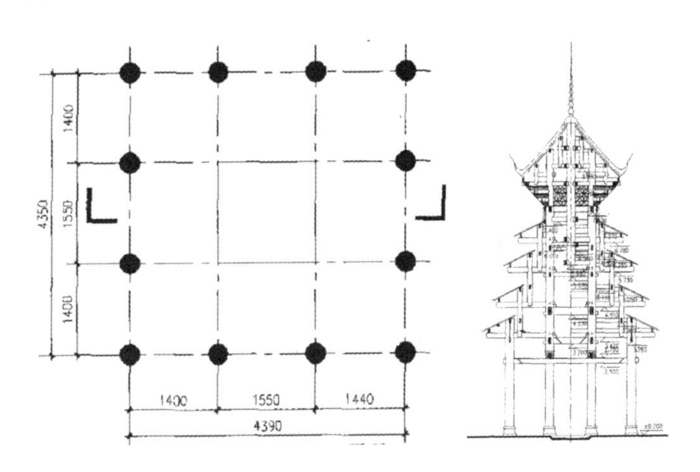

图6-7 中柱不落地鼓楼——黎平县纪堂左额鼓楼（宰告鼓楼）（平剖面来源：蔡凌. 侗族鼓楼的建构技术[J]. 华中建筑，2004.03：137-141：141）

图6-8 榕江县车江三宝鼓楼（图片来源：作者拍摄）

6.2 建筑群的景观魅力

侗族鼓楼、风雨桥、萨坛、民居、禾仓等建筑单体在聚落环境中，不是一个孤立的元素，而是聚落建筑群中的一个单元，作为侗族聚落空间中的物质要素，所有的单体建筑缺一不可，只有共同存在才成为具有标志性特征的传统侗族聚落。从地理环境而言，侗族聚落中的建筑因地制宜，利用侗族地区特殊的地形变化，依山就势形成鳞次栉比的建筑群特征，后一排的民居屋檐盖住前面房屋的屋顶，前后之间距离紧密，以不同的层次变化充分体现竖向空间上高低错落的布局变化，侗族聚落中各个建筑单体产生的氛围，汇合在一起所形成的就是建筑群所带来的特殊视觉效果。

从社会组织和宗教信仰的角度，建筑群的存在意义和存在价值是非常重要的，侗族聚族而居的建寨原则使每栋建筑紧密相连，互相依靠，连廊相通，不仅突出了侗族的人文气息，而且更加强化了建筑群存在于聚落中的场所精神。这种精神所反映的不单是建筑材料的地域性，也并非地形特征带来的起伏变化，而是深深根植于群落性特征的建筑景观当中。只有从建筑群所具有的景观魅力出发，才能真正去解读这个聚落的核心价值（图6-9）。

6.3 建筑中的雕刻艺术

贵州侗族聚落中的建筑姿态各异，有的古朴简陋，有的精美绝伦，无论是哪一种类型的建筑，在细节上都或多或少地表现出繁简不一的雕刻工艺。根据装饰需求，反映在侗族建筑构件中的雕刻工艺主要包括有圆雕、透雕和浮雕等多种形式。其雕刻物件上的装饰选型也是内容丰富、造型多变，不仅达到装饰的作用，更具有深层的精神寓意和心灵寄托。无论是功能性极强的民居建筑，还是具有仪式性意义的公共建筑，有的雕刻栩栩如生，有的则拙中有细，每一处雕刻都极好地展现了侗族雕刻艺术的精华。在装饰内容上，圆雕艺术常以金瓜、莲花、鼓楼，以及各种动物、植物等形象，对门窗、梁枋、吊瓜、柱头等建筑构件加以修饰（图6-10、图6-11）。

透雕艺术从工艺和雕刻手法上比圆雕更为细腻，通常表现在窗户、门楣、栏杆等建筑细部，以代表吉祥、平安、如意、富贵等寓意

图 6-9 黎平县堂安侗寨和肇兴侗寨的建筑群落景观图（图片来源：黎平县旅游局）

的蝙蝠、喜鹊、凤凰等动物形象，搭配各种植物造型，每一片透雕品工艺繁杂，造型优美，极具空间层次，无不显示其精湛的雕刻工艺。如三门塘刘氏住宅门楣上的动植物组合形象的透雕、高近戏楼戏台上方以及增冲鼓楼顶檐封檐板上的植物透雕等，都是侗族建筑细部雕刻工艺的代表作品（图6-12）。

浮雕艺术与透雕一样，多用于建筑立面及细部，图形多选择人物、动植物，以及生活场景，这一艺术形式在三门塘这个多元文化共存的侗族聚落中表现得尤为突出，上百年的古宅、宗祠上随处可见精美的浮雕艺术，其中古宅门板上的植物浮雕，刘氏宗祠门楣上方的巨鹰、山墙上的圆拱形假窗、山水花鸟，王氏宗祠门楣上方的二龙抢宝、八仙祝寿、哪吒闹海、山水景观、五颗大白菜等各种浮雕艺术琳琅满目，有侗族传统文化的展现，也有汉族文化和西方艺术的影响，中西融合的表现方式运用得恰到好处，其造型生动逼真，雕刻工艺极具特色，成为侗族建筑中雕刻艺术的精品（图6-13、图6-14）。

图6-10　榕江县大利侗寨四合院（左）、天柱县三门塘民居（右）建筑中以动植物形象雕饰的枋和吊瓜（图片来源：作者拍摄）

图6-11　从江县高增侗寨下寨风雨桥柱廊上以动物、鼓楼造型的雕刻艺术（图片来源：作者拍摄）

图6-12　天柱县三门塘刘氏住宅门楣上的透雕（左上）、从江县增冲鼓楼顶部封檐板上的透雕（右上）（图片来源：作者拍摄）

图 6-13 建筑构件上的植物造型浮雕和消防缸上的动物造型浮雕（图片来源：作者拍摄）

图 6-14 天柱县三门塘刘氏宗祠、王氏宗祠建筑立面上的浮雕（图片来源：作者拍摄）

6.4 建筑中的泥塑艺术

相比雕刻，泥塑在侗族建筑，特别是南部方言区建筑中更胜一筹，尤其是在仪式性建筑中的鼓楼、风雨桥、宗祠、戏楼等建筑的屋脊、檐角、檐下及门枋等部分，成为一种极具表现力的建筑装饰手法，为建筑带来更加显目的视觉冲击力。

侗族建筑中的泥塑通常以铁丝、竹木等作为骨架，骨架外捆扎草绳或麻丝，外面抹上黄泥、石灰，至晒干成胚型，再根据胚型的造型特征施以相应的彩绘，以增加泥塑形象的生动性和逼真性。在泥塑的造型选择中，也受到宗教信仰、图腾崇拜、生活场景、历史故事等文化的影响，并将这些形象进行提炼加工成形，用于建筑各部位。

侗族人崇拜鱼，认为姿态优美的鱼是祖先的恩赐，同时鱼极强的繁殖力寓意着强大的生命力，因此鱼形不仅广泛应用于侗族服饰上，在鼓楼、风雨桥、庙宇、凉亭等仪式性建筑的瓦梁檐角等处也喜爱以鱼形或鱼尾进行塑造，每一重檐的檐角均以不同的装饰手法进行造型，使得翼角更加丰富生动，仿佛一条条有着生命力的鱼在鼓楼上方自由游动；有些翼角还以其他形象加以点缀，如在翼尾处停放着一只歇息的小鸟（图6-15）。

图6-15 鼓楼上的鱼形翼角及翼角上的小鸟（图片来源：作者拍摄）

图6-16 鼓楼重檐上的人物形象泥塑（图片来源：作者拍摄）

在屋脊瓦梁上的泥塑形象千变万化，各种动物、人物形象活灵活现，在鼓楼檐角处随处可见憨态可掬的神兽，机智调皮的顽猴，奋勇拼搏的斗牛以及身着侗族服饰、形象淳朴的侗族男女等；在鼓楼顶部和风雨桥的桥脊处塑有仙鹤，大多数鼓楼最顶层重檐处也会塑有一对高大的侗族人物或侗戏人物形象（图6-16、图6-17、图6-18、图6-19）。

龙被侗族人们看作是寓意吉祥的神灵，因此在墓碑、门楣、檐顶、屋脊等处酷爱以“二龙戏珠”、“蛟龙抱柱”等龙形题材进行装饰。虽然同一

图 6–17 鼓楼重檐角上动物形象泥塑（图片来源：作者拍摄）

图 6–18 鼓楼重檐上的斗牛、顽猴泥塑（图片来源：作者拍摄）

图 6–19 风雨桥屋脊和鼓楼顶层重檐上的仙鹤、侗戏人物形象泥塑（图片来源：作者拍摄）

图 6-20 鼓楼门楣上形态各异的龙形泥塑（图片来源：作者拍摄）

题材被大量地应用于各处，但在表现艺术上却迥然不同。根据所装饰的位置，对龙形的艺术形态处理也是各具特色，有的龙形神态温婉和蔼、体态蜿蜒，有的则略显威猛、体态矫健，还有的处理则身形流畅、炯炯有神（图 6-20、图 6-21）。

图 6-21　鼓楼檐顶上形态各异的龙形泥塑（图片来源：作者拍摄）

这些建筑上的泥塑表现手法各异，或精细或概括，或写实或变形，题材内容丰富，形象生动有趣，充分地表达了侗族文化的丰富多彩、侗族生活的生态和谐，为建造艺术堪称一绝的侗族建筑上更是增色不少。

6.5 建筑中的彩绘艺术

彩绘作为建筑装饰中常用的手法之一，上至皇家建筑，下至平民居所，不同等级的彩绘方式为建筑带来了不一样的视觉盛宴。同样，在侗族地区的建筑也不乏各种题材形式的彩绘艺术，以独具匠心的表现手法呈现在鼓楼的重檐封板、梁枋、板壁，戏楼的封檐板，风雨桥的廊壁等建筑构件处。侗族建筑上的彩绘通常由当地的村民或匠人来完成，是典型的农民画画风，精美程度虽然不及皇家建筑上的细腻华丽，但画面中的形象刻画生动有趣，并以浓郁的乡土情怀来突出侗族文化的淳朴性。狭窄的封檐板上多以单体形象为主进行描绘，从山水花草、鱼虫鸟兽、器形器物、交通工具，到各类人物形象等，各种内容均成为封檐板上的绘画选题，大多数鼓楼每一层封檐板均有彩绘，每一层的绘画内容也是精心布局，不仅描绘了侗族丰富的生态人文环境，还有侗族人们的生活变迁；侗族大歌、喜迎新娘等侗族风情的小型组画也会出现在封檐板上（图 6-22）。

具有叙事性题材的侗族风情、历史故事、社会生活等内容进行创作的组画彩绘，多出现在鼓楼门楣上方的板壁、风雨桥的廊壁等处，如行歌坐夜、踩歌堂、祭萨仪式、斗牛比赛、侗寨面貌等题材的表现最为丰富，画面构图讲究，空间层次分明，形象描绘生动有趣，将侗族淳朴、惬意的人文环境等描绘得淋漓尽致，一幅幅生动逼真的彩绘艺术仿佛将你带进了侗族的生活环境当中（图 6-23、图 6-24、图 6-25）。此外，侗族文化由于受到其他民族，特别是汉族文化的影响，因此一些流传在侗族地区的汉族文学作品，如《西游记》《水浒传》《杨家将》等也成为建筑中的彩绘题材（图 6-26）。

侗族建筑的艺术表现形式丰富多彩，建筑建造本身是一件艺术品，通过泥塑、雕刻、彩绘等多种艺术形式的点缀，结合侗族本土的风土人情，将侗族建筑及绘画的张力表露得酣畅淋漓，同时也将建筑艺术的美学价值发挥到了极致。

图 6-22 鼓楼封檐板上的彩绘（图片来源：作者拍摄）

图6-23　梁枋上的“行歌坐夜”、“踩歌堂”彩绘（图片来源：作者拍摄）

图6-24 梁枋上的“祭祀萨玛”、“斗牛大会”彩绘（图片来源：作者拍摄）

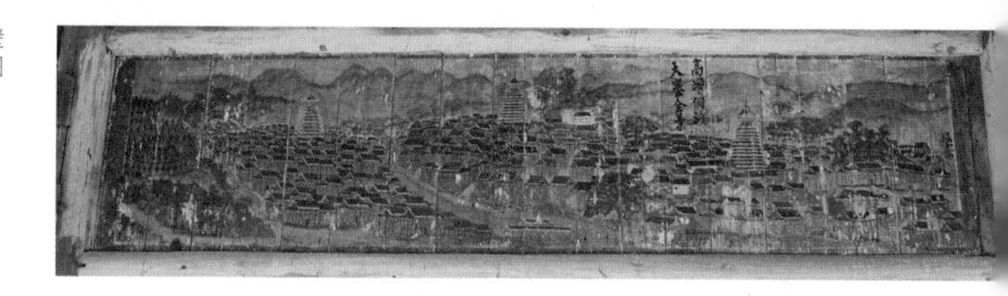

图6-25 风雨桥楼壁上的侗寨风景画（图片来源：作者拍摄）

图6-26 风雨桥楼壁上各种题材的彩绘（图片来源：作者拍摄）

6.6 贵州侗族建筑艺术营造的核心人物——墨师

侗族建筑被看作是“没有建筑师的建筑”，或者说是众多非正统建筑的其中之一。这一说法在《没有建筑师的建筑》一书出版后也备受争议，侗族建筑是否真的没有建筑设计师吗？通过对侗族建筑的实地调研，作者的答案是“侗族建筑是有建筑师的！”中国古代的建筑师是由木工来担任，其中掌墨的师傅是木工中最重要的职位，也即是掌控“绳墨”这一重要工具的人，又称为“掌墨师”。

传统侗族聚落中的建筑几乎都为木质结构，因此侗族聚落中对于专门从事木结构建筑建造的师傅统称为木匠，侗族称为“桑美”(sangh meix)。在木匠行业里又有一定的区分，按照营建技术的掌控能力可分为“半木匠”、“木匠”，以及“掌墨师”三类，其中“半木匠”级别最低，这一类别因为从小生活在聚落中，从能走能跑就开始受到各种建筑建造技术的渲染，从而掌握一些简单的建造技术，能对现有建筑进行简单的修补，但无法成为他们谋生的手段，主要还是从事农业生产；相对“半木匠”而言，“木匠”们所掌握的技术较为娴熟，并能在农闲时节在寨内或周边村寨从事一些结构相对简单的建筑物，比如民居、禾仓、凉亭等的建造，以此作为一种谋生的方式，主要作为墨师的协助者；侗族聚落中营建技术最高的当属“掌墨师”，这其中又有一定的行业区别，不是所有的掌墨师都能建造鼓楼、风雨桥这类结构复杂的建筑，一般的掌墨师主要针对民居等结构相对简单的建筑，而能从事建造复杂结构建筑物的掌墨师，他们不仅需要对柱、瓜、枋等构件的下料尺寸了如指掌，而且还必须具有更高的营建技术、实践经验，以及通晓整个营建过程中各种仪式、规范和禁忌。

侗族建筑的修建从始至终最离不开的便是墨师，他们从基地选择与处理、建筑规模的确定、整体构架的设计、下墨，以及起工动土、立柱安梁等过程中所举行的祭祀仪式，均有墨师在场。其中下墨是整个建造过程中最重要的，这也是墨师技艺的发挥和表现，只有通过对每个构件的大小尺度、内部空间结构，以及梁柱等构件榫眼的宽窄深浅等精确的把握，才能形成既节约材料，又坚实稳固、造型美观的各类建筑。据《黎平县志》记载，黎平县罗里乡沟溪村的杨昌会，数十年来掌墨建造的上百栋房屋和多座桥梁，一眼一榫，毫无差池，被誉为“黎平县民族民间工匠艺人”。

侗族建筑没有图纸，建房过程中仅凭墨师们自己发明的一种记录符号进行辨别，且每一个墨师的文字符号也不尽相同，只有墨师和他的徒弟能够识别，人们把这种墨师使用的建筑符号称为“墨师文”，这些文字符号通常用于墨师们使用的竹丈尺，或建筑构件的楼柱、梁枋等处。据《黎平县志》统计，每一个墨师的“墨师文”约有30～50个不等，其中黎平县肇兴乡纪堂村的墨师陆文礼所使用的墨师文为41个（图6-27）。

精美绝伦的侗族建筑没有图集可参阅，历史悠久的侗族建筑沿袭至今，其建造技艺也完全靠言传身教，师傅带徒弟、子承父业成为侗族建筑得以传承的方式。在这种关系中，师徒间也有不可逾越的禁忌，如师傅还未去世，其徒弟不能独立出来，更不允许接收徒弟。在学习过程中，也并非每一个学徒都能成为掌墨师，师傅或长辈通常对于有着优秀技艺潜力的徒弟或子孙加以引导，作为掌墨师的培养对象；其次，学徒要想成为掌墨师还必须靠天赋和勤奋，这也是掌墨师备受礼遇的主要原因。

贵州侗族地区的掌墨师多出自黎平县境内，他们除了在黎平县内各聚落修建了大量的建筑，从江、榕江，甚至是省外的一些建筑也由他们掌墨修建，有关学者将鼓楼掌墨师所传承的技术分为“加柱变换立面”、“加格子柱保持立面”、“中柱不落地、不变化立面”三大支系来说明其鼓楼墨师的传承发展情况（表6-1）。

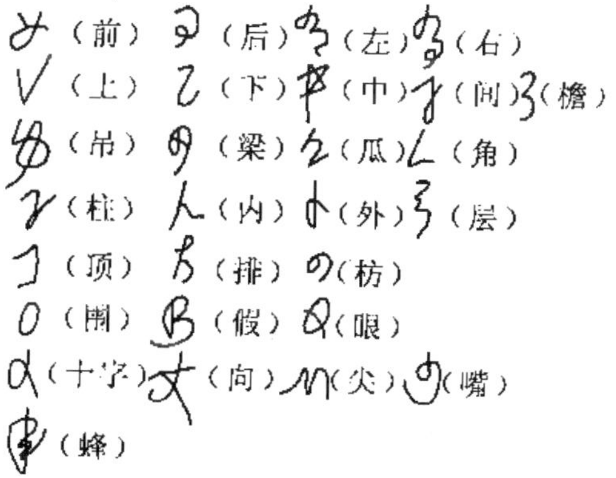

（前）（后）（左）（右）
（上）（下）（中）（间）（檐）
（吊）（梁）（瓜）（角）
（柱）（内）（外）（层）
（顶）（排）（枋）
（闱）（假）（眼）
（十字）（向）（尖）（嘴）
（蜂）

图6-27　己塘墨师陆文礼所使用的部分墨师文（资料来源：黎平县地方志编纂委员会. .黎平县志（1985-2005）[M]. 贵阳：贵州人民出版社，2009：1002.）

黎平掌墨师技术传承支系表[1] 表6-1

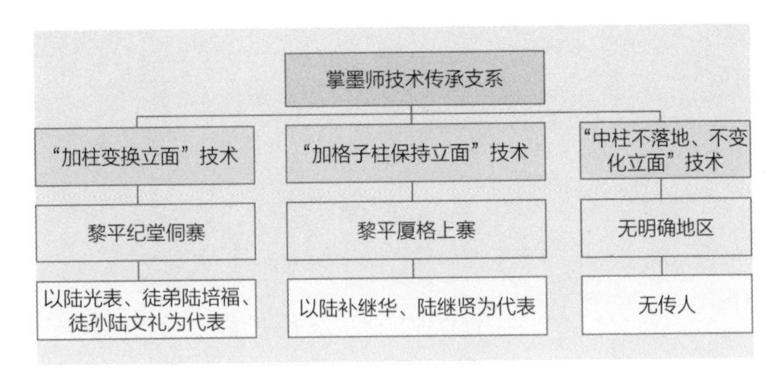

在众多掌墨师中，陆培福及徒弟陆文礼作为“加柱变换立面”技术的传承人，修建了许多精美的鼓楼。师父陆培福从20世纪60年代就开始在本地和外乡建造鼓楼，共掌墨修建了十多座鼓楼。他所修建的鼓楼均为密檐式，每一座鼓楼建筑形制、造型丰富，在平立面上有四边四角、六边六角、八边八角等多种鼓楼样式，他所掌墨修建的第一座鼓楼——纪堂上寨鼓楼更是精品之作，平面为四边形的基座上，在立面上的变化令人惊叹，从四角四檐变成八角八檐，到了顶层又变回四角四檐的攒尖顶式鼓楼。在如此高超技艺师父训导下的陆文礼，同样也掌墨建造了许多鼓楼、风雨桥建筑精品，有着丰富的鼓楼建造经验；更重要的是，他在实践经验基础上，学会了绘制鼓楼建造施工图纸，在他的培养下，其徒弟们也能设计制图、掌墨施工，这不仅改变了侗族建筑物图纸的历史，而且对侗族文化、特别是侗族鼓楼建筑文化的传承起到了极大的推动力和积极作用。现如今图纸与模型较为普遍地运用于侗族建筑建造过程当中，依据图纸进行施工的方式也改变了传统的建造模式，这为传承与发扬侗族建筑文化奠定了良好的基础（图6-28）。

1※ 根据侗族聚居区的传统村落与建筑［M］. 蔡凌. 北京：中国建筑工业出版社，2007：187-188；黔东南六洞地区侗寨乡土聚落建筑空间文化表达研究［D］. 赵晓梅. 清华大学博士学位论文，2012：76. 中的文字整理制表。

图 6-28 己塘墨师陆德怀绘制的邦洞尚贤楼（图片来源：赵晓梅. 黔东南六洞地区侗寨乡土聚落建筑空间文化表达研究［D］. 清华大学博士学位论文，2012：77）

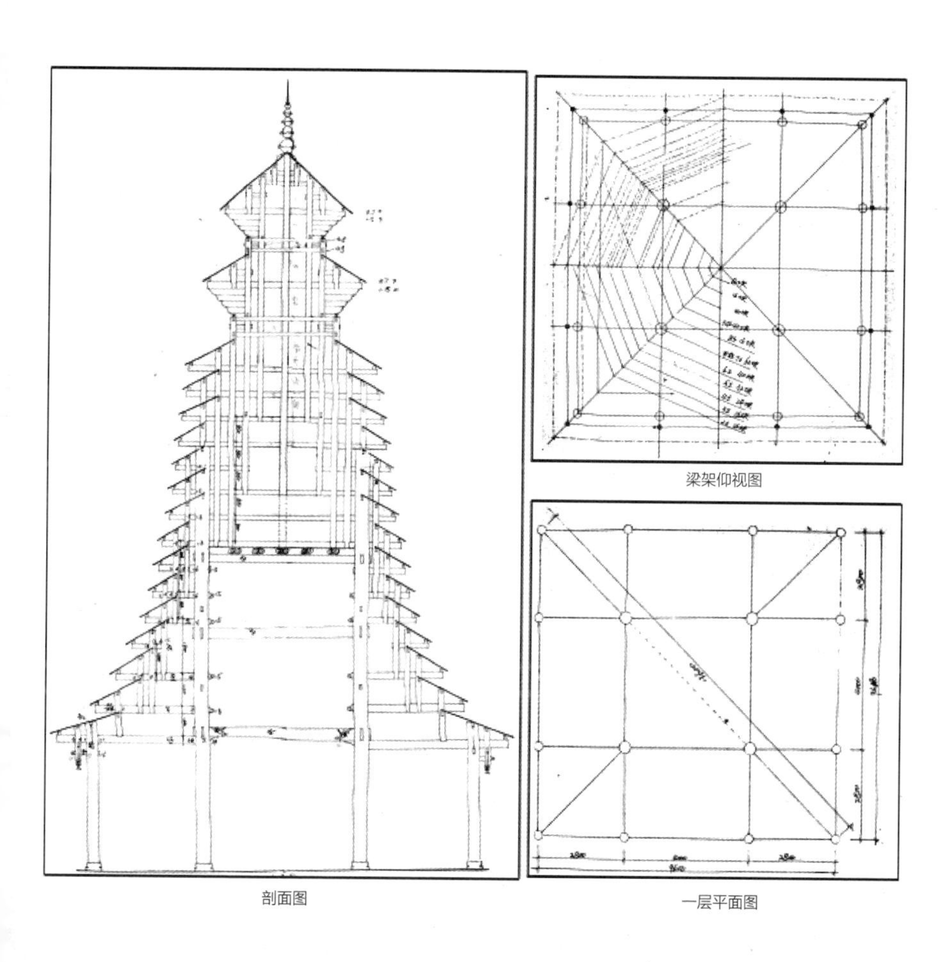

第7章 贵州侗族聚落和建筑文化变迁

侗族聚落文化随着时间的推移、社会的发展而发生着不同程度的变化，这些文化的变迁是时代发展的必然结果，正如文化人类学家所认为的“每一种文化，都处于一种恒常的变迁之中”[1]。侗族文化遇到外来文化冲击时会促进自我更新，并将外来文化与本土文化糅合，从而削弱侗族的传统文化，最终导致聚落生态环境、聚落形态及空间结构等方面的变迁。

1※变迁与再地方化：广西三江独峒侗族“团寨”文化模式解析［M］. 张泽忠等北京：民族出版社，2008.5：196.

7.1 人口及生产方式的变迁

1953 年中华人民共和国成立后的第一次人口普查所统计贵州侗族人口仅为 439369 人，到 2010 年第六次全国人口普查，全国侗族人口总计 2879974 人，其中贵州省侗族人口增长到 1431928 人，1953 年到 2010 年这 57 年间，增长 225.9%，年平均增长达到 3.96%。人口的增长是聚落形态变化的因素之一，特别是相对靠近城镇的聚落更为明显，比如榕江县车江三宝侗寨的前任村支书杨昌海描述到：

"村寨内原来有大大小小的水塘，200 多年来从未发生过火灾。由于人口增长，便将这些用于防火用的水塘填平修建了住房。"

聚落内部空间结构的变化，防火水塘的消失，聚落空间和建筑结构也随之发生了改变，木结构的传统民居逐渐被砖混结构的房屋所代替，为了响应政府号召的民族文化旅游发展，当地人们便给建筑"穿衣戴帽"，以传统与现代混合交叉的模式形成新的建筑样式。

人口增长所带来的聚落变化是文化变迁的体现，也是研究聚落形态及空间结构的因素之一。中华人民共和国成立后的 60 多年间一直保持在 160 户以内，人口呈零增长的占里侗寨，其起源发展的说法之一便是因为人口数量的增长而不断寻找新的生活空间，在认识到人口增多所带来的危机之后形成对人口的控制，很好地解决了聚落的生存与发展，并成为典型的生态和谐的侗族聚落形态。

侗族人口数量的不断增长，城乡人口比例的变化，必然会产生产业结构的变化。传统的侗族社会以农耕文化为主，辅以林业和渔业，所得产品基本满足家庭所需，典型的自给自足的自然经济状态。我国从 1952 年开始划分农业人口和非农业人口，改革开放以后，随着城市化进程不断加快，城乡构成的比例发生着变化，城市人口不断增多，农村人口比例呈下降趋势，城市与农村户口的比例调整在侗族地区也无例外。1990 年第四次全国人口普查时，侗族的城市人口为 8.41%，乡村人口为 91.59%；到 2000 年第五次全国人口普查时，城市人口为 17.90%，乡村人口为 82.10%，乡村人口下降了 9.49 个百分点。[1] "至 2009 年底，作为侗族主要聚居区的黔、湘、桂三省区城镇化率已超过 35%，并以 1%-2% 的年增幅继续快速城镇化。"[2] 而在产业结构上，侗族地区的农牧林渔业虽然是主要产业并占有主导地位，但也有一定的调整。1982 年第三次

1※ 侗族地区的社会变迁 [M]. 姚丽娟、石开忠. 北京：中央民族大学出版社，2005.8：154.
2※ 城镇化背景下侗族乡土聚落的保护与发展策略 [J]. 蔡凌等. 城市问题，2012.3：30-34：30.

全国人口普查时，农牧林渔业人口占了93.40%，1990年第四次全国人口普查时农牧林渔业人口为90.37%，到2000年第五次全国人口普查时下降到81.67%。[1]一个以农牧林渔业为主的侗族社会，城乡人口结构的变化最直接的关联便是土地所有权的归属问题，经过土地改革，耕田分配至各家各户，农业户口可以拥有土地所有权并继续从事农耕，每家每户所得的耕地有限，人口增长必然会导致人均耕地面积的大大减少。以榕江县为例，从1949年可达到人均耕地1.29亩，发展到1995年人均耕地仅为0.63亩。[2]原来传统的经济模式不能满足人们的需求，在农业生产技术中也不断进取，大胆改革耕作技术，在农作物种植上以更适宜的品种取代收益不好的作物，通过种植其他经济作物来增加改善经济收入，如榕江县寨章村小寨就通过大面积种植西瓜和荸荠这些新的农作物，从而改变了耕作模式，调整产业结构。

除了农业的调整，在林业、畜牧业、渔业、手工业等其他产业结构上也做出了相应的变化，比如贵州天柱县三门塘曾是以放排和木材交易为生的聚落，现如今却以年轻人外出打工为主要经济来源。林业虽然以“退耕还林”、“封山育林”等手段增加了林地面积，但大量的消耗致使林业生产难以满足需求。同时，由于农耕技术的提高，机械化的生产方式逐步使耕作牲畜的需求减少，加上生活水平的提升，家畜饲养业逐渐减少，传统养殖业也转向新的养殖模式。织绣、侗布，以及服装的制作等传统手工艺逐渐衰落，当地除了部分老人平日里会身着手工制作的传统服饰外，只有在盛大节日才会身着侗族传统服饰，平日都是现代服装为主。传统手工艺由原来自产自用也逐渐走进了市场，变成旅游商品进行销售以增加家庭收入。

外出打工在20世纪90年代逐渐成为侗族人们的重要经济来源，成为村寨经济转型及改变生活质量的主要方式，并日益在侗族经济结构中占据了主导位置。如从江县伦洞村，全村约600人，大概有20%的人长期在外打工，有80%的作短期工（这一类型主要是农闲时出去打工），这改变了因为外出打工而导致田地荒废或管理不善、农业生产收入下降的现象。从江县统计局的数据显示，2007年农村住户人均年收入为2081.61元，其中457.81元来自外出打工收入。[3]尽管打工所得的收入仅占总收入的22%左右，但这是教育、房屋修缮等日常生活的主要经济支柱。

在商业产业结构方面，因地区差异其商业发展而有所不同，如地处交通要道，又为政府所在地，且旅游服务业发展较好的肇兴

1※ 相关数据参考侗族地区的社会变迁［M］. 姚丽娟、石开忠. 北京：中央民族大学出版社，2005.8：155-156.
2※ 相关数据参考榕江县志［M］. 贵州省榕江县地方志编纂委员会. 贵阳：贵州人民出版社，1999.10：43-44.
3※ 相关数据来自《从江统计局领导干部手册》（内部资料）第58页。

侗寨，其商业的发展速度迅速，临街沿河到处布满了各种类型的商铺、旅店，当地人们在旅游服务业的带动下以个体商业为主要经济来源。当然，有些侗族聚落虽然受到外界的关注，并带来了不少旅游的商机，但其商业发展仍然较弱，很好地保留了原生态的聚落形态，如黎平县的堂安侗寨、从江县的增冲侗寨、榕江县的大利侗寨等。

7.2　习俗及生活方式的变迁

传统农业为主的侗族社会遵循着自然规律，农忙时节，侗族人们几乎都在田间地里度过，过着日出而作、日落而息的农耕生活，从九龙寨农事月历对比便可了解侗族日常生活劳作的差异（表 7-1）：男耕女织是侗族传统的社会分工，男性主要从事一些体力较重的农活，女的则以纺纱织布、种棉种蓝靛、养猪、挑水、带小孩等繁杂的家务为主；随着社会的发展，家庭分工也发生了变化，男人外出打工的家庭，原由男性完成的农活，如割牛草、砍柴，要么雇人来做，要么由女性来完成。现代服饰替代传统民族服饰、碾米机替代了舂米、自来水替代了担水等现代生活方式的出现，大大减轻了女性的负担。20 世纪 80 年代以前，侗族人们的衣着主要靠自织自染的侗布制作而成，20 世纪 90 年代以来只有 60 岁以上的老人身着侗布衣物，大部分侗族人们平日都是身着现代服装，即便是节日也只是外面穿着传统盛装，里面还是现代衣物。农作物品种种植方面，中华人民共和国成立前的侗族以糯稻种植为主，中华人民共和国成立后“糯改籼”的农业结构调整，大量种植籼稻以提高产量；侗族传统饮食主要是糯稻为主，随着市场经济的发展，除了籼稻成为人们的日常主食之外，蔬菜种类的增加不仅改善了自家餐桌传统的“糯稻饭加腌鱼”的食物结构，还可销售以改变人们的生活质量。

九龙寨现代与传统农事月历差异表　表 7-1

月份	现代主要生产活动		传统主要生产活动	
	男	女	男	女
正月	元宵后开始挑粪	元宵后开始挑粪、织布、种洋芋	元宵后砍柴	纺纱
二月	挑粪、犁田、整田埂、修沟、育烟苗	挑粪、织布、种玉米、种豆	耙秧田	织布

续表

月份	现代主要生产活动		传统主要生产活动	
	男	女	男	女
三月	犁田、耙秧田、下秧种、繁殖种鱼	种花生、地瓜、辣椒	采秧青、耙田	织布
四月	割绿肥、耙田、栽秧、种红薯	收油菜、挖洋芋、栽秧	采秧青	种棉、薅棉、采秧青
五月	田间管理、薅秧	薅秧、栽红薯	栽秧	栽秧
六月	割田埂、看田水	砍柴、薅秧、收玉米		
七月	割田埂、放水晒田	薅地、锄草、砍柴、割蓝靛	割田埂	染布
八月	秋收、吃烧鱼	秋收、染布、吃烧鱼	割田埂	收棉、染布
九月	秋收、堆稻草、犁田、种油菜	秋收、育菜苗、晒谷、染布	摘糯禾	摘糯禾
十月	建房、烧炭	挖红薯、薅油菜、染布	摘糯禾	摘糯禾、扎棉、纺纱
冬月	砍柴、挑草	薅油菜	捕鸟	纺纱
腊月	砍柴、烧炭、护林	备年料、缝新衣	捕鸟	纺纱

（资料来源：刘锋、龙耀宏. 侗寨：贵州黎平县九龙村调查[M]. 昆明：云南大学出版社，2004：88）

社会经济的日益改善，许多封闭的侗族地区也逐渐转变了自给自足的生活状态，修建公路、电网进村等一系列发展改变了人们的生活方式、文化习俗以及思想观念，年轻人纷纷外出打工，使得家庭经济状态得到改善，生活水平得以提高的同时，还带回来外界的讯息。网络、电视、电话等现代传媒的出现，更拓宽了侗族人们对现代文明信息的获取方式。以贵州黎平县永从乡的九龙村为例，1949年以前的九龙村人通过步行到广西富禄，用山货或大米换食盐，1971年修建了九龙到长春堡的公路，改变了人们与外界的沟通，1998年农村电网进村之后具有现代化标志的彩电、冰箱等日用电器的进入，一步步地改变着这个侗族聚落文化。再如黎平县茅贡乡高近侗寨，1995年全寨100多户人凑钱买了一台电视安装在鼓楼里，不仅丰富了鼓楼传统的文化属性，也为村民们带来了新的讯息。

打工浪潮的兴起虽然或多或少地改善了当地人们的生活水平，但也相应地改变了侗族一些传统的风俗习惯，侗族一些传统节日、传统社交活动也因年轻人外出而逐渐削弱，作者在 2013 年 8 月去榕江县晚寨调研时，正好赶上当地每年热闹的“吃新节”，以往这样的节日除了走亲串戚之外，还会举行盛大的斗牛、斗鸡、踩堂对歌等活动，可近几年都因为年轻人外出打工无法组织这样的活动。同样的情况在黎平县九龙村也一样，20 世纪 80 年代九龙村的“月也”活动还相当盛行，随着打工的影响，“当地以年轻人为主角的‘月也竿棉’、‘月也国刀’等，由于年轻人失去兴趣与热情和外出打工者增多，这些活动如今已不再开展”。[1]

随着交通、经济、科技和文化的发展，人们的生活方式和思想观念也随着发生改变，鼓楼里的行歌坐夜和随处可听到的琵琶歌声逐渐被现代音乐元素所代替，侗族“饭养身、歌养心”、“以歌为媒”的一些传统文化现象逐渐消弭。新的市场经济驱动下，旅游业的兴起将原来只在特定节日里举办的盛大活动演绎成了纯粹的表演模式，农闲时节青年男女的行歌坐月变成了为旅游观光者而准备的节目。现代传媒和娱乐方式改变了传统侗族人们的生活方式，以前的侗族人们经过一天劳累，晚饭后 21~23 点正是男人走村串寨或到鼓楼下摆龙门阵的闲暇时间，妇女多在家照看小孩和纺纱织布，如今这个时间却是在家看电视、看影碟。无论是白天还是晚上，鼓楼、风雨桥乘凉聊天玩耍的多为年长的老者，或是年幼的小孩。

《姜良姜美》古歌透露了侗族曾经有过兄妹结婚的先例，侗族史诗《破姓开亲》又反映出了侗族先民由族外婚转为族内婚的过程，实行侗族寨内同姓不婚、氏族外婚的婚姻习俗。其中为了增进亲属之间的关系，“姑舅表优先婚”在民国以前具有显著要素，至 20 世纪 60 年代仍占有主体地位，随着经济、语言、习俗多方面的影响，特别是 20 世纪 80 年代以来这种“姑舅表优先婚”的比例逐渐缩小，与其他村寨、氏族的通婚比例增大，还有一定比例与其他民族通婚。如贵州省从江县信地乡高传侗寨的 35 对夫妻中，有 20 对是村内结婚的，占了 57.2%，与外寨结婚的 15 对，占 42.8%。[2] 传统婚俗逐渐淡化，一方面源于当地年轻男女更倾向自由恋爱、以感情为基础的婚姻关系，另一方面也是中华人们共和国成立后所颁布的《婚姻法》所宣传的近亲结婚生育不良后代的科学结论有关。在“姑舅表优先婚”逐渐淡出的情形下，婚姻习俗也慢慢发生着改变，从而形成自由恋爱达成婚约成为侗族婚姻的主要方式，曾经

1※ 侗族：贵州黎平九龙村调查［M］. 刘锋、龙耀宏. 昆明：云南大学出版社，2004：103.
2※ 侗族地区的社会变迁［M］. 姚丽娟、石开忠. 北京：中央民族大学出版社，2005.8：97.

的“行歌坐夜”（也有称作“走姑娘”、“做姑娘”等）恋爱方式也逐渐由现代生活交往方式所替代，现代的生活方式使侗族人们在婚姻习俗的思想和观念上快速地适应环境和时代发展。

在现代生活模式的涵化下，侗族传统的生活方式和习俗受到一定的影响。以往农闲时节的各种社交活动，如今却很难经常开展了，以前张口就能唱的侗歌是母教女这样代代相传，两三岁的小孩张口便能唱侗歌，如今的小孩从小要上学学习新知识，成绩好的以考上大学为目标，成绩不好的便在十四五岁便开始外出打工，传统侗族文化无意识地流失了。现在虽然提出保护和传承传统文化的号召，并发展学校教授侗语、侗歌，但相比原来家庭传授的方式，传承的力度和广度仍然不足，以至于原本属于全村全寨共有的文化记忆，如今只有极少数人能得以传承。

每村每寨或多或少都受到过火灾的影响，严重的甚至导致全寨覆没。各种原因导致的自然灾害因素致使侗族聚落的生活方式不断改变，原来的侗民起居生活均在二楼，火塘也设置在二楼，为了尽量避免火情，人们将火塘搬至原来用于牲畜饲养的一楼，减少火灾的可能；相应的饲养牲畜的地方便改迁到另起的小棚里面，同时也使居住环境更加卫生。侗族人们除了更改火塘的位置，在房屋材料上的改变更为明显，以前全木结构的房屋，因为能用于建房的木材产量减少，加上防火不足等因素，在政府无强制要求下的侗族聚落便使用砖木或全砖的建筑逐渐代替了原有的建筑风貌。

侗族生活习俗的变迁是必然的，生活在这里的人们不断受到外部环境的熏陶和吸引，潜移默化中，传统的生活方式已经不能满足人们的生活需求，城里人向往乡村生活，而生活在乡村的人们更加向往都市化的生活方式，从而形成一种复杂的文化现象。

7.3 社会组织结构的变迁

“社会组织结构，是人们在相互交往中形成的一种关系网络，这种关系网络的形式取决于经济发展的水平和生产生活的方式。它同政治制度、法律制度、思想意识等也有极为密切的联系。”[1] 传统侗族的社会组织结构是一种自发组合、自我管理的社会结构，主要由家庭、房族、村寨、小款和大款构筑而成。一个家庭一般以父亲为

1※ 没有国王的王国——侗款研究［M］. 邓敏文、吴浩. 北京：中国社会科学出版社，1995.1：25.

家长掌管家庭的全部家政，一个房族由族长负责处理族中内外事物（也称为“兜老”或“宁老”），一个村寨则由自然形成的“寨老”负责调解村民纠纷，维护村寨社会治安，执行村民自拟的条例规约，以及组织安排各种活动等等。如村寨出现特别重大的案件，甚至牵连到村寨与村寨之间的纠纷，寨老们已无法解决时，就村寨联合的“款”组织来解决。整个传统侗族社会反映的是一种自下而上的组织体系，宁老、寨老、款首都没有特殊的权利，以乡规民约来约束着村民的一言一行，以款规款约来维护侗族聚落的安定团结。中华人民共和国成立以后，侗族地区按照全国统一的行政分级体系被划分成不同的行政区划，一个或数个自然寨形成行政村，乡或镇管辖着各个行政村，各村所有的行政事务均有村委进行管理，传统的“族自为治”的侗款方式逐渐淡出了历史舞台，传统的法律制度逐渐被新的法制所代替，村主任、村委书记等干部在某种意义上取代了寨老、款首的角色。

20 世纪 70 年代末 80 年代初，侗族地区各个村寨普遍订立了一些带有地方自治性质的“村规民约”[1]。将有关“防火公约”“禁放耕牛公约”“封山育林公约”等规约内容用汉文书写在木牌上置于侗族聚落的鼓楼、寨门、路口等处。到 20 世纪 80 年代中期，出现的偷盗、赌博、乱砍滥伐、山界林权纠纷等社会治安不良现象，一些边远地区的侗族便又发起了“村自为治”、“乡自为治”等方式，以使侗族聚落的社会治安秩序更为稳定和谐。村规民约在乡村干部、寨老等共同协商下制定而成，与法律并不相违背，而是适应时代发展的一种新的习惯法。寨老作为民间组织也仍然发挥着作用，有些村寨事务村干部仍需要与寨老相互协商，甚至遇到有些事件时，群众更愿意听从寨老的规劝而得以解决问题，寨老延续着原有的社会职能。虽然侗族传统的社会组织形式受到社会发展的影响而改变，但它作为上层建筑的文化现象并没有完全消失，并以不同的方式继续影响着侗族人们的生活、思想和行为。

从“没有国王的王国”发展到以统一律法管束的社区，侗族聚落文化的变迁在经济发展的同时，不再满足自给自足的生态状态，一方面现代化的生活方式对侗族人们及侗族聚落环境产生了涵化；而另一方面，侗族聚落文化虽然受到一定的冲击（如物质文化方面）而改变，但精神文化（如萨玛节、不落夫家等）的延续和传承并没有因此断根，仍然保留着传统侗族的遗风。

1※“村规民约”主要由乡村干部、寨老、族长、离退休回乡干部等协商提出并征求当地群众意见之后制定而成，具有较广泛的民主性和鲜明的地方自治性，有禁有则，有奖有惩，有宽有严，户户应该知道，人人必须遵守。参见侗族地区的社会变迁［M］. 姚丽娟、石开忠. 北京：中央民族大学出版社，2005.8：89.

第8章 四种不同文化现象的侗族聚落和建筑

人作为聚落和建筑生成过程中的主体，以及从古至今传承下来的信仰体系、社会制度、生活方式等多种文化的集合，才形成了如今独特的空间格局。“聚落作为有特征的领域或独立的场所而存在的主要原因在于它的时间性”[1]，这种聚落格局的形成并非一朝一夕，而是由世世代代的经验总结而成，有着时间的沉淀和积累。侗族先民将建寨的经验一代代地传承下来，以集体的智慧体现在侗族聚落和建筑的发展过程中，在自发的状况下逐步形成，聚落与环境、建筑与生活之间通过时间的沉淀逐步适应和磨合，聚落和建筑形态与生活、聚落环境与自然环境融合在一起，侗族聚落和建筑空间结构的形成尊重自然肌理，并与周边环境相协调。

“……梧州地方田坝大，音州地方江河长。可惜真可惜，天地都在高坎上，引水不进田，河水空流淌。茫茫大地棉不好，宽宽田坝禾不旺……翻过一岭又一岭，翻过一山又一山，来到顺惯寨上，来到贯洞地方。贯洞好地方，贯洞好田塘，男女老少都高兴，上山砍树建楼房。堂居、堂为住低岭，金汉、银宜住溪旁。儿孙们分居各寨，儿孙们分管各山。各山各种各收，村村寨寨兴旺……”[2]

《祖源歌》描述了侗族祖先将聚落环境与自然环境有机地结合起来，形成自然发展式的聚落场所，这一场所并非刻意地人为规划快速建成，而是先辈不断地尝试得以形成并代代相传。在开发营建聚落的过程中，将聚落基地的地形、地势、水源、植被等自然条件与使用者需求协同起来，形成顺应自然生长的有机模式。侗族聚落在其迁徙发展的过程中逐步壮大和繁荣，由此聚落空间的演变呈现不断地生长和变化。

在社会发展的驱动下，聚落和建筑文化也会随之变迁。聚落自然生长的原生状态在信息化、现代化、工业化，以及原有的农业化“四化同步”的基础上，根据文化涵化程度的不同，出现了不同的文化现象，本章节将其划分为传统文化相对稳定型、传统文化相对不稳定型、早期文化交融型、文化毁灭与新建四种类型。通过对这四种类型的分析比较，挖掘侗族聚落和建筑文化中的历史记忆、地域特色及民族风貌等核心内容。

1※ 世界聚落的教示 100［M］.（日）原广司. 于天伟、马千单译. 北京：中国建筑工业出版社. 2003：82

2※ 侗族口传经典［M］. 傅安辉. 北京：民族出版社，2012.5：31-33.

8.1 传统文化相对稳定型的贵州侗族聚落和建筑

8.1.1 原生态留存的贵州榕江县大利侗寨

在现代文明深入渗透和影响之下，贵州侗族地区仍然保留有原生形态和空间特征的聚落，榕江县栽麻乡的大利侗寨当属其中。作者调研时乘坐榕江至黎平九潮的班车，在半路下车后，需搭乘寨内居民外出进货的面包车才能到达，否则只有徒步至此了，这从一定程度上反映了大利侗寨与外界的联系存在有一定的局限性。虽然2005年开通的公路进一步改善了聚落与外界的信息交流，但连接外界的道路到了寨头便终止，因此也较好地保护了侗族聚落原有的风貌特征，并成为原生态侗寨得以保留的主要因素。由此说明在影响侗族聚落文化特质自然生长的因素中，连接外界的道路交通扮演着至关重要的角色（图8-1）。

图8-1 通村公路与聚落的关系示意图（图片来源：作者绘制）

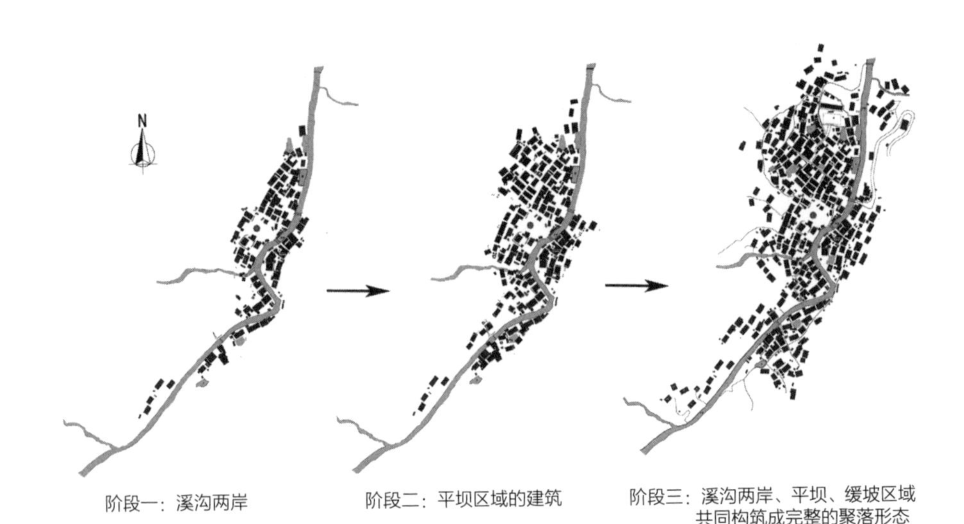

图 8-2 大利侗寨发展示意图（图片来源：作者绘制）

大利侗寨，又称大利洞，位于榕江县城东北面，距县城 25 公里。聚落共有 252 户，1189 人，皆为侗族。[1] 有资料记载大利侗寨自元代由黎平搬迁至此（已有 700 多年的历史），也有资料记载大利侗寨始建于明末清初（具体始建年代无法查证）。大利侗寨坐落在一狭长的山谷坝子上，在几百年的建寨历史中，上百年的古屋留存，四周青山环抱，斑竹成片，原始森林植被茂盛，枫香树、楠木树、红豆杉等几百年历史的古木林立，层层梯田与天连接，清澈的子河水由西南向东北弯弯曲曲地从寨中穿过，汇入栽麻河，形成明确的中轴线，将聚落分隔成两部分，四条古道连接着寨内各物质环境，也连接着寨内人们的精神环境。

大利侗寨遵循着自然生长的发展规律，并根据需求逐渐扩张聚落区域和边界范围。聚落依据地势变化分为溪沟两岸、平坝和坡脚三个区域，按照侗族选址建寨的原则及建筑年代，首先修建的建筑是以溪沟两岸为主，四合院木楼、连廊式长房、吊脚木楼，以及溪沟上方横卧的风雨桥（又称花桥）共同构成了内容丰富、形式多样的早期聚落形态和空间结构，这一部分也是大利侗寨最为精华的内容；当溪沟两岸已不能满足人们的居住需求时，聚落便开始往平坝区域扩张，这一区域的建筑大都在民国末年到中华人民共和国成立后建造的，建筑形式遵循传统结构，从原来的廊式长房演变成独立建造一家一户的模式，青阶石板和卵石路面的道路贯穿其中，将溪沟两岸和平坝的建筑联系在了一起；随

1※ 数据参考榕江县文物局提供的内部资料。

着人口不断增长，扩展的平坝区域也过于膨胀，民宅建筑逐渐向坡边延伸，特别是近二十年来尤为突出（图 8-2）。

如此循序渐进的空间扩展使整个聚落最终形成以鼓楼为聚落中心而展开的文化区域，鼓楼附近的歌坪、戏台、露天萨坛四部分构成了聚落的核心圈，民宅建筑、禾仓、水井、风雨桥、溪流共同组成了“人与自然和谐共生”的聚落空间结构，聚落四周大片的原始森林植被和上百年历史的古木林立，也极好地体现了“老人护村、古木佑寨”的传统聚居理念（图 8-3）。

8.1.2 生态生存的贵州从江县占里侗寨

将贵州从江县占里作为案例之一，是基于该聚落通过控制人口近乎零增长得以保留至今的生态发展的特殊性。占里古歌如此唱道：

> “山林树木是主，人是客；占里村是一条船，多添人丁必打翻；有树才有水，有水才有船；祖公原地盘好比一张桌子，人多了就会垮；一棵树上只能有一窝雀，多了一窝就挨饿；一张桌子四个角，多坐几个人桌子就会塌。生男孩子保护爸爸，生女孩照顾妈妈。崽多无用，女儿无益；崽多要分田，女多要嫁妆；崽多了讨不到媳妇，女多了嫁不出去。”

古歌清楚地反映了这个聚落的结构关系，同时也说明了占里生态生存的发展理念。占里地属贵州省从江县，这个享有“计划生育人口第一村”美誉的聚落虽然离县城丙妹镇仅约 20 公里，但有一半的路程还是村级公路，想要到达这里并非易事，这也造就了一个建在溪边平地和缓坡的“世外桃源”（图 8-4）。

如此生态的聚落首先拥有着得天独厚的地形、地貌和气候，占里年平均气温在 16.6～17.8 摄氏度，最高气温 27 摄氏度；年降雨量达到 1224.1 毫米，充沛的雨量使境内的正溪、本溪、四寨河（又名双江）这三条溪流常年流淌，在保证了占里生产生活用水需求的同时，还为人们提供了大量的鱼类资源。宜人的气候让占里的森林覆盖率达 90% 以上，当地盛产的杉木为人们提供了最佳建筑原料，也为自然增添了一番生态氛围。

占里侗寨的发展演变与其他山脚河岸型侗族聚落一样，首先沿着小溪边上的平地修建建筑，逐渐往缓坡发展，形成依山傍水、依山就势的传统聚落形态。寨门是整个聚落的边界和区域界定的物质形

图 8–3 大利侗寨全貌（图片来源：作者拍摄）

图8-4　贵州从江县占里侗寨区位图（图片来源：根据石开忠《鉴村侗族计划生育的社会机制及方法》改绘）

体，东南西北各方位分别建有6个供出入的寨门，北边和东边各建有两个寨门，西边和南边分别建有一个寨门，寨门和寨门之间或有天然屏障，或用泥巴夯就土墙，或以木头竖立栏板，形成一道与聚落外部分隔且封闭的边界，将整个聚落区域锁定在这个限定的范围内（图8-5）。在土匪当道的时期，寨门及围合边界主要起着防御外敌作用，如今它的防御性意义不复存在，而"寨民建民居不得超出寨门"的古训意义性却被放大，这也造就了占里侗寨人口规模和聚落规模的稳定性发展。

聚落的道路不仅是连接外界的主要途径，还是内部各单元之间的交通枢纽，在占里内部有着两条东西向的主要通道，这两条道路与南北向的一条小溪沟相交，将整个聚落规规矩矩地划分成了6个小区域，各个小区域间道路纵横交错，将各住户与住户、住户与鼓楼、鼓楼与寨门等各要素之间串通起来，形成紧密的聚落环境（图8-6）。

占里侗寨最为突出的节点和标志物，便是未进村寨便能远远望见的高耸建筑——鼓楼。这座高达20余米的13层建筑在整个聚落

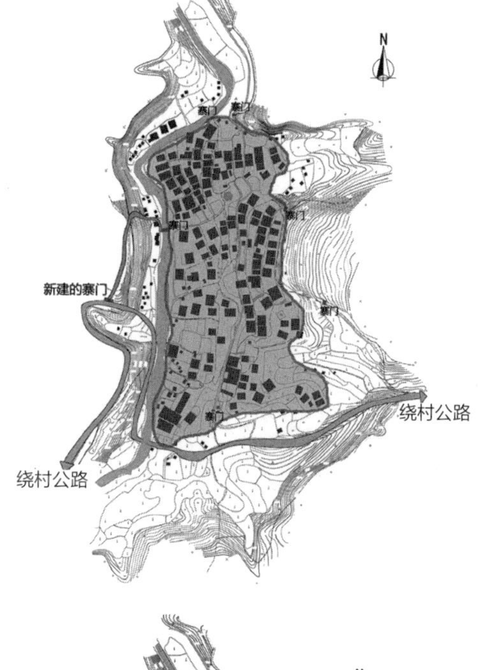

图 8-5 贵州从江县占里侗寨聚落内外关系示意图（图片来源：作者绘制）

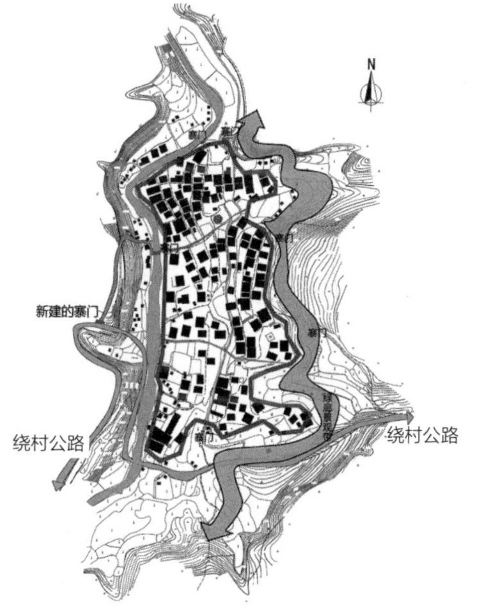

图 8-6 贵州从江县占里侗寨住居分布示意图（图片来源：作者绘制）

内部特别耀眼，不仅在高度上占有绝对的优势，在鼓楼的装饰上也有别于民居：每一层檐板上的绘画和翘起的翼角，以及顶亭上的龙形雕塑在质朴的民居簇拥下显得特别华丽。鼓楼所承载的文化性反映了它所存在的价值和意义，正是它所拥有的各种社会意义，形成了聚落精神和物质的核心，并在聚落空间结构中占有中心的位置，以它为视觉焦点呈发散式布局各住户区域，形成向心式的空间格局。占里侗寨另外一个主要标志物——风雨桥，它不仅有着风水意义，而且还起到连通聚落内部与外部环境、供人们出入村寨的实用性价值，虽然多次遭受大火的吞噬，仍然一次又一次的重建，足以证明它在侗族聚落中存在的价值和意义。

散落在聚落空间内部的水塘及水塘上方修建的禾仓和厕所，极为引人注意。以杉树皮盖顶、四方形的小型吊脚楼式建筑，便是占里人储存粮食的禾仓，建在水塘上面一是为了防火，二是为了防鼠，禾仓有门却无锁，人们不用担心粮食被盗，说明占里有着良好的治安环境。架空在水塘上方的简易厕所也算独特，几块木板组合成如厕板及连接地面与厕所的通道，四周围合半人高的隔板或草席保证其私密性，如厕时还能欣赏水塘里嬉戏的鱼群，恍如回归自然。溪边和水塘边的禾架（也称禾晾），通常用两根竖木和 11 至 13 根横木穿插而成，每到秋收季节，金黄色的禾把晾满禾架时的壮丽景观将占里聚落描绘成了一幅奇妙的画面（图 8-7）。

鼓楼、风雨桥、住宅、禾仓、禾晾、厕所、水塘、水井、萨坛等侗族传统聚落特有的物质形态在占里侗寨中完美地结合，发挥着各自的功能用途，通过这些要素将整个聚落形态和空间格局完整地表达出来。占里侗寨自建制以来隶属黎平县，到 1942 年划归于从江县，中华人民共和国成立后又分别隶属从江县内的贯洞、高增、银潭、丙妹、小黄等区，至 1990 年将区撤销并为乡，从而成为高增乡的一个行政村，直至今日。[1] 在社会不断发展变迁中，占里的聚落文化在新思想、新观念的影响下也慢慢发生着变化，这里同其他侗族聚落一样，具有现代文明标志性的电视、电话、网络等的“入侵”，使占里与现代社会接上了轨道，这一切的变化从主观因素来看与 2005 年修通占里至从江的公路有着最为直接的关联。据当地人描述部分居民曾不愿意修建通往外面的公路，除了他们保守的思想，还因为他们认为外面的人不够友善，会破坏他们寨子原有的风貌（这一点通过有关资料所记载的“占里是一个‘无锁村落’，日不锁门，夜不闭户，从无偷盗现象发生”[2] 与如

1※ 有关区乡建制变更参考侗族地区的社会变迁［M］. 姚丽娟、石开忠. 北京：中央民族大学出版社，2005.8：166-167.

2※ 参见从江县人民政府网 http：//www.congjiang.gov.cn/info/news/page/83871. htm。

图8-7　冬天的占里侗寨全貌（图片来源：作者拍摄）

今每家每户门上的铁锁而得以应验）。对于占里侗寨的形态和空间来说，虽然在思想和观念上对传统文化有着一定的改变，但是对空间结构上的改变却不大，这或许与占里相对传统及封闭的因素有着直接的关联。

在传统与现代的文化碰撞过程中，眼前的“占里无论是在与周围环境的共处中，还是在内部社会的运转中，都体现出一种安所遂生的态势。”[1] 它有别于现代语境下的黎平肇兴侗寨，也有别于有着“生态博物馆”之称的黎平县地扪侗寨和堂安侗寨，“从整体看来，占里的环境不是最恶劣的，文化不是最罕见的，人口不是最极端的，但是，占里的可贵之处就在于其文化、环境与人口之间的‘位育’关系。”[2] 当前，占里的年轻人在接受大量外来信息的同时不是考虑本聚落如何发展，而是更多地思考如何走出去。值得担忧的是其原有的聚落风貌在这种文化碰撞中还可以保留多久，又该如何发展？

1※ 和谐与生存：对侗寨占里环境、人口与文化关系的人类学解读［D］. 沈洁. 中央民族大学博士论文，2011.5：203.
2※ 和谐与生存：对侗寨占里环境、人口与文化关系的人类学解读［D］. 沈洁. 中央民族大学博士论文，2011.5：203.

8.2 传统文化相对不稳定型的贵州侗族聚落和建筑

8.2.1 现代语境下的贵州黎平县肇兴侗寨

说起贵州侗族聚落，就不得不提到地属南江河流域、全国最大的侗族自然村寨、有着“第一侗寨”美誉的贵州黎平县肇兴侗寨。作为南部方言区最具代表性的侗族聚落，它位于黎平县城南面，距县城 72 公里，1999 年的肇兴侗寨有着 650 多户住户，人口 3100 多人，为黎平县自然村寨之冠[1]；发展到 2004 年全寨有 810 户，3366 人。[2]侗族地区素有“九溪十峒”或“九溪十八峒”之称，其中的“峒款”就有“六洞”，也即为今天的黎平、从江两县交界区域的洒洞、云洞、独洞、贯洞、肇洞和顿洞，其中“肇洞”的中心就是今天的肇兴乡，涵盖了周边近 30 个侗族村寨，故古有“七百贯洞，八百肇洞”之称。发展至今天众所周知的肇兴侗寨，分为上寨村、中寨村和下寨村（肇兴村）3 个行政村，连成整片的村寨规模庞大，因此又有“千家侗寨”之称。从多种美誉便可得知，肇兴侗寨的发展有着相当长的时间，并形成了较为稳定和极具规模的聚落形态。

肇兴侗寨的起始源自传说，相传陆姓兄弟“暖”和“闹”跋山涉水，几番迁移，最后“闹”定居于现在的洛香，“暖”便带领子孙开辟了现在的肇兴并定居于此。《六洞议款规约》便记载了肇兴祖先从平扒下记——龙里四花——高芽南寨——四乡上保高岑娄——洛香坪草——六洞肇村的迁移线路。而据当地陆氏家谱的记载：“陆氏鼻祖于元朝由江西吉安府而来，明洪武五年，名叫姣公的祖先迁到了肇兴，先在‘高里’的地方居住，洪武六年（1373 年）才将山冲里的大树砍伐，修通水道，安家建寨。”[3]因此肇兴当地人们称村寨为“里宰”，意为“进寨”。虽然无太多文字记载和实物佐证，但从陆氏家谱推算下来得知发展至今的肇兴侗寨约有 600 多年的历史，如此年代久远、并有如此规模的聚落，其发展过程中的文化特质必定独树一帜，且足以代表南部方言区侗族聚落文化的变迁历程。

依照侗族社会以血缘为基础的地缘关系，从而形成聚族而居的生活方式。肇兴侗寨为了铭记陆氏祖先开疆功德，对外一律为陆姓，对内则保留袁、龙、满、嬴、孟、夏、鲍、马、邓、白、郭、曹等 12 个姓氏[4]（侗语为：

1※1999 年的住户和人口数据参照侗族文化研究［M］. 冯祖贻. 贵阳：贵州人民出版社，1999：52.
2※ 数据来源黎平县地方志编纂委员会. 黎平县志［M］. 贵阳：贵州人民出版社，2009.4：1063.
3※ 黎平县地方志编纂委员会. 黎平县志［M］. 贵阳：贵州人民出版社，2009.4：1063.
4※ 有关内姓各专家统计不一，本文参照的是黎平县志中的统计内容。

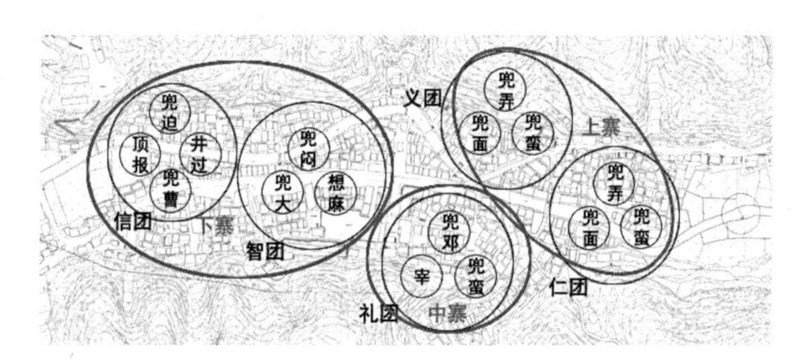

图 8-8 肇兴侗寨五个自然寨中 12 个家族分布示意图（图片来源：作者绘制）

兜面、兜弄、兜蛮、宰、兜闷、兜大、顶报、想麻、兜邓、兜迫、井过、兜曹）。“相传在一百多年前他们的祖先就商议‘破条（规）破姓’开亲”，进而将大房族分为若干个姓氏，并允许内姓之间可以互相通婚，“并用写刻女性的墓碑文字，称为某氏，以示区别”[1]。从侗族以鼓楼为标志的房族聚居原则形成五个自然片区，侗语将五个自然寨分别称其为“高懈”、“殿邓”、“登格”、“闷”、“拍”，在 20 世纪 80 年代初，人们应汉族文化的习德，将其称为仁团、义团、礼团、智团、信团。肇兴大寨以一个“兜”为主、几个“兜”共居的五个自然寨（侗语称“斗”或为“督”），如高懈（仁团）以“兜蛮”为主，登格（义团）以“兜弄”为主，殿邓（礼团）以“兜邓”为主，闷（智团）以“兜闷”为主，拍（信团）以“兜迫”为主，兜蛮、兜弄、兜邓、兜闷、兜迫为五个较大的房族分别住在五个自然寨，其余较小的房族分散在这五个大房族内（图 8-8），由于寨内各兜之间互相通婚，逐渐扩大各团规模。在侗语中，“高懈”表示住在寨子的顶头，最上面的地方；“殿邓”意为最早来到这里定居的意思；“登格”指住在盘山路的起点；“闷”指住在井边；“拍”意为寨子外面。根据肇兴侗寨社会组织结构的分布情况、定居先后及选址特征，极为清楚地反映了肇兴侗寨的发展过程（图 8-9）。根据县志所记载，如今的肇兴侗寨五个自然片区分属于三个行政村，其中仁团和义团属于上寨村，礼团属于中寨村，信团和智团被划分为下寨村。

侗族聚落形态和空间的演变过程并非一朝一夕，五个大的房族相互毗连的建寨方式，造就了五个组团式的空间格局，这是一个缓慢的演变过程，最初形成的各团之间没有明显的分界线，每个团均以鼓楼为中心，坐落在四面环山的谷地里，聚落与四面的麒麟山、弄抱山、虎形山（又称七背山）、西关山，以及东向西和南向北的两条溪流，共同组成一个斑竹成片、古树成林、梯田环绕的人间圣境

1※ 黎平县志［M］. 黎平县地方志编纂委员会. 贵阳：贵州人民出版社，2009.4：958.

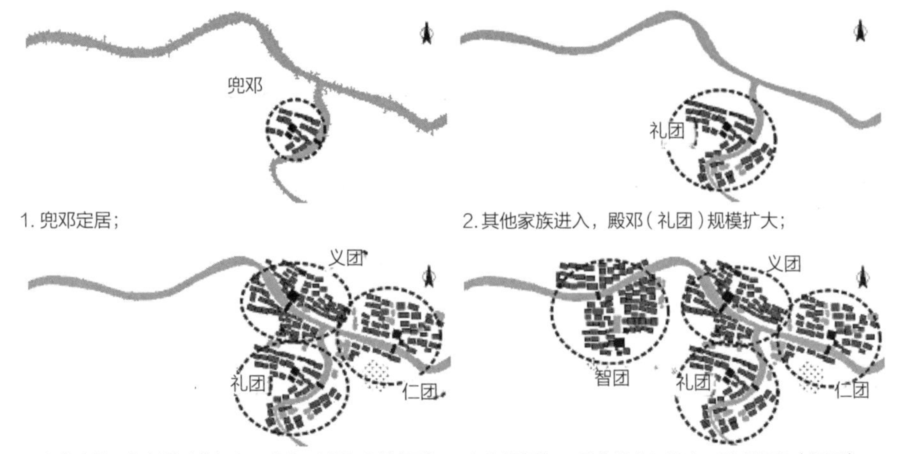

1. 兜邓定居；

2. 其他家族进入，殿邓（礼团）规模扩大；

3. 自然寨扩展与其他家族迁入，分化形成殿邓（礼团）、登格（义团）与高懈（仁团）三个自然寨；

4. 兜闷迁入，吸收想麻与兜大，形成闷寨（智团）；

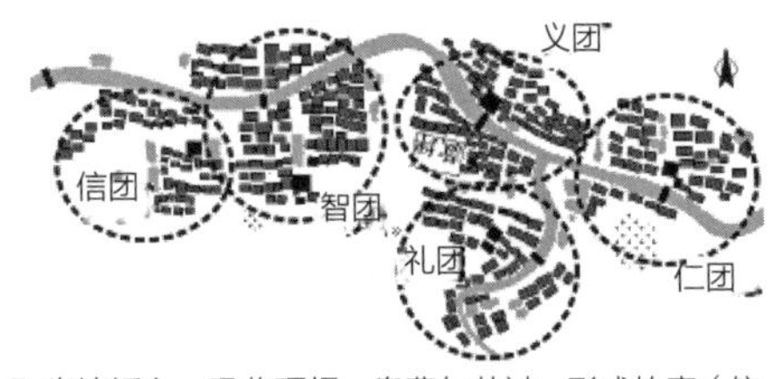

5. 兜迫迁入，吸收顶报、兜曹与井过，形成拍寨（信团）：五个自然寨形成一个小款（建有款坪）。

图 8-9　肇兴侗寨发展过程示意图（图片来源：作者改绘，参考赵晓梅．黔东南六洞地区侗寨乡土聚落建筑空间文化表达研究［D］．清华大学博士学位论文，2012：88）

图 8-10　肇兴侗寨组团关系图（图片来源：作者绘制）

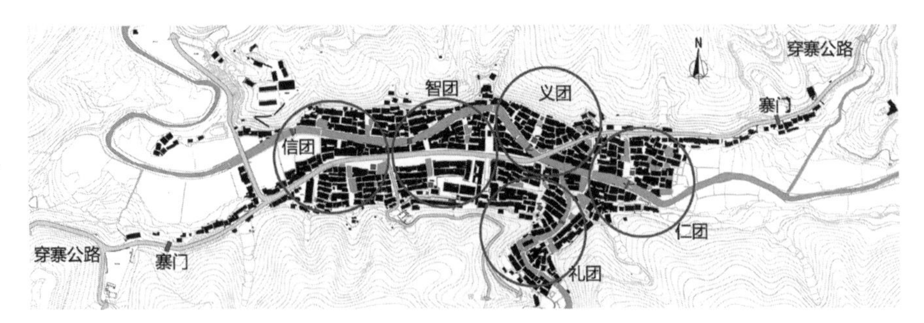

（图 8-10）。

道路作为空间结构的主要要素之一，不仅是联系侗族聚落内部与外部地区的信息纽带，也将现代生活方式带入侗族聚落内部，肇兴侗寨通过修建道路极大地改善了人们生活水平的同时，也使传统聚落形态和空间悄然发生了改变。20 世纪 70 年代中期，在“要致富，先修路”口号的影响下，横贯肇兴侗寨东西走向的黎从公路的完工，致使聚落形态和空间结构发生了极大的变化，原有各团的空间结构因为道路的出现而被改变，公路将信团、智团等中心组团的格局加以改变。公路贯穿聚落中间，沿主街两侧建筑被拆除，并退后一定的距离形成公路两侧的商业街，视觉中心点由鼓楼转移到沿主要道路及两侧建筑的商业区域（图 8-11）；随着 2014 年 12 月贵广高铁的正式通行，位于从江县洛香镇的从江高铁站，距离肇兴侗寨仅 10 分钟的路程，给到肇兴侗寨旅游的人们提供了更为便利的交通方式，加上寨内黎从公路路段及其他次要道路重新铺装整改，使得聚落内的商业氛围更加强化和凸显（图 8-12）。

侗族聚落最为突出的特点便是以鼓楼为中心呈聚集状态的空间

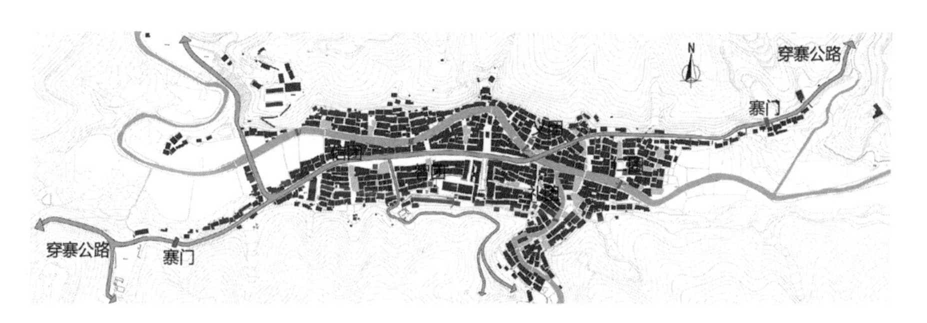

图 8-11　公路与肇兴侗寨聚落关系示意图（图片资料：作者绘制）

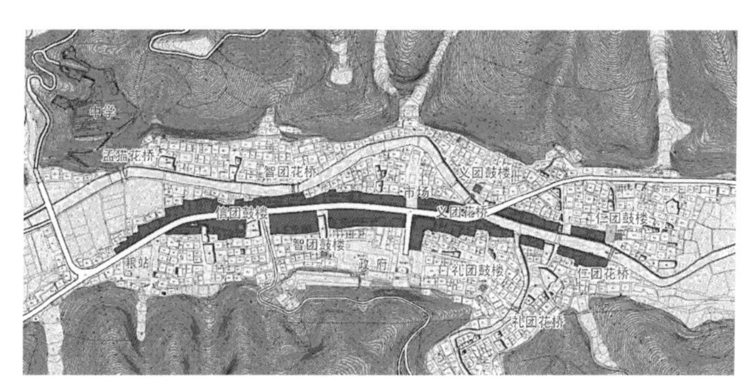

图 8-12　肇兴侗寨的商业核心带（红色区域）（图片来源：作者根据黎平县城乡规划办所提供的图片改绘）

格局，肇兴侗寨亦是如此。聚落内部五个自然寨分别以各团的鼓楼为核心，与住宅围合的款坪及住宅、戏台、水井、萨坛和溪流共同形成凝聚的空间形态。而在具体的空间布局中，每一个组团又各有特色，如仁团和义团在空间格局上有一定的近似，鼓楼、风雨桥、戏台这三个场所聚拢构成该团的中心点，鼓楼和风雨桥之间相互依偎，不分彼此，成为人们集会、娱乐、休闲的“聚”场所；礼团和智团的中心聚合感更为强烈，住宅将鼓楼、萨坛和水井紧紧地围合起来，风雨桥与鼓楼之间由长长的巷道和住宅区分开来，形成另一个聚合的场所；信团则由鼓楼、水塘和鼓楼坪构成中心点。

肇兴内部的空间结构因黎从公路的修建而被更改，虽然商业带强化了空间的流动性和延续性，但是聚落内五个自然寨原来的聚合空间秩序被减弱，甚至破坏了空间的完整性，特别是信团、智团和义团受到道路的影响较为明显。信团的鼓楼和鼓楼坪与道路相毗邻，共同构成新的组团视觉中心，道路将信团分割成两个区域，打破了原有的聚合状态，同时也影响了鼓楼文化的传统表现，如今的鼓楼更像公路旁的站台，原来的传统文化特质无形地被弱化了。智团受道路的影响，将该团的空间完全割裂为以鼓楼和风雨桥这两个“聚”场所的空间状态，两个场所因为道路影响完全独立，彼此之间的关联性消失。道路对义团的影响较小，主要是弱化了义团住宅的凝聚性，道路东侧的义团成员被道路分离出去，失去了中心感。没被道路影响的仁团和礼团，基本保持了原有的空间格局，连接住宅、鼓楼、风雨桥、戏台、河流的小巷成为组团的主要骨架，在现代商业氛围下扮演着自己

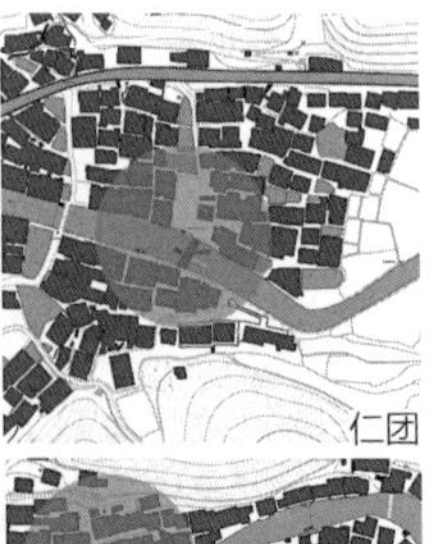

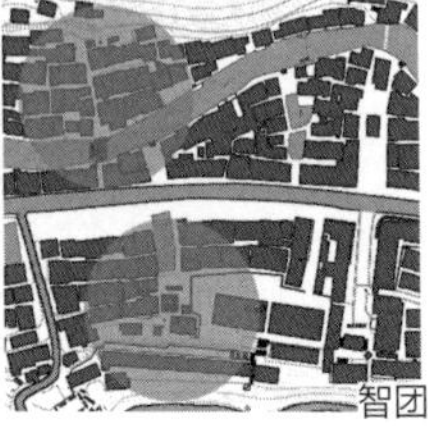

图8-13　肇兴各团空间关系（图片来源：作者绘制）

的空间角色（图 8-13）。

肇兴侗寨的文化变迁除了黎从公路所带来的变化外，便是在旅游产业带动下现代经济、商业、文化、行政功能等方面的加强，主要道路两侧和沿河骑楼街的商业特征突出，生活模式及生活方式的改变转换了居民角色，新的空间模式和人民的生活需求彼此适应，原有的聚落形态逐渐转型为小城镇的发展模式。新的行政区域、商业中心的出现使鼓楼的中心性大大削减，随之引发的鼓楼、风雨桥所延续的场所意义及场所精神的转变则带给人们更多的思考。

8.2.2 城乡接合部的贵州榕江县车江侗寨寨头村

车江侗寨，建筑在距离榕江县城仅一江之隔的万亩大坝之上，特殊的地理环境——寨蒿河和平永河两条主要河流交汇处——形成了贵州这个多山地带中少有的万亩大坝。车江侗寨经过几百年的发展，住户已达 2648 户，13197 人[1]，侗族人口占 94% 以上；车江侗寨，分为上宝、中宝、下宝三个行政村 13 个自然寨，寨与寨之间紧密相连，沿江而上延绵十余里；上宝包括平松、平比、干列、罗香、定达、宰章寨，中宝包括口寨、月寨、脉寨、寨头、章鲁寨，下宝包括车寨、妹寨，因此又叫三宝侗寨，自古以来就有着"三宝千户侗寨"、"天下第一侗寨"等美誉。

中宝寨头村位于车江大坝的中段，是三宝侗寨最为集中的民族村寨之一，同时也是南部方言标准发音的所在地。据有关史料记载，清雍正八年（1730 年）成立古州厅（现榕江县）后被列入北路苗寨，称其为"者头寨"，后来改名为"寨头"；中华人民共和国成立后，划为中宝乡辖区，后设为车江公社五、六大队区域，现在的寨头村属于古州镇的辖地。车江侗寨寨头村共有 380 余户，1700 多人，全村皆为侗族。[2] 北抵六百塘，以农田形成天然的边缘线，南邻章鲁村，鼓楼及鼓楼坪与相邻的章鲁村自然形成分界线，聚落东面的黎榕公路与西边的寨蒿河将整个聚落紧紧地夹在其中，形成长约 500 余米，宽 350 米的方形带状聚落空间形态。从现状图得知，聚落空间区别于其他典型南部方言区的侗族聚落形态，鼓楼、祖母祠等仪式性建筑并没有形成聚落的中心效应，鼓楼作为 2001 年新建的标志性建筑，却成为村寨之间的分隔标志，鼓楼和鼓楼坪以及旁边的祖母祠与寨头村的空间关联性并非传统侗族聚落那般密切。高密度建筑、无中心点的聚落空间格局自然形成密集型、均质的斑块布局方式；内部形态

1※ 相关数据参见榕江风物［M］. 榕江县地方志编纂委员会. 北京：中国文化出版社，2013.12：5.
2※ 数据参考榕江县旅游局内部资料。

在建筑占用后所留出的剩余空间，组成了横平竖直的主要街巷道路，间或有斜向道路加以连接，有些道路甚至是某一建筑前面的晒场空地，建筑和道路之间首先做出明确的规划，加上每一座建筑的占地面积与朝向的差别，直接影响到街巷道路的宽窄、曲直变化，因此整个聚落形成丰富多变的内部空间关系（图 8-14）。

聚落沿着河堤而筑，据记载，清乾隆年间这里商贸发达，在寨蒿河来往的商船更是络绎不绝，就寨头村 500 多米沿堤就有码头 6 个，渡口 1 个，并在一些危险地段设置石柱木栏加以防护，至今还能看见一些残存的石柱。寨蒿河沿岸河堤的古榕树也是寨头村的一大景观，河堤边静静伫立的六边形双层攒尖顶式的“栽榕亭”默默地守望着沿堤的古榕树，从凉亭旁的“栽榕纪念碑”获知，“寨头村古代贤士和近代当代的杨正英、杨增配等 34 位村民，先后在寨头村沿河两岸栽种榕树共 34 棵（其中 15 棵是古代贤士所栽……）”（图 8-15），如今这些已经枝繁叶茂的古榕不仅成为牢固的护堤树，而且还是酷暑时节人们纳凉休闲、摆古聊天、纺纱织布的绝佳公共场所，有古榕枝叶形成的林荫道更是寨头村的主要通道。聚落河堤中部的河面上有一座高大的石拱桥——寨头大桥，它是连接河岸南北之间的主要交通要道；河流上游还有一座石墩木板浮桥，成为河岸南北连接的辅助要道。

寨头村至今还保留着清晚期至民国时期的民居建筑风格，悠久

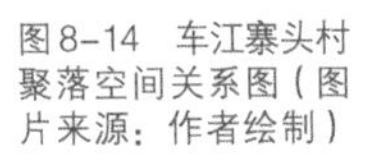
图 8-14　车江寨头村聚落空间关系图（图片来源：作者绘制）

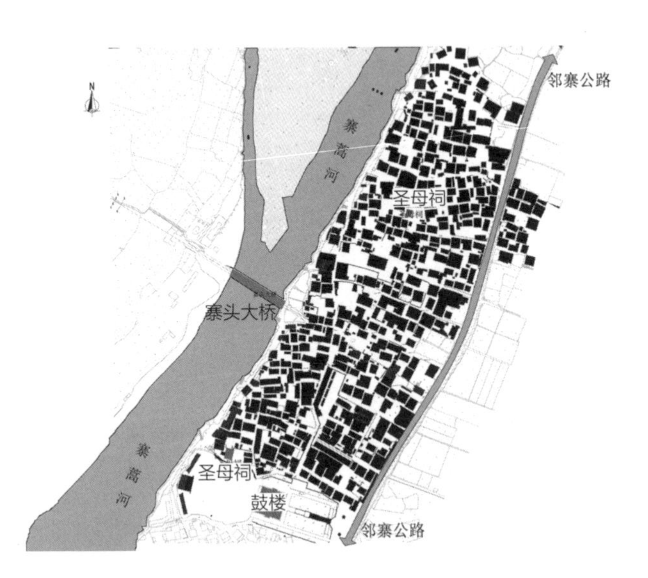

的历史文化及贸易往来，再加上其所处的特殊地理位置，均使得寨头村在获得更多讯息的同时，其侗族文化也更容易受到外来文化的影响和涵化，以至于出现了既有平地型的干栏式建筑，也有汉侗结合的合院式建筑的复杂情况。寨头村的建筑大体分为官式、商人、百姓三类建筑形式，官式建筑必须是坐北朝南的朝向，其他建筑无明确规定。现存古建筑中官式建筑仅存1座（杨光礼宅，现无人居住），这座建筑坐北朝南，外开八字门，正屋、左右厢房及门厅形成合院天井式建筑样式，正屋抬高四级阶梯（图8-16）；商人建筑的区别在于建筑内部细节装饰上，比如用铜钱装饰门槛等，现存这座建筑（杨金文宅）也是典型的合院天井式建筑，规模小于官式建筑，外开八字门，正屋明次三间，左右各有厢房一间，门厅左右放有织布机，各功能用房围合天井（图8-17）；早期百姓建筑多为干栏式建筑，现存少量具有一定年份的干栏式建筑，因为地势平坦，因此多为地面式建筑形式，通常一楼一底，面阔三间、五间不等，传统的建筑大多为一楼一底，一楼正中为堂屋，次间为卧室，二楼用于堆放杂物和储存粮食，建筑两边或后面带有偏厦用以厨房或猪圈，楼梯多设在侧面或后面（图8-18）。

寨头村是车江大坝上侗族聚落发展的典型代表，也是城乡接合部侗族聚落文化发展变迁现象的代表之一。据调研了解，早期的寨头村建筑密度较小，建筑与建筑之间通常由防火用的水塘隔开，建筑以

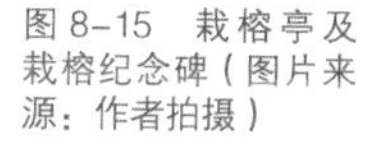

图8-15 栽榕亭及栽榕纪念碑（图片来源：作者拍摄）

图 8-16　杨光礼宅
（图片来源：作者拍摄）

图 8-17 杨金文宅（图片来源：作者拍摄）

图 8-18 地面式干栏建筑（图片来源：作者拍摄）

木质结构建筑为主，少量建筑为砖木结构。随着社会发展、文化的变迁，寨头村在生活方式、服饰习俗、宗教信仰等非物质方面依然保留有部分侗族特征，可是在聚落结构和建筑风格上却更多表现为汉族建筑特征。因为人多地少，原为水塘或空地的区域增建了楼房，新的材料和工艺的吸收，出现了以砖为主的砖木结构建筑，建筑打破了传统的布局原则，并从高度上增加建筑的使用率，以满足现如今人们相对应的城市生活方式和需求。当前，在旅游产业所带动的经济发展观念下，重新修建了“天下第一”的三宝鼓楼、强制性修建为“穿衣戴帽”式的“侗族”建筑，这一文化现象所反映的是城镇化背景下，城乡接合部地区民族文化的去与留的问题，也即反映了侗族文化的“生”与“死”（图8-19）。

图8-19 孤立的三宝鼓楼、凌乱的聚落与建筑（图片来源：作者拍摄）

8.3 贵州侗族聚落和建筑中的文化交融

8.3.1 拥有最久远鼓楼的贵州从江县增冲侗寨

增冲侗寨，隶属从江县往洞乡，距离县城86公里，停洞至往洞的公路绕村而过。相传增冲先民是沿都柳江迁徙而上，几经折腾最后才定居于此，先定居传洞、高传、“边就”（现平楼款场河对岸的小坝）、老寨（现花桥对面坝子下面），如今所居住的区域是先民们的棉花地（相传这片棉花地常有天鹅飞到此来产蛋孵子，先民认为这是一块宝地，便搬到此处居住），因此增冲的侗语地名之前叫BIANV MINC（边棉），后改为增冲（当地侗语是TONGP，标准侗语为SONGP）是因为在寨老的带领下治理有方，寨民勤劳善良，肥沃的土地和丰富的资源使这里变得富庶优越。“TONGP在侗语中含有‘通’、‘盖过（胜过、超过）所有’等义”，“意即‘这一地区最好的村寨’”。[1]因为汉译书写多样，在宰成寨残存的清乾隆二十一年十月初九所立的《界碑》译为“争葱”，还有增通、增冲等称谓，中华人民共和国成立后一直取用“增冲”至今。

增冲侗寨包含有两个自然寨（增冲和小增冲），2005年统计共288户（其中小增冲25户），1271人，全寨均为侗族。在增冲只有190户（当时称增冲大寨）的时候就有“四百增冲”之称，是因为还包含了报鸭、机秀、机恨这三个小寨各70户，累计刚好400户，因此得此称谓。中华人民共和国成立之后，“报鸭”、“机秀”两个村寨在火灾、自然灾害、饥荒等逼迫下，幸存下来的人便搬到增冲或投靠在了增冲的亲友处，“机恨”原来居住的“萨楼恨”因为田土居高、河流居下，生活贫穷，便在火灾之后举寨搬到“机恨”（现在的小增冲），因为当时有70户人家，因此有“七十机恨”之称，现在仅有25户。在这个不到300户的侗寨，国土面积达12.5平方公里，耕地面积有988亩，典型的人少田多，肥沃的土地、丰厚的资源，以及一面靠山、三面环水的优雅环境，造就了九洞地区最富庶的侗族聚落之一（图8-20）。

侗族传统的聚居生存方式和集体生产意识，加强了宗族聚居模式，这一点在增冲侗寨也得以体现，几个家族共居的同时也相应划分了聚落空间格局。增冲共有25个姓氏，以石姓为主，约177户，石姓又分为“头贡”、“三十”、“三公”、“头朝”四个家族，其他

1※ 侗族地区的社会变迁［M］. 姚丽娟、石开忠. 北京：中央民族大学出版社，2005.8：278、279.

图8-20 贵州从江县增冲侗寨团状形态平面图（图片来源：作者绘制）

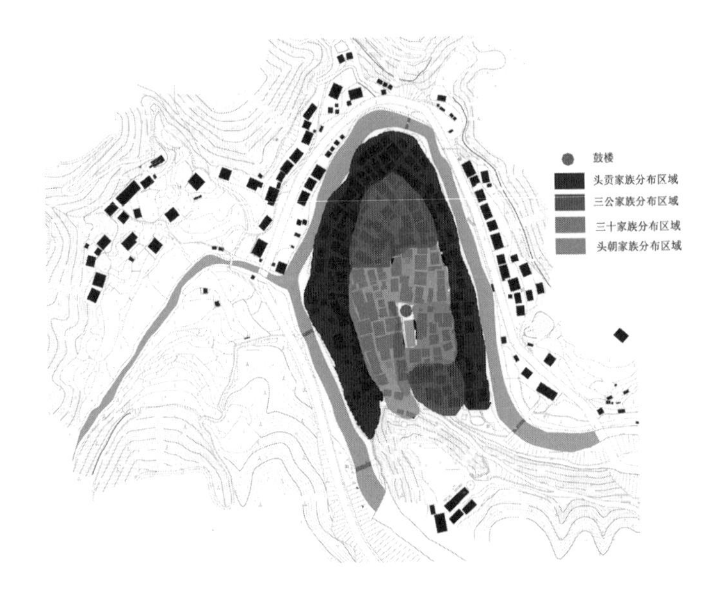

图8-21 贵州从江县增冲寨家族分布图（图片来源：作者绘制，参考增冲鼓楼文物保护规划）

姓氏（杨、王、唐、陆、高、梁、刘、雷、吴、陈、关、罗、兰、黄、潘、丁、韦、莫、贺、贾、谢、欧、徐、姜 24 个姓氏）分别依附于石姓四大家族中。从相关资料记载，“头贡”家族是最先搬到该处居住的，相传“头贡”从六洞地区（现在的从江贯洞、洛香、黎平肇兴一带）的庆云村搬迁至此，很快就变得人员庞大，为了保护村寨的安全，“头贡”家族放弃了优先选择居住在鼓楼旁边的传统居住习惯的权利，将其家族的住房建在了整个聚落的外围，形成防御外敌的聚落格局。从增冲家族分布图可看出，“头贡”家族所居住的区域将整个聚落团团围住，继头贡家族定居之后，三十、三公、头朝家族依次落居，最终形成以鼓楼为中心，呈团状布局的聚落空间形态（图 8-21）。

水是增冲侗寨的生命之源，整个聚落三面傍水，形成天然的保护屏障的同时，也为该聚落提供了丰厚的水资源。木质结构的聚落建筑最大的隐患便是火灾，增冲人利用“水能克火”的原理，将水从靠山的一面引入内部，形成“四面环水”的聚落格局，水渠将聚落内部大大小小的池塘贯穿起来，“几乎家家门前有水至，户户天井（古宅）有水到”[1]，纵横交错的水渠增加了聚落空间的层次感和秩序性（图 8-22）。与水渠并行的道路将鼓楼、住宅、水塘、风雨桥、外环境等物质要素拼接起来，使聚落空间变得错综复杂，又不失其间的秩序，建筑与聚落内外的环境之间紧密依靠，相辅相成。

除了有着极强的防火意识外，村民的团结也很重要，这里从未发生过重大火灾，几次小火情也在全体村民的奋力扑救下以最快的速度控制而无损失。正因为如此，增冲侗寨至今保留有多处古建筑，拥有 340 多年的增冲鼓楼就是最好的例证。这座高 20 余米，共 13 层的全木结构建筑，建于清康熙十一年（1672 年），是侗族地区修建年代最早的鼓楼之一，作为该聚落的中心，既承载着精神上的核心要素，又在空间中居于最重要的位置，成为整个聚落的视觉焦点（图 8-23）。

增冲地处高山阻隔的九洞地区，一直处于自我发展演变的状态之下，而并没有受到历代王朝政权组织太大的影响。自中华人民共和国成立以来，增冲如同其他侗族区域一样，聚落文化受到巨大的冲击，家用电器的普及，电网改造的完工，其传统的饮食、衣着等物质方面也随之改变；外出打工浪潮的掀起不仅带来新的生活方式，还带来了新的观念，一些传统习俗（如行歌坐夜）逐渐淡出，物质和精神文化方面的影响大大超出了任何历史时期的变化速度。

1※ 侗族地区的社会变迁 [M]. 姚丽娟、石开忠. 北京：中央民族大学出版社，2005. 8：287.

图8-22 “四面环水”的聚落形态（图片来源：作者绘制）

图8-23 贵州从江县增冲鼓楼（图片来源：作者拍摄）

8.3.2 文化复合型的贵州天柱县三门塘侗寨

三门塘，一个位于天柱县坌处镇典型的北部方言区侗族聚落，这个距离天柱县城40余公里、离坌处镇政府约4公里的古村落有着珍贵的古建筑群，且基本保持着原有面貌，古风古韵依然存在。三门塘是一个典型的临水聚落，位于清水江流域下游，地处北侗四十八寨中心腹地，上接锦屏、剑河等地，下通湖南会同、靖州等县，占据着极为有利的地理位置。

三门塘村由三门塘、三门溪、乌岩溪和喇赖寨4个自然寨、16个村民组所构成，总计362户、约1600人左右，整个聚落侗族人口约占90%（约有10%的村民是嫁到三门塘的苗族），共有王、谢、刘、吴、蒋、袁等19个姓氏，其中谢、吴、王、刘姓是这里较大的家族，从至今留存的王氏宗祠和刘氏宗祠便可知一二。据《王氏族谱》记载，王氏祖先王政于弘治十六年（1503年）从湖南黔阳迁移至此。相传王政与同一地迁来的谢郁七、湖南怀化梨树湾尹家坪迁来的尹正甫结为异姓兄弟，分别称其堂号为“三槐堂”、“宝树堂”和“天水堂”，并在聚落的东、南、西三面修筑了三道寨门，在寨子中心掘土挖池，因此取名“三门塘”。据有关资料显示，明代中期的三门塘未被编户入籍，直至万历二十五年（公元1597年）天柱建县，县令朱梓才下令将三门塘编入归化乡，迄今已有400余年。[1]

从明代开始，政府便对清水江流域实施移民拓殖和经济开发，开辟码头，营销木材，三门塘南面临水的地理环境，为开辟水上运输转销木材提供了极大的便利，使其成为明清时期重要的商贸集市。据有关资料记载，发展到最鼎盛期时，整个聚落由5条主街巷和大量的民居、商号、店铺、宗祠、庙宇、桥梁、码头等建筑群所构成，繁荣的景象至今仍能在留存的聚落形态中依稀可见。三门塘空间结构严谨合理、错落有致、功能齐全，从总平面图上可以看出，整个聚落顺着清水江流域呈带状分布，位于流域以北，虽然分属多个姓氏共居一地，但仍然遵循着侗族聚族而居的原则，围着聚落中心的那一池水塘依次修筑，地势平坦且靠近中心的区域建筑密度相应较大，越往边缘及陡坡扩展，建筑密度逐渐减少（图8-24）。聚落内部虽然无法找到鼎盛时期的五条街巷，但三条纵向的石板花阶由西到东贯穿村头寨尾，将聚落在南北向上自然分为三部分，中间那条石板路居于聚落最核心位置，成为寨中的重要通道，并将聚落中所存有的陡坡和平坝两种地形加以划分，道路以北坡度较陡，形成阶梯状的建筑空间模式，青石板铺砌的道路

1※ 参见（明）天柱县志·坊乡.

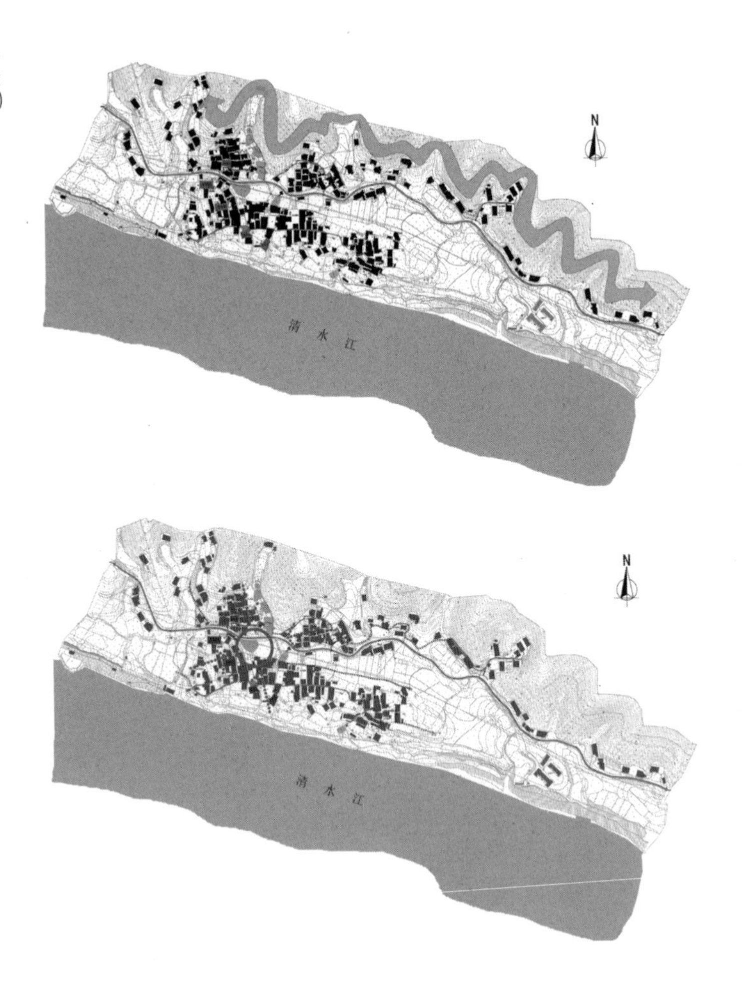

图 8-24 贵州天柱县三门塘平面空间示意（图片来源：作者绘制）

和阶梯将每一栋建筑有机的连接起来，沿着一个大大的“之”字形阶梯首先到达的便是王氏家族最有威望的王扬铎老先生的印子屋；道路以南的区域靠近清水江边，地势较为平坦，分布着南岳庙、刘氏宗祠和刘氏家族为主的各式民居楼房（图 8-25）；东西、南北向上又有多条石板路和卵石路将三条主要通道连通起来，主次通道纵横交错，在聚落内部游走穿梭（图 8-26）。

三门塘作为文化复合型的侗族聚落，首先是早期迁徙至此的汉族快速地融入当地侗族之中，其次外江码头的角色也使三门塘人频繁

图 8-25 贵州天柱县三门塘地形分析（图片来源：作者绘制）

图 8-26 贵州天柱县三门塘地形分析及纵横道路示意（图片来源：作者绘制）

的接触外地客商，吸收了大量的汉文化思想，使三门塘的汉侗文化融为一体，不仅反映在交际语言，而且在居住习俗方面也是汉侗文化交融的体现。当地人在水运商贸繁荣的基础上，开始大兴土木，大规模修建吊脚楼、印子屋、家祠庙宇等建筑，最终形成一道独特的建筑景观。在建筑选址上，三门塘也是严格遵循前有案山，后有来龙，左青龙，右白虎的理想住居模式，以“妇女井”、“博溥源泉”等古井来强化其最佳风水基地，建筑本身也多选择“坐北朝南”和“坐东朝西”

图 8-27 檐柱上的商号“斧记”（图片来源：作者拍摄）

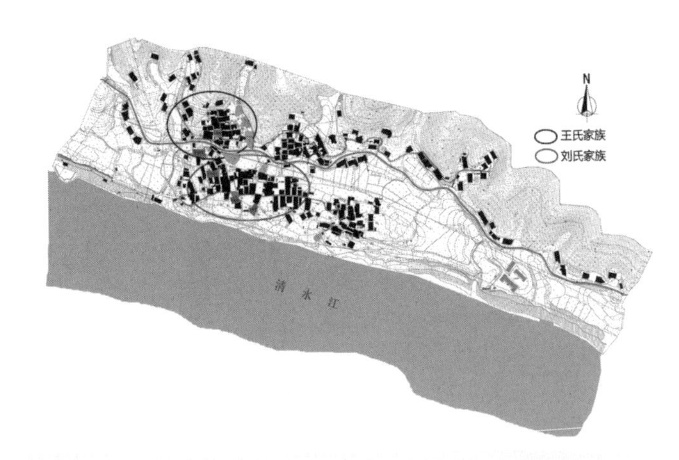

图 8-28 王氏家族与刘氏家族空间示意（图片来源：作者绘制）

图 8-29 三门塘丰富多元的建筑文化现象（图片来源：作者拍摄）

的方位修筑以获得更好的通风、避风、采光等。在住居建筑形式上，对于复合型聚落而言，三门塘在吸收汉文化思想的同时，仍然注重本地文化的传承和发扬，依山傍水、人与自然和谐共生的居住原则被很好地延续下来，形成"干栏式"结构为主的民居建筑，地面式、开口屋、吊脚楼等多种建筑样式并存，依据地形地势，形成大小不一、布局合理、高低错落、风格各异的住居模式，极好地体现了山地建筑的优势所在；此外，散落在干栏式建筑中间、具有典型汉族的印子屋和宗祠等建筑样式，使其成为有别于其他侗族聚落的典型特征。方方正正像一颗大印而得名的"印子屋"，在三门塘保存得相对完整的就有22处之多，建筑内部为全木结构，外围高过屋脊的封火墙，其中一面斜开有石库门，称为"财门义路"，门上方或雕塑，或彩绘各种山水花鸟图案；整栋建筑正屋一般面阔三间，形成两进一天井或三进两天井的空间格局，天井以青石板铺砌，摆放着装满水的消防石缸，建筑门窗以精美的雕刻加以装饰，檐柱上则隐隐约约可见"同兴"、"顺德"、"永泰昌"等各大木商当年所留下的商号"斧记"（图 8-27）。

三门塘里的王氏和刘氏两座宗祠作为汉族礼制的一种文化遗存，其存在更加说明了汉侗文化的复合交融。在聚落空间布局上，宗祠虽然不及南部方言区的鼓楼那样具有集中性，但也自然而然地将部分王、刘两姓家族的区域给予了隐形划定（图 8-28）。就建筑风格而言，也体现了多种文化的糅合与碰撞，特别是刘氏宗祠中西合璧的建筑元素，更是充分展示了三门塘侗族文化的多元复合特征。

吊脚楼、印子屋、宗祠庙宇、石板花阶等聚落中的物质元素，构成了一幅独特的人文景观，展示三门塘人对外来文化的包容，同时也成为三门塘侗族聚落多元文化的一种特殊表现，它既反映了血缘关系的聚落模式，同时又超越了聚族而居的原则，形成了多种姓氏和睦共处的现象。三门塘这种建筑文化现象是清水江流域侗族聚落的一个典型代表，它的存在突破了传统意义上对侗族聚落和建筑文化的认知（图 8-29）。

8.4　贵州侗族聚落和建筑中的毁灭与新建

8.4.1　北部方言区代言者——贵州镇远县报京侗寨

2014 年 1 月 25 日的一场大火，贵州省镇远县报京侗寨 —— 一个代表侗族北部方言区最完整的聚落、距今有着三百年历史——侗族

图8-30 镇远县报京侗寨聚落新面貌（图片来源：作者拍摄）

文化被无情地吞噬了。大火带来的毁灭不仅是聚落本身的丧失，更多的是侗族文化的一种“消亡”。灾后不久，受到火灾影响的侗寨居民住进了统一规划后新建的砖房，呈现传统聚落与新农村景象的两种视觉现象（图8-30）。在民族文化传承的争议声中，到底是在受灾之后抛开传统文化，以全新的思路展开重建呢，还是对传统文化进行创新性传承与发展？不禁又让我们对新的报京侗寨景象加以反思。

报京侗寨是贵州侗族北部方言区最大的侗寨，位于镇远县城南偏东37公里，居住有470余户、2000余名侗族，在火灾之前，它曾是贵州侗族北部方言区保存得最为完整、规模较大的侗族聚落之一,百年前的一些侗族传统文化一直沿袭至今，从而影响到整个聚落的形态发展与空间构成。寨中一方为募资保留白果古树而立的石碑上“大清咸丰四年六月古旦立”[1]（1854年）的阴刻小字说明了报京侗寨的久远历史。据调研可知，报京侗寨坐落于两山之间的峡谷当中，整个聚落四面环山，北面高南面低的地形地貌，形成了“撮箕口”状的风水宝地，从高到低自然被分为上、中、下三寨（图8-31）。聚落的东、北、西三面绿树成荫，古树成群，将整个居住空间团团围住，好似活在仙境一般。南面有一长满了松树的山头，这里的人们将它称作“火焰包”。相传清朝时期，一位外地来的“地理先生”途经报京，受到当地人们的热情款待，在他即将离去时，为了表达谢意，告诉了寨中的老人，说原来寨子几次遭遇火灾，是因为南面这块山包是块“火地”（亦称“火焰包”），报京寨只有在“火焰包”上埋三坛水便可避免火灾，同时在寨脚留一丘稻田，作为常年蓄水养鱼的水塘；当山包水坛的水快要干的时候，寨

1※ 侗族文化研究［M］. 冯祖贻. 贵阳：贵州人民出版社，1999.9：55.
2※ 相关传说参见侗族文化研究［M］. 冯祖贻. 贵阳：贵州人民出版社，1999.9：55.

脚水塘的水就会挥发，只要加满山包水坛的水，便可避免火灾。后来的人们为了保持水坛的水长期不干，便在“火焰包”上种满了松树，使其四季绿意盎然。[2]

水是侗家人定居的首要条件，在报京侗寨也不例外，报京上寨的一个水塔、中寨和下寨的两眼水井和水塘，成为当地人生活用水的主要源头。下寨的水塘还因为有着预示“火焰包”下水坛的水量，因此也被称作“报警塘”。灾前报京侗寨全木结构的民宅、禾晾、禾仓等将其置于有水的浅塘之中或水塘边，给人一种安全感。

灾前，报京侗寨聚落风貌的精美之处除了独特地形地貌的天工之作外，人为的建筑物使其更加秀丽多彩。顺应地势、鳞次栉比、疏密

图 8-31 镇远县报京侗寨地形示意及中寨景观（图片来源：作者绘制）

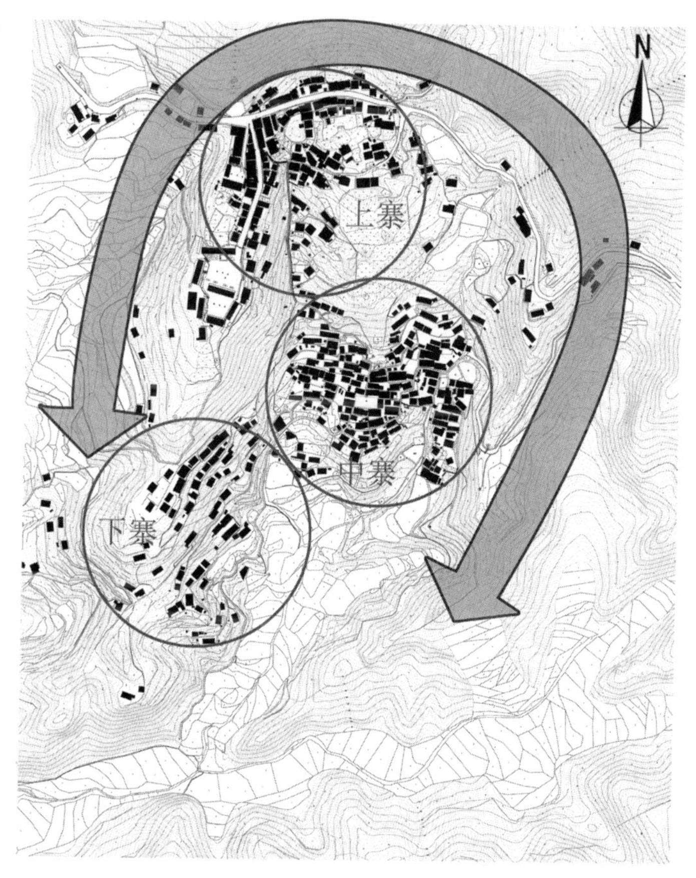

有致、高矮宽窄得当的木结构房屋，成为聚落中一道特别闪亮的风景线，虽为人做，却宛自天成。报京作为典型的北部方言区侗族，聚落内部没有鼓楼，最核心的建筑便是民居。从建筑单体而言，报京寨的房屋多为五柱四瓜和五柱六瓜的木结构穿斗式吊脚楼，开间一般为明次三间，侧面多加披檐或配偏厦；一楼一底最为常见，底层存放农具和圈养家畜，有些厨房也设在底层；二层中间为堂屋、两侧设卧室及火塘间，堂屋前部通常会退一步安装板壁，形成宽敞的前廊，并在前檐柱之间装有坐凳以供平日里休息娱乐、纳凉待客等；有些建筑将坡顶位置设置为三层，作为杂物存放之用；整个建筑外观立面，除了前廊外，其余的一律用木板封装起来，一是增加建筑的安全性，其次也是加强建筑的密封性；为了保证室内的采光，或在木板壁上开窗，或在屋顶装明瓦。

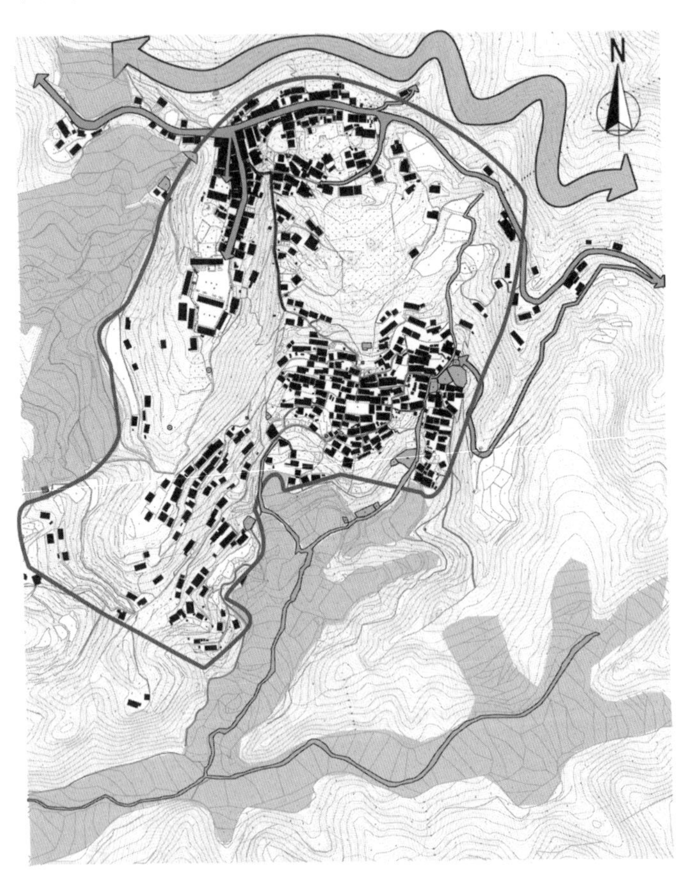

图 8-32 报京侗寨聚落空间示意图（图片来源：作者绘制）

报京侗寨从聚落的内外关系而言，聚落中宅、田、林的关系层次明确，聚落内部中的建筑、水塘、道路、芦笙场等空间之间纵横交错，乱中有序，建筑与建筑之间或紧密相连，或以道路相隔，或以水塘分开，看似毫无秩序，而它们之间却是精心安排的结果（图 8-32）；聚落的核心区域居于中寨的位置（火灾将中寨几乎夷为平地），灾前的中寨区域建筑密度相对较大，从聚落中心至边界，建筑逐渐稀疏起来，越边缘的位置建筑越稀疏（图 8-33）。从纵向来看，建筑依山而建，在每一级等高线位置择地而建，有些高位建筑的底层与低位建筑

图 8-33 报京中寨空间示意图及火灾前的景象（图片来源：作者绘制 + 新浪网）

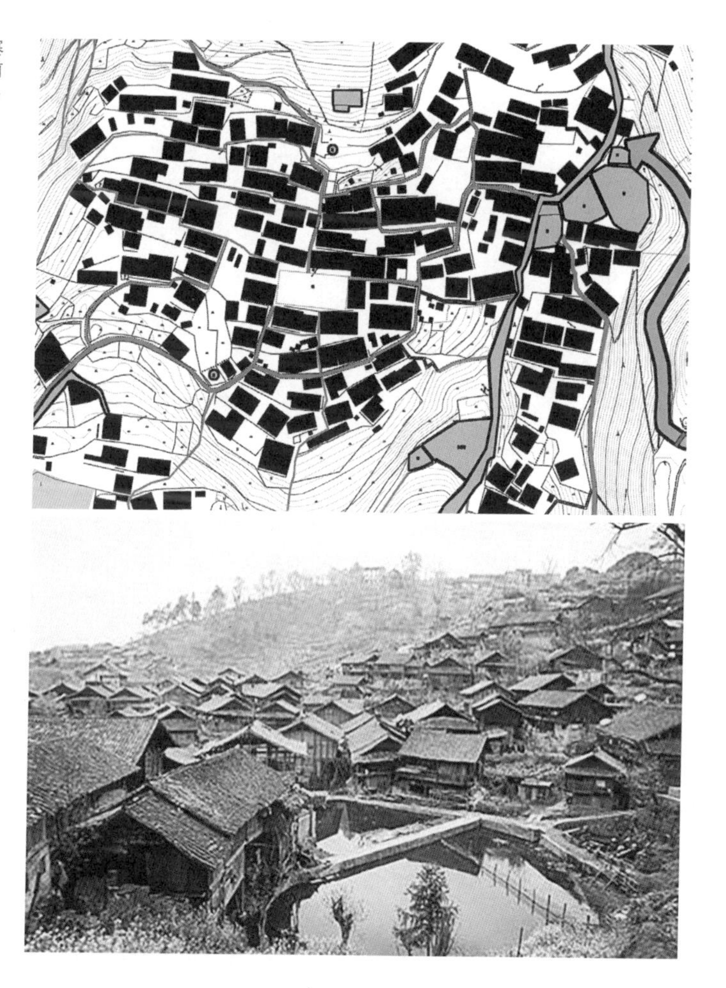

图 8-34 报京寨中新建的公共性建筑(左图)、整齐划一的新民居(右图)(图片来源：作者拍摄)

图 8-35 新居屋外的“火塘间”(左图)、屋外的“厨房”(右图)(图片来源：作者拍摄)

的二层齐平，有些略高于低位建筑，形成不同坡长的剖面图；道路也应地势的起伏变化而随机形成，缓坡的位置形成坡形道路，陡坡的区域则以石阶相连；坡长的地方是“一”字形道路，而坡短的位置则形成“之”字形道路形式。

在 2016 年年初，作者再次走访重建后的报京侗寨，寨子中心原来的一座古祠堂被还未完工、似鼓楼又非鼓楼的建筑所代替（图 8-34）。在对新建区块调研中发现，以前各家各户鳞次栉比的聚落形态，被一栋栋由政府补贴并统一规划、整齐划一的砖房所代替，有的一户一栋，有的五户为一个单元，每一栋建筑除了在材料和造型上与传统民居有着极大的反差外，内部空间各功能布局按标准化进行设置，象征家庭的火塘间不复存在，熏制的腊肉无处存放，柴火烹饪的方式只好在屋外临时操作；以前宽敞的长廊、堂屋、房间在新居中无法找寻，新的建筑内部空间设置无法完全满足传统生活方式的需求

（图 8-35）。

现如今，风景如画、宛若仙境的北部方言区最大、最古老的报京侗寨，留存下来的只有历史的记忆了，物化的传统文化现象被大火吞噬，而精神上的文化现象是否还能长存？

8.4.2 新建的贵州榕江县晚寨

在快速的城市发展进程中，自然灾害成为侗族聚落和建筑文化走向毁灭的一大主要因素，传统木结构聚居区的火患似乎更是无法避免，作者在走访的众多侗族聚落中了解到，每村每寨都出现过大大小小的火灾，连生态生存的从江县占里侗寨也曾在 1953 年遭遇了一场几乎全寨毁灭的大火。

晚寨侗寨距离榕江县城约 50 公里，是榕江县寨蒿镇的一个自然行政村，全村共有 239 户，1128 人，全部为侗族。2007 年 2 月的一次特大火灾导致 140 余户房屋被烧毁，160 多户人家 900 多人受灾，火灾不止让晚寨的物质景观毁于一旦，也使人文景观受到了极大的影响。作为火灾之后重建的代表性聚落，对于侗族聚落和建筑文化的发展具有一定的参考性价值。晚寨的选址依然在原有地形基础上，聚落的主体居于半山之间，顺着山脊依势而建，为典型的半山隘口型，整体环境绿树荫翳、翠竹婆娑，寨脚的小溪成为晚寨与外部天然的分界岭，溪上的花桥（风雨桥）是晚寨通往寨蒿的必经交通要道（如今新建的柏油马路绕山而建，通至寨口）；在政府统一规划的基础上，各家各户在自己的宅基地上调整位置，有的在旧址上直接重建，有的重新选址加以修建，由于重建时间不长，走到屋前屋后，还能闻到新木头和油漆的味道（图 8-36、图 8-37）。

晚寨远远看去无异于其他传统侗寨的聚落面貌，顺着同一等高线的位置，逐级上升，根据各家的需求并排着择地而建。可等细细看来才发现，这里每一栋建筑之间有着明显的间距，就算是同一等高线位置的建筑间距，也是放大建筑间的间距，从平面图上大致看出，基本上都保持在 1 米以上的间距；而从竖向来看，每一级等高线形成一排房屋，房屋前后均是较为陡峭的上坡，修筑成堡坎加以防护，同时也拉大了建筑在竖向上的间距，传统聚落中前后建筑相互毗邻的情况在这个新建的聚落中较难发现（图 8-38）。

聚落中心位置有一条长长的水泥景观步道，一直延伸至寨脚，静静地躺在聚落之中，略微显得有些格格不入。其他的道路还未来得及铺装修整，有着自由生长的道路痕迹，完全是因为这里的人们之间交流交往的需求而形成了连接的土质小路，有的顺着等高线、依着山

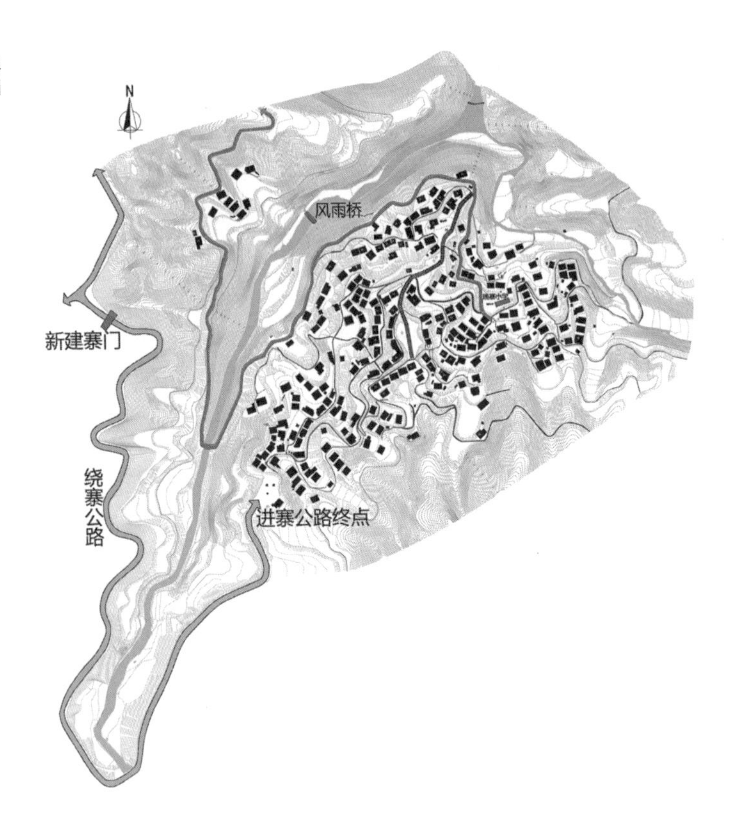

图 8-36 榕江县晚寨聚落关系示意图（图片来源：作者绘制）

图 8-37 榕江县晚寨景观现状（图片来源：作者拍摄）

图 8-38 建筑间距示意图及现状图（图片来源：作者绘制及拍摄）

脊线形成的小径，有的根据需求出现了“Y”字形分叉小路，还有的因为坡度太大而形成的“Z”字形道路（图 8-39）。

重建后的晚寨依然以木质结构房屋为主，偏厦或者牲畜用房则以砖堆砌，依据所处地形特征，均采用地面式、矮脚楼式、吊脚楼式等各类建筑形式，通常以五柱八瓜为主，形成明次三间、两边带有偏厦的歇山顶或悬山顶式建筑结构。一楼一底的建筑最为普遍，一楼大多为堂屋、厨房、储物，二楼为卧室。地面式或矮脚式建筑因为地势平坦，与汉族建筑极为相似，堂屋前采用吞口的形式，往后退有一定的距离形成入口前廊；而吊脚楼的底层架空，入口通常在平地位置，堂屋前留出的前廊则成为典型的观景式阳台，有些还以苗族的美人靠加以装饰，前柱位置设有板凳供人们休息、娱乐、作业等（图 8-40）。

“新”晚寨的聚落空间布局在传统聚落“聚族而居”的住居模式基础上，结合现实状况加以改进，以中心性的内聚格局与均质的空间布局相结合，形成既有一定的集聚效果、又具有各自独立的空间范围的住居空间模式，从整体而言并未对聚落环境造成很大的影响和破坏。这一新建模式从整体到细节上的表达，使其成为这一类型侗族聚落和建筑文化发展的参考案例，同时也为聚落和建筑文化发展带来新的启示和思考。

图 8-39 聚落内外路网关系示意图（图片来源：作者绘制及拍摄）

图 8-40 地面式和吊脚式前廊区别（图片来源：作者拍摄）

第9章

展望：贵州侗族聚落和建筑文化的『生』与『死』

9.1 侗族传统文化特质是聚落和建筑生成的文化根基

通过对贵州侗族聚落和建筑的生成进行深入讨论，发现与其相应的文化属性有着密切的关系，并对聚落和建筑的形成起着至关重要的作用。换言之，如果侗族聚落传统文化特质的丧失，将会是一种新的聚落形态和建筑形制，这种所谓的“新的”甚至将与侗族这一民族性的聚落特征毫无瓜葛。因此，对于贵州侗族聚落和建筑文化的研究，必然深入挖掘其文化特质，通过掌握侗族传统文化特质，梳理侗族的文化脉络，找寻其场所记忆，充分理解其传统文化中的文化属性，才会真正明确聚落形态及空间关系，也才能对侗族及其他少数民族聚落和建筑的发展起到真正意义上的指导性作用。

少数民族特色村寨的研究基础便是对其文化特质的梳理与研究，通过对聚落在不同时期、不同的生境构成、不同的文化类型中形成和演变的历史过程，以及相对完整地保留下来的文化基因等具体内容加以研究与讨论，使其成为传承民族文化的有效载体，并成为侗族及其他少数民族特色村寨快速发展的重要资源。罗西的类型学研究从“元”理论层面进行探讨时认为类型学要素的选择比形式风格的选择更加重要，并指出“一种特定的类型是一种生活方式与一种形式的结合，尽管它们的具体形态因不同社会而有很大变化”。[1] 本书所探讨有关侗族聚落和建筑文化的根源，就是找出侗族特有的“场所记忆”、“空间肌理”和“空间体验”的“元”，为侗族聚落和建筑的发展提出更进一步的理论指导。

9.1.1 侗族聚落和建筑“场所记忆”的“元”

诺伯舒兹认为：“场所是人类定居的具体表达，而其自我的认同在于对场所的归属感。”[2] 对于场所归属感的直接表达便是其“场所记忆”。人们总是在N年后回忆某一场景的某些事，“寻找乡愁”成为叙事主题，而在寻找乡愁时留在人们记忆深处的却是场所，以及场所中发生的大情小事，比如某一棵树下与小伙伴们的嬉戏玩闹，第一次带着好奇的眼神参加祭萨仪式，再如村口第一次迎接外地考察团等等。潘年英先生以小说的形式去守望乡土，他在《故乡信札》中以故土（天柱县盘村）作为支点，反映了现实变迁的愁思忧怀，以叙事的手法记录了

1※ 当代建筑设计理论：有关意义的探索［M］. 沈克宁. 北京：中国水利水电出版社：知识产权出版社，2009：74.

2※ 场所精神：迈向建筑现象学［M］.（挪）诺伯舒兹. 施植明译. 武汉：华中科技大学出版社，2010.7：4.

生活在此的点点滴滴。比如对小时候记忆深刻的那条河的描述，“（如今的）河水也小了，而且变得浑浊。但印象中这条河真是清亮得很，小时候我和三舅爹在这条河上养鸭、放牛、摸鱼、游泳，那时候我们可以用石头砸得到鱼。”[1]潘先生的另一著作《木楼人家》同样以故乡为背景，展现了侗乡往日的温馨画面。这些记忆的前提必然有特定的地点，这一特定场所的出现增加了记忆的主题性色彩。

不论是侗族南部方言区，还是侗族北部方言区，传统聚落和建筑延续至今的主要因素正是“场所记忆”的凸显，记忆本身是一种虚幻的东西，只有将场所中的“环境的特性”再现或延续才能回归其真实性。然而场所毫无情感的存在也是无意义的，因此记忆为场所增加了感情色彩，这些感情色彩的源头最终还是应该回到侗族的传统文化特质，侗族的族源发展、社会组织、宗教信仰、农耕文化等这些传统文化的再现，是场所记忆最真实地反映，也是侗族人们生活场所中所获得真正的一种归属感。“小桥流水，炊烟袅袅，到处是金黄的稻谷和抢收的乡亲，山坡上则有暮归的牛羊和隐约的歌唱——这情景是历来如此的。”[2]这一画面的描述，觉得这就是侗族聚落，并不是因为农民辛劳耕作的感动，而是在这种特定环境下的感触和陶醉。在相对不稳定的一些侗族地区，一直保留的鼓楼文化其原真性悄悄地发生了转变，场所记忆也随之发生着改变。如贵州榕江县车江侗寨那一座巍峨壮观的鼓楼立在空荡荡的广场中心，除了仅有的几场刻意安排的大型活动之外，这一场所毫无“记忆”而言，并没有所谓的归属感，而是处于一种“死亡”状态。

生活空间对于侗族聚落而言，是整个聚落的人们所共有的，它不是单纯的“日常生活的布景，而是‘存在于世’整体中的一部分”[3]。设计师们总是强调“设计源于生活”，在侗族聚落和建筑文化的探究中，最核心的便是生活中的记忆，生活空间（场所）的记忆，通过环境的认同与定向获取所谓的场所记忆的“元”。

9.1.2　侗族聚落和建筑“空间肌理”的“元”

前面章节中探讨了聚落空间要素、空间结构、空间尺度等问题，而这些内容仍然是基于侗族传统的文化特质。人们对于侗族聚落形态的感知总是喜欢用“形如蜘蛛网”的修饰手法进行描述，这恰好是对于传统侗族聚落空间肌理的形象表达，场所的“中心”化和层化传

1※ 故乡信札［M］. 潘年英. 上海：上海文艺出版社，2001：2.
2※ 故乡信札［M］. 潘年英. 上海：上海文艺出版社，2001：2.
3※ 建筑现象学［M］. 沈克宁. 北京：中国建筑工业出版社，2007：53.

达了空间秩序和空间结构，侗族传统文化中的鼓楼文化也好，萨崇拜也罢，或是祠堂文化的影响等等，均成为聚落这一场所的中心，聚落结构的内外环境之间的层化关系、宗族之间的层化关系（如增冲侗寨各兜之间的居住关系）等加强了整个聚落空间的肌理效果；这种肌理效应同样也适用于个体家庭中的空间关系，火塘或堂屋是这一场所的“中心”，连接内外之间的宽廊成为层化空间的重要连接线。

对于侗族聚落和建筑的“空间肌理”根源的探知，可以从“场所认知”或“空间认知”的层面进一步探索，凯文·林奇所探索的空间意象五要素（道路、边界、节点、区域和标志物）所构成的对侗族聚落的空间认知，是场所“中心”化和层化空间之外，对空间肌理更加细化、更为直接地表达方式。然而，空间五要素的形成基础仍然是传统文化诸多特质的反映，这些被传承下来的文化特质恰好是人们可以接受和把握的，这种认同甚至从儿童期就已经形成，并成为其感情归属的基础。“当将整体环境塑造成为可视和在心智上可把握时”[1]，聚落和建筑的“空间肌理”才得以真正地存在。

侗族聚落规模的大小被空间范围给予了相应的圈定，对于空间层化也给出了相应的范围。聚落规模与人口的多少有着密切的联系，如果将每一户住宅作为一个斑块的“点”，整个聚落的斑块关系是一种自然生长的状态，在各种建筑实体的生长过程中“挤”出道路网络，自由的街巷网络与整体斑块之间协调统一，形成建筑实体和聚落公共空间“图式化”、街巷景观“多样化”的空间肌理特点。看似凌乱的生长模式，在稳定人口扩张的基础上让整个空间结构变得清晰起来，而且极为符合侗族人们的生活需求。当然，当人口快速发展，空间中的斑块点会迅速扩张，致使整个斑块呈现无以复加的状况，并无法控制其合理发展，最终会造成空间肌理的混乱，就如同贵州榕江县车江侗寨一样。

9.1.3 侗族聚落和建筑“空间体验”的“元”

空间体验是强化空间记忆的一种方式，这种体验的基础仍然是其文化特质的存在及延续，通过一种物化的形式得以加强。生活体验是形成空间情节的首要因素，正如陆绍明在《建筑体验——空间中的情节》一书中所说：“‘空间情节’主要体现在空间的内涵和空间结构两个方面，而这两方面最根本的是“源于生活体验”。[2] 利用自发的情感反应

1※ 建筑现象学［M］. 沈克宁. 北京：中国建筑工业出版社，2007：37.

2※ “空间情节”从空间的内涵来看，包含有意味的概念、特定的主题道具、充满活力的场景与事件、生动有效的细部等构成要素；从空间结构来看，“空间情节”是一种基于生活结构的空间关系的编排手法。——参见建筑体验——空间中的情节［M］. 陆绍明. 北京：中国建筑工业出版社，2007：1.

来体验空间时，最本源的还是生活本身。这些原生状态的生活及相应的空间成立不是虚拟编造出来，更不是预先计划或设想好的，而是最本原的现实生活。侗族聚落和建筑中所存在的空间是人们的生活需求，生活中出现的各种声音（小孩的打闹声、吆喝声、牲畜的声音、侗歌、琵琶声等）、空间中的各种色彩（有大自然本身的色彩、建筑在岁月的痕迹中逐渐发黑的木色、植物染料侵染过的布料在阳光下的色泽、描绘在建筑上的装饰染料等）等通过人们的感知与体验而获得新的生命，这一切并非刻意做作而成，而是具体生活体验的结果，并通过空间体验强化其空间结构。

感知是空间体验的基础，梅洛 - 庞蒂在《知觉现象学》中指出"不应该说身体在空间或时间中，而是身体生活了空间和时间"[1]。通过身体去感知空间，才能获得最真实的空间体验。丹尼尔·李布斯金在《破土：生活与建筑的冒险》中所说的"建筑跟音乐一样，要直接面对面，不能只是分析"[2]。这种"面对面"就是一种身体的接触、一种空间的体验。对于侗族聚落和建筑的空间体验，其根源探索就是回到事物本身，融入生活当中，去感知每一个空间最真实的一面，而这一本真性恰好是我们所探寻的传统文化的特质。当你吃着稻田里面捕捉的鱼，那一片金黄稻田收割的场景自然就会出现在你的脑海中；当你路过萨坛时，那一幕幕祭萨仪式也会一跃于眼前；当你坐在鼓楼火塘旁的板凳上时，仿佛看见里面有劳作的木匠、有聊天的老人、有嬉戏的小孩、有对歌的男女；聚落中每一处空间都弥漫着独特的场所氛围，它们共同构成了整个侗族的聚落形态，并建构了完整的聚落和建筑空间特点。通过对空间的感知获得场所的真实体验，转化为主观的空间结构和要素，即便传统建筑材料和风格为顺应现代生活的需求被大幅度突破，而侗族独有的场所精神仍然得以延续，这才是侗族聚落和建筑的本质所在。

9.2 侗族聚落和建筑文化的延续性发展

9.2.1 传统文化脉络的延续

自 20 世纪 80 年代兴起的"文化研究热潮"中，包含侗族在内的少数民族文化的研究特别受人青睐。而传统文化在"传统"与

1※ 当代建筑设计理论：有关意义的探索［M］. 沈克宁. 北京：中国水利水电出版社：知识产权出版社，2009：178.
2※ 破土：生活与建筑的冒险［M］.（美）丹尼尔·李布斯金. 北京：清华大学出版社，2008.1：78.

“现代”的碰撞中该如何前进，当文化变迁的过程中传统文化不能适应新的结构时，不可避免地就会导致一小部分传统文化的消失，剩下的那部分传统文化在新的环境中通过转型、创新，重构出继承传统文化的新文化，从而形成一种新的活力。文化脉络的延续不是照搬照抄、一成不变地遵照传统，而是取其精华、去其糟粕的吸收和延续，这一文化脉络的承袭过程中，以适应新的生活方式和需求，从现实出发，合理改变。

聚落和建筑是文化的载体，也是为日常生活服务的，而侗族文化脉络的核心恰恰是通过人们的日常生活所反映出来的，也就是说侗族的历史发展、生存环境的选择、宗族社会组织、宗教信仰、农耕文化等各方面均通过人们的日常生活得以体现和表达，所有的传统文化特质都反映在了人们的生活场景中，文化脉络的延续与发展，实际上就是日常生活的延续与回归。贵州天柱县三门塘虽然早在清朝漕运事业发达的基础上吸收了诸多文化信息而出现了有别于传统侗族的祠堂等文化类型，但是在传统文化的延续与其他文化的融合时做出了很好的反映，既吸取了外来文化，也延续了传统文化的精华（家族组织中火塘间的保留等），依然保留着聚族而居的建寨原则以及相应的生活方式和生活习俗。侗族在社会现代化的快速发展进程中，其传统文化激剧变迁，特别是新型城镇化背景下一些特色侗族聚落的文化转型更为明显，而这种转型的“度”的把握恰好是文化脉络延续的重点。随着贵广高铁的开通，高铁沿线的侗族地区迎来了大发展的机遇，如何在进一步推动旅游发展的过程中（如黎平县肇兴侗寨），对文化脉络进行适宜地发展和延续；以及当文化脉络已经出现“异化”状况时，如何对传统文化中最精华的文化遗产加以合理地保护，使其得以延续并焕发勃勃生机。

家庭是侗族聚落形成的最基本单元，并在血缘基础上发展为聚族而居，它作为以血缘组织结构为主体的地缘组织网络的同时，也是文化脉络延续的核心要素。侗族聚落的文化脉络发展必须建立在其血缘基础上的宗族组织关系，一兜一个鼓楼或几个兜一个鼓楼的空间格局，其前提便是族群的血缘关系，加强族群意识对侗族聚落和建筑文化发展具有极为重要的作用。在社会快速发展进程中，一些侗族区域的旅游发展日渐规模，在旅游发展所带来可观经济收入的同时，不可避免也会带来许多外来群体的加入，因此在文化脉络的延续下，只有进一步巩固族群关系，进而协调外来群体与原族群的比例关系，进一步调整和完善社会组织族群结构将是有效的方式之一。

9.2.2 场所精神延续

诺伯舒兹认为“场所精神”源自于古罗马，指出“古代人所体认的环境是有明确特性的，尤其是他们认为和生活场所的神灵妥协是生存最主要的重点”，并认为“在场所精神的发展过程中保存了生活的真实性”。[1] 探讨侗族聚落和建筑文化的发展，必须将聚落、建筑及相应的地域环境等“放在真实的生活世界中进行关照和讨论”[2] 才是场所精神的本质。日常生活就是最真实地反映，现代都市生活对侗族聚落“真实生活”的“异化”，有可能会造成真实生活空间场所精神的消亡。通过对侗族聚落“真实生活”的挖掘，结合现实发展对侗族传统文化特质重新整理，从而获取相应的环境认同和场所记忆。

场所精神反映在侗族聚落中，即自然场所的精神和人为场所的精神这两个层面，也就是“人与自然”、“人与场所”、“场所（建筑）与氛围”几方面的关联。对于侗族聚落和建筑中所反映出来的人与自然的关系，完全可以用“天人合一”来形容，即为人与自然和谐的最高境界。卒姆托在《思考建筑》一书中认为“人与场所的关系，以及通过场所与空间的关系是根据人在其中生活和居住而获得的。”[3] 当场所与聚落和建筑发生联系的时候，文化特质的重要性便得以体现，通过就地取材、因地制宜、采用地方工艺等方式来凸显场所与建筑之间的联系，这也成为当今侗族聚落和建筑发展的血脉承接。侗族聚落和建筑中的形态、空间及生态营造，无不延续着侗族聚落和建筑文化，这也是延续其场所精神，其根源在于文化特质的延续。

随着旅游发展产业的带动，按照《少数民族特色村寨保护与发展规划纲要（2011-2015）》中提出“在重点旅游景区，对那些没有民族特色的建筑，可采取‘穿衣戴帽’等方式进行改造，使之与周围环境相协调”[4] 的保护建设方针，仅仅是靠建筑外观的简单复制或模仿来带动旅游产业，却没有对侗族传统的文化精髓和场所精神进行传承与保护，与当今人们需要的“原生性”渐行渐远，长此以往，只会逐渐“死亡”。

1※ 场所精神：迈向建筑现象学［M］.（挪）诺伯舒兹. 施植明译. 武汉：华中科技大学出版社，2010.7：18.
2※ 建筑现象学［M］. 沈克宁. 北京：中国建筑工业出版社，2007：46-47.
3※ 思考建筑［M］.（瑞士）皮特·卒姆托. 张宇译. 北京：中国建筑工业出版社，2010.9：23.
4※ 参见《少数民族特色村寨保护欲发展规划纲要（2011-2015 年）》纲要内容。

9.2.3 真实性和适宜性延续

格尔茨在《译释中的查知——论道德想象的社会史》一文中，提出了人类学的观察者需要一种道德想象的力量，并提出只有学会用“文化拥有者的内部视界”去体会和查知外人所难以理解的“地方知识”的真实性和差异性，才能创造出具有普世价值的社会史，人类学研究也只有在这样的道德想象的基础上，其研究才能成为真正意义上的研究人和人的文化的科学。现代侗族聚落的建筑，以砖石等其他材料代替木材，以现代化的生活方式改变原有的传统生活习俗，这是时代发展的必然规律，然而，时代的发展并不影响其精神层面的保护和延续，我们要保留的不是侗族聚落和建筑的躯壳，而应该通过对文化内涵的挖掘和传播，延续其文化的真实性。

在对遗产保护的口号下，催生出带有作秀性质的生态博物馆、活态遗产，初衷当然是好的，但却违背了真实性原则，其结果往往是传统文化快速地丧失。在旅游产业所带来的利益驱动下，以往农闲时的行歌坐夜，变成了可以在任何时候进行的表演模式，参与者的身份也由本地侗民转变为外来参观者，而本地人却成了旁观者；为了侗族文化的回归，将原本不存在的鼓楼文化强加于聚落内部，而显得和原有建筑模式格格不入，这些都属于不真实的文化现象。因此，对侗族聚落和建筑文化的延续发展，所延续的文化内涵必须是真实的。

林奇认为“‘适宜’并非一成不变地套用原有的行为和空间的关系。‘适宜’是宽松的、有回旋余地的；是用以创造惊喜的。”[1] 虽然无法找到适宜性聚落形态的标准，但对于侗族特有的文化特质与人们行为活动之间的紧密关系而言，已经对适宜性提出明确的指向。从侗族在对土地、地形、空间尺度的利用等而言，大到对整体环境的选择，小到建筑内部各使用功能部件尺寸的考量，以及空间要素的构成与人的行为匹配所逐渐养成的习惯等（如农闲的时候到风雨桥、鼓楼乘凉聊天，庆收时到鼓楼欢歌跳舞，有重大事宜到鼓楼商议洽谈等），以上种种无不体现出侗族聚落的适宜性并得以延续。

9.3 贵州侗族聚落和建筑文化的发展策略

9.3.1 稳定性发展

对于侗族聚落和建筑文化的保护发展，重点是对其文化特质的延续与传承，但对于维持文化稳定性方面，通过物质层面对聚落生态环境、建筑营造技术、空间体验关系等

1※ 城市形态［M］.（美）凯文·林奇. 林庆怡、陈朝晖、邓华译. 北京：华夏出版社，2003：113.

方面的保护显得至关重要。侗族聚落遵循族群聚居的模式，其聚族环境和空间结构使其整个聚落呈现了社区环境稳定性的同时，也维持了其文化的稳定发展。

侗族聚落和建筑是传统文化的载体，是其文化物化的外在体现，聚落的形态关系、基质斑块、空间结构和肌理关系，以及相对稳定的人口结构等成为侗族聚落几百年来最大限度保持了传统聚落形态原有风貌的必要条件。人、环境、文化三者之间，人无疑是维持整个环境及聚落、建筑文化稳定性的核心要素，人口结构的相对固定为整个聚落良性发展起着重要的作用。在现有相对不稳定的侗族聚落中，最主要的因素便是聚落内部人员极大幅度的变化，成倍增长的人口必然会对整个聚落空间结构、建筑空间格局产生不可想象的破坏。在侗族特有的生态环境结构体系中，聚落和建筑文化才能持续地发展，一旦现有的生态系统、营建模式、空间肌理等遭到破坏，离侗族聚落和建筑文化的消失也就不远了。

9.3.2 侗族聚落和建筑文化保护发展的不同策略

“文化的民族性或民族性的文化是一个民族生存与发展的标志”。[1]作为中国民族不可或缺的部分，侗族文化在其发展过程中，又受到诸多外在和内在因素的影响，致使许多侗族传统文化随着时间的推移而逐渐变异甚至消亡，因此，愈发凸显出对其保护的紧迫性和重要性。

在常规思维模式中，侗族聚落若要保持其传统的生产生活方式，就必然与经济发展落后画上等号，其实不然，在保护侗族传统文化的同时发展了经济，又增加人们的收入才是生存之道。对侗族文化的保护，应根据侗族不同历史发展、地形环境、文化多样性等方面的区别，制定出适合当地发展措施，将原来“一刀切”的指导模式转向多种策略适宜性地发展方式。

1）以保护为主的发展策略

以贵州榕江县大利侗寨和从江县占里侗寨为例的相对稳定型的侗族聚落和建筑文化类型，其聚落生态环境、空间布局模式、建筑形制及营建方式等均是传统侗族文化的代表，历经数百年依然保持着传统侗族特有的民族风貌，在其文化稳定性的表现上成为侗族聚落和建筑文化的典范。这一类在聚落空间及建筑中依然能保持着传统面貌，恰好是其侗族文化稳定性、文化脉络延续性的体现，这里的聚

1※ 贵州民居［M］. 罗德启. 北京：中国建筑工业出版社，2010：247.

落和建筑拥有属于这里的场所记忆、空间肌理、空间体验，反映出了最真实、最适宜的聚落和建筑文化，这一类型的聚落和建筑文化必将成为延续侗族传统文化的最佳选择。

针对这一类型的侗族聚落，政府应加强调研统计，并对其聚落的整体环境、建筑的完整性及原真性加以保护和完善，依照现有聚落格局和建筑模式，遵循传统侗族聚落和建筑营建原则进行监督和扶持。在这一过程中，以聚落内部成员自身为主要参与者，强化其传承民族文化的意识，外来参与者也应站在聚落内部人员的角度，在保持传统侗族文化特质、原有场所精神的前提下，协助内部人员强化基础设施建设，改善居住条件，通过如对水、电、厕所、卫生状况及防火安全等方面进行适当地改造，在最大限度地保护传统文化的同时，也满足当地居民的生产生活需要。

以贵州从江县增冲侗寨和天柱县三门塘侗寨为代表的侗族聚落，作为早期侗族文化多元化的象征，拥有发展至今所留存下来几百年的鼓楼和上百年祠堂，以其特殊的珍贵民族历史文化信息而备受关注。在实地调研过程中，发现这一类型的侗族文化依然保存着原有的文化属性，特别是聚落空间布局及建筑文化方面的体现，以物化的聚落和建筑承袭着传统文化的独特性，并能长期保持其文化的稳定性。对此类型的侗族聚落的保护，在对鼓楼和祠堂等历史文物进行保护性修葺的同时，扶持性地增加侗族自身的“造血”机制，拓宽本地村民的经济收入来源，使村寨按现有模式持续稳定地发展，最终达到保护和传承现有文化的目的。

2）以发展为主、保护为辅的策略

对于相对不稳定型的侗族聚落，应采用发展为主、保护为辅的方针策略，这也是新型城镇化发展过程中，这一类聚落所面临的生死之争。通常情况下，这一类型的聚落在聚落环境、聚落空间、建筑形制等方面均具有典型的侗族文化特征，以黎平县肇兴侗寨和榕江县车江侗寨为代表的聚落有着便利的交通、宜人的环境和相对成熟的旅游产业，因此这也成为吸引不少旅游观光者的最佳选择区域。

生态博物馆也好、民俗文化村也罢，终究不再是最原始的侗族聚落人文特征，虽然将聚落具有代表性的建筑和环境得以保留，而聚落中最本真的场所精神却不复存在，失去了传统聚落的文化属性和空间体验，取而代之的可能是经济拉动下旅游文化的介入。以肇兴侗寨为例，原来迎宾送客的寨门变成规模宏大的景区入口，聚落内部的主要交通要道由原来的卵石花阶变成了地砖铺设的宽大步行街，原来农业耕作为主的生活模式被开商设铺的生活所取代，清幽的河岸两边被热闹非凡的酒吧所占领，许多外地商人也纷纷入驻，一副全新的城市面貌使人忘了这是一个民族村寨，传统聚落中的人、环境与文化的关系逐渐消失殆尽。与肇兴不同的车江寨头村，传统聚落的外壳也已经所剩无几，就连新建的高大鼓楼也成为一种怪异的文化现象，这种在传统与现代之间生死挣扎的侗族聚落，使其发展过程中有些不知所措，意愿和现实也出现了极大地差异，从而怪相文化占据上风，聚落空间在拥挤的建筑中完全被“挤”变了形，在时代发展的冲击下，没有结合不同区域的侗族自身特点，合理开发和利用，而是盲目追随，在经济利益的驱使下抛弃原有的场所面貌而一味地追求商业价值。

这一系列的聚落文化现象，虽然建筑材料和空间布局上在传统与现代中探索，既要保持传统又能满足现代生活的需求，不能采用“穿衣戴帽”、求高求大的形式去单纯地复制和翻版，而应该尝试使用新的材料与建造技术，让新旧建筑融合、多元文化并存，最大限度地保留侗族聚落的场所精神，使其成为发展中的一种范例（如三门塘）。

3）全新的发展策略

以榕江县寨蒿镇晚寨和镇远县报京侗寨为例，这类聚落因自然灾害而被大面积毁坏，重建过程中所面临的抉择点是按原样复原，还是按村民意愿来重新修建。其实这个问题在早期侗族聚落的发展中经常会遇到，侗族聚落的存亡一直与火息息相关。表面上看，按原图复原可以还原聚落原貌，但是聚落原有的场所精神早已随着大火的吞噬已经“死”了，这完全不符合侗族聚落发展的模式。如果按照当地村民自己的意愿，在政府统一规划和不脱离侗族独特的文化属性和特质的前提下，各家各户根据自身实际情况重新修建房屋，可以在原有地基上重新修建，也可以另辟基地修建新屋，对原有聚落拥有的场所记忆、场所精神进行更新，通过物化的聚落和建筑，重新建立侗族聚落中人与人、人与自然、人与建筑、建筑与场所、建筑与氛围之间的关系，把聚落形态、聚落空间结构、聚落中的生态营造理念、聚落中建筑所反映的人文精神重新组合，在合理利用新材料、新技术防范火灾的同时，汲取适合侗族发展的思想和语汇，建立一个全新的侗寨是可取的。

挪威、瑞典和日本等作为国外对传统建筑文化的尊重与保护的优秀范例，新的聚落和建筑营建过程中，依然保持着亲近自然，使用天然材料、自然的图案和色彩，顺应自然等基本原则，以温和的方式自觉地适应当地环境特征，对传统材料和技术进行创新，使新的加工工艺和构筑方式得以适应现代化的生活需求。在营造理念、营建文化等方面与侗族聚落及建筑营建有着极大的相似性，这也成为侗族聚落及建筑文化发展的案例选择。侗族传统聚落在不断更新中一直延续，不论是旧村改造，还是新村建设，侗族聚落中所特有的文化及相应的形态与原有聚落之间必然一脉相承，不断传承发展。

结语

对于少数民族聚落和建筑文化的研究，早在梁思成、林徽因那一代建筑师便开始关注。本研究选择贵州侗族聚落和建筑为研究样本，引入建筑现象学、类型学、场所等理论，对侗族聚落和建筑的生成、聚落和建筑中所表达的文化特质加以阐释，从场所精神的角度来转译看待侗族传统聚落和建筑文化，并找出场所精神的根源是反映在聚落和建筑中的侗族传统文化特质，且这些文化特质通常由日常的生活习俗和生活方式所表现出来。对传统民族文化的深入探究，将有利于挖掘并促进其聚落和建筑的发展，赵辰在《“立面”的误会：建筑·理论·历史》一书中指出“所谓的‘西方现代文明’已经是大量吸收了世界其他文化尤其是中国等东方文明的精粹之后的产物”[1]，以伍重为代表的国外建筑师对现代建筑文化的巨大贡献的内在根源是对中国建筑文化的深入理解。因此，侗族聚落和建筑文化作为中国建筑文化不可或缺的一部分，其研究价值不仅仅是对其建筑技术和相关法规的考证，而应该是挖掘其相应的文化特质下新的聚落和建筑文化的发展，这种被延续下来的文化不仅属于过去，而且面向未来。

1※“普利兹克奖、伍重与《营造法式》”中介绍了有关伍重包括悉尼歌剧院在内的建筑作品中所展现的中国建筑文化的情结。参见“立面”的误会：建筑·理论·历史［M］. 赵辰. 北京：生活·读书·新知三联书店，2007.11：161.

主要参考文献

一、专著（包括译本）

[1] 李晓峰. 乡土建筑：跨学科研究理论与方法［M］. 北京：中国建筑工业出版社，2005.

[2] 白吕纳. 人地学原理［M］. 任美锷、李旭旦译. 南京：钟山书局，1935，8.

[3] (日)原广司. 世界聚落的教示100［M］. 于天伟、马千单译. 北京：中国建筑工业出版社，2003.

[4] (日)藤井明. 聚落的探访［M］. 北京：中国建筑工业出版社，2003，9.

[5] 吴良镛. 人居环境科学导论［M］. 北京：中国建筑工业出版社，2001.

[6] (美)张光直. 谈聚落形态考古. 考古学专题六讲［M］. 北京：文物出版社，1986.

[7] (美)凯文. 林奇. 城市形态［M］. 林庆怡、陈朝晖、邓华译. 北京：华夏出版社，2003.

[8] (挪)诺伯舒兹. 场所精神——迈向建筑现象学［M］. 施植明译. 华中科技大学出版社，2012.

[9] (法)Serge Salat. 城市与形态 关于可持续城市化的研究［M］. 北京：中国建筑工业出版社，2012.3.

[10] (法)勒. 柯布西耶. 人类三大聚居地规划［M］. 刘佳燕译. 北京：中国建筑工业出版社，2009.8.

[11] (英)麦克哈格. 设计结合自然［M］. 黄经纬译. 天津：天津大学出版社，2006.10.

[12] 费孝通. 乡土社会 生育制度 乡土重建［M］. 北京：商务印书馆，2011.12.

[13] 王其钧. 中国民居三十讲［M］. 北京：中国建筑工业出版社，2005.

[14] 王其钧. 图解民居［M］. 北京：中国建筑工业出版社，2013.

[15] 王其钧. 中国民居［M］. 北京：中国电力出版社，2012.

[16] 王昀. 传统聚落结构中的空间概念［M］. 北京：中国建筑工业出版社，2009.

[17] 王昀. 向世界聚落学习［M］. 北京：中国建筑工业出版社，2011.

[18] 王小斌. 演变与传承——皖、浙地区传统聚落空间营建策略与当代发展［M］. 北京：中国电力出版社，2009.

[19] 李立. 乡村聚落：形态、类型与演变——以江南地区为例［M］. 南京：东南大学出版社，2007.3.

[20] 刘邵权. 农村聚落生态研究——理论与实践［M］. 北京：中国环境科学出版社，2006.8.

[21] 黄汉民. 福建土楼——中国传统民居的瑰宝［M］. 北京：生活读书新知三联书店，2003.10.

[22] 余压芳. 景观视野下的西南传统聚落保护——生态博物馆的探索［M］. 上海：同济大学出版社，2012.1.

[23] 王冬. 族群、社群与乡村聚落营造——以云南少数民族村落为例［M］. 北京：中国建筑工业出版社，2013.4.

[24] 林耀华. 民族学通论［M］. 北京：中央民族大学出版社，1997.12.

[25] 侗学研究会. 侗学研究［M］. 贵阳：贵州民族出版社，1991.3.

[26] 费尔巴哈哲学著作选集（下卷）［M］. 德维系·费尔巴哈，荣振华等译. 北京：商务印书馆，1984.

[27] 贵州民间文学研究会. 侗族祖先哪里来（侗族古歌）［M］. 贵阳：贵州人民出版社，1981.

［28］ 龙玉成．侗族情歌［M］．贵阳：贵州人民出版社，1988.2.

［29］ 杨国仁、吴定国．侗族琵琶歌［M］．贵阳：贵州人民出版社，1987.

［30］ 杨权．侗族民间文学史［M］．北京：中央民族学院出版社，1992.6.

［31］ 阙跃平．侗族［M］．北京：外语教学与研究出版社，2010.12.

［32］ 杨权．侗族［M］．北京：民族出版社，1992.7.

［33］ 杨锡光．侗款［M］．长沙：岳麓书社．1988.

［34］ 傅安辉．侗族口传经典［M］．北京：民族出版社，2012.5.

［35］ 冼光位．侗族通览［M］．南宁：广西人民出版社，1995.8.

［36］ 冯祖贻等．侗族文化研究［M］．贵阳：贵州人民出版社，1999.9.

［37］ 王建荣．湖南侗族百年［M］．长沙：岳麓书社，1998.12.

［38］ 王胜光．侗族文化与习俗［M］．贵阳：贵州民族出版社，1989.2.

［39］ 张晓松．苗侗之乡（黔东南文化考察）［M］．成都：四川人民出版社，2003.

［40］ 张晓松．符号与仪式（贵州山地文明图典）［M］．贵阳：贵州人民出版社，2006.

［41］ 李锋、龙耀宏．侗族：贵州黎平县九龙村调查［M］．昆明：云南大学出版社，2004.7.

［42］ 姚丽娟、石开忠．侗族地区的社会变迁［M］．北京：中央民族大学出版社，2005.

［43］ 朱慧珍．诗意的生存——侗族生态文化审美论纲［M］．北京：民族出版社，2005.2.

［44］ 廖君湘．南部侗族传统文化特点的研究［M］．北京：民族出版社，2007.

［45］ 湖南少数民族古籍办公室主编．侗款［M］．长沙：岳麓书院，1988.

［46］ 吴大旬．清朝治理侗族地区政策研究［M］．北京：民族出版社，2008.

［47］ 石开忠．侗族款组织及其变迁研究［M］．北京：民族出版社，2009.

［48］ 杨明兰．古越遗风探微——侗族原生态文化概论［M］．呼和浩特：内蒙古人民出版社，2010.10.

［49］ 张泽忠、吴鹏毅、米舜．侗族古俗文化的生态存在论研究［M］．桂林：广西师范大学出版社，2011.6.

［50］ 吴大华．侗族习惯法研究［M］．北京：北京大学出版社，2012.

［51］ 吴鹏毅．侗族民俗风情［M］．南宁：广西民族出版社，2012.7.

［52］ 余未人．走进鼓楼：侗族南部社区文化口述史［M］．北京：中国文联出版社所，2001.

［53］ 石干成．走进肇兴：南侗社区文化考察笔记［M］．北京：中国文联出版社所，2002.

［54］ 余达忠．走向和谐——岑努村人类学考察［M］．北京：中国文联出版社所，2002.

［55］ 石开忠．鉴村侗族计划生育的社会机制及方法［M］．香港：华夏文化艺术出版社，2002.

［56］ 潘年英．木楼人家［M］．上海：上海文艺出版社，2001.

［57］ 潘年英．故乡信札［M］．上海：上海文艺出版社，2001.

［58］ 傅安辉、余达忠．九寨民俗：一个侗族社区的文化变迁［M］．贵阳：贵州人民出版社，1997.10.

[59] 吴浩. 中国侗族村寨文化 [M]. 北京：民族出版社，2004.11.

[60] 罗德启. 贵州侗族干阑建筑 [M]. 贵阳：贵州人民出版社，1994.

[61] 张柏如. 侗族建筑艺术 [M]. 长沙：湖南美术出版社，2004.2.

[62] 蔡凌. 侗族聚居区的传统村落与建筑 [M]. 北京：中国建筑工业出版社，2007.

[63] 安顺市文化局. 图像人类学视野中的侗族鼓楼 [M]. 贵阳：贵州人民出版社，2002.10.

[64] 杨永明、吴珂全、杨方舟. 中国侗族鼓楼 [M]. 南宁：广西民族出版社，2008.6.

[65] 石开忠. 侗族鼓楼文化研究 [M]. 北京：民族出版社，2012.10.

[66] 余学军. 侗族文化的标帜——鼓楼 [M]. 黑龙江人民出版社，2012.3.

[67] 陈国阶等. 中国山区发展报告：中国山区聚落研究 [M]. 北京：商务印书馆，2007.

[68] 廖君湘. 侗族传统社会过程与社会生活 [M]. 北京：民族出版社，2009.5.

[69] 张泽忠、吴鹏毅、胡宝华等. 变迁与再地方化：广西三江独峒侗族“团寨”文化模式解析 [M]. 北京：民族出版社，2008.5.

[70] 黄才贵. 神与泛神：侗族“萨玛”文化研究 [M]. 女贵阳：贵州人民出版社，2004.12.

[71] 何永祺. 土地开发与生态平衡 [M]. 哈尔冰：黑龙江科学技术出版社，1983.

[72] 罗康智，罗康隆. 传统文化中的生计策略——以侗族为例案 [M]. 北京：民族出版社，2009：28-38.

[73] 潘琼阁. 侗族芦笙传承人——张海 [M]. 北京：民族出版社，2011.12.

[74] 邓敏文、吴浩. 没有国王的王国——侗款研究 [M]. 北京：中国社会科学出版社，1995.4.

[75] 贵州省侗学研究会. 侗学研究（九）[M]. 贵阳：贵州民族出版社，2010.9.

[76] 杨通山. 侗族民歌选 [M]. 上海：上海文艺出版社，1980：33.

[77] 杨通山等. 侗乡风情录 [M]. 成都：四川民族出版社. 1983.

[78] 潘定智. 民族文化学 [M]. 贵阳：贵州民族出版社，1994.

[79] 罗德启. 贵州民居 [M]. 北京：中国建筑工业出版社，2010.

[80] 吴大华主编. 侗族地区经济文化保护欲旅游 [M]. 北京：中国言实出版社，2011.6.

[81] 吴军. 活水之源：侗族传统技术传承研究 [M]. 桂林：广西师范大学出版社，2013.1.

[82] 毛刚. 生态视野：西南高海拔山区聚落与建筑 [M]. 南京：东南大学出版社，2003.

[83] 詹姆斯·克利福德 / 马库斯乔治·E. 写文化：民族志的诗学与政治学 [G]. 高丙中、吴晓黎、李霞译. 北京：商务印书馆，2006.

[84] （英）R·J·约翰斯顿. 人文地理学词典 [M]. 柴彦威等译. 北京：商务印书馆，2004.

[85] （日）矢代真己等. 20 世纪的空间设计 [M]. 卢春生等译. 北京：中国建筑工业出版社，2007.

[86] （美）凯文·林奇. 城市意象 [M]. 方益萍，何晓军译. 北京：华夏出版社，2001.4.

[87] （日）芦原义信. 街道的美学［M］. 尹培桐译. 天津：百花文艺出版社，2006.06.
[88] 曾繁仁. 生态存在论美学论稿［M］. 长春：吉林人民出版社，2003.
[89] （日）黑川纪章. 新共生思想［M］. 覃力等译. 北京：中国建筑工业出版社，2008.
[90] （古希腊）亚里士多德. 政治学［M］. 吴寿彭译. 北京：商务印书馆，1965.8.
[91] 克利福德·格尔茨（Clifford.Geertz）. 地方性知识：阐释人类学论文集［M］. 王海龙，张家瑄译. 北京：中央编译出版社，2000.
[92] （英）卡纳. 人类的性崇拜（中译本）［M］. 海南：海南人民出版社，1988.
[93] （德）格罗塞. 艺术的起源［M］. 蔡慕晖译. 北京：商务印书馆，1984.
[94] （法）古朗士. 古代城市：希腊罗马宗教、法律及制度研究［M］. 吴晓群译. 上海：上海人民出版社，2012.
[95] （意）阿尔多. 罗西. 城市建筑学［M］. 黄士均译. 刘先觉校. 北京：中国建筑工业出版社，2006.
[96] （美）布赖恩. 贝利. 比较城市化：20 世纪的不同道路［M］. 顾朝林等译. 北京：商务印书馆，2010.
[97] （英）彼得. 多默. 1945 年以来的设计［M］. 梁梅译. 成都：四川人民出版社，1998.10.
[98] 王受之. 世界现代建筑史（第二版）［M］. 北京：中国建筑工业出版社，2012.8.
[99] 彭怒、支文军、戴春主编. 现象学与建筑的对话［M］. 上海：同济大学出版社，2009.7.
[100] （美）亚历山大等. 城市设计新理论［M］. 陈治业、童丽萍译. 北京：知识产权出版社，2002.2.
[101] （英）彼得. 布伦德尔. 琼斯、埃蒙. 卡尼夫. 现代建筑的演变 1945-1990 年［M］. 王正、郭药译. 北京：中国建筑工业出版社，2008.
[102] （英）布莱恩. 劳森. 空间的语言［M］. 杨青娟等译. 北京：中国建筑工业出版社，2003.
[103] （挪）克里斯蒂安. 诺伯格 - 舒尔茨. 西方建筑的意义［M］. 李路珂、欧阳恬之译. 北京：中国建筑工业出版社，2005.
[104] 沈克宁. 建筑现象学［M］. 北京：中国建筑工业出版社，2007.
[105] 沈克宁. 建筑类型学与城市形态学［M］. 北京：中国建筑工业出版社，2010.7.
[106] 沈克宁. 当代建筑设计理论：有关意义的探索［M］. 北京：中国水利水电出版社、知识产权出版社，2009.
[107] 陆绍明. 建筑体验——空间中的情节［M］. 北京：中国建筑工业出版社，2007.
[108] （美）丹尼尔·李布斯金. 破土：生活与建筑的冒险［M］. 北京：清华大学出版社，2008.1.
[109] （瑞士）皮特·卒姆托. 思考建筑［M］. 张宇译. 北京：中国建筑工业出版社，2010.9.
[110] （瑞士）皮特·卒姆托. 建筑氛围［M］. 张宇译. 北京：中国建筑工业出版社，2010.9.
[111] （美）盖尔. 格里特. 汉娜. 设计元素［M］. 北京：中国水利水电出版社知识产权出版社，2003.
[112] 陈文捷. 世界建筑艺术史［M］. 湖南：湖南美术出版社，2004.
[113] 郭勇健. 艺术原理新论［M］. 上海：学

林出版社，2008.
[114] (美)鲁道夫. 阿恩海姆. 艺术与视知觉[M]. 滕守尧，朱疆源译. 四川：四川人民出版社，1998.
[115] (挪)诺伯格·舒尔兹(Norberg-Schulz, C.). 存在·空间·建筑[M]. 尹培桐译. 北京：中国建筑工业出版社，1990.
[116] (日)芦原义信，尹培桐译. 外部空间设计[M]. 北京：中国建筑工业出版社，1985.
[117] 杨安崙. 中国古代精神现象学——庄子思想与中国艺术[M]. 吉林：东北师范大学出版社，1993.
[118] (挪)诺伯格－舒尔茨(Norberg Schulz, C.). 居住的概念——走向图形建筑[M]. 黄士均译. 北京：中国建筑工业出版社，2012.4.
[119] 赵辰. "立面"的误会：建筑·理论·历史[M]. 北京：生活·读书·新知三联书店，2007.11.

二、论文(包括硕博、期刊论文)

[1] 李建华. 西南聚落形态的文化学诠释[D]. 重庆大学博士学位论文，2010.4.
[2] 王飒. 中国传统聚落空间层次结构解析[D]. 天津大学博士学位论文，2011.5.
[3] 王韡. 徽州传统聚落生成环境研究[D]. 同济大学博士学位论文，2005.12.
[4] 郦大方. 西南山地少数民族传统聚落与住居空间解析——以阿坝、丹巴、曼冈为例[D]. 北京林业大学博士学位论文，2013.6.
[5] 张晓松. 历史文化视觉下的贵州地方性知识考察[D]. 东北师范大学博士学位论文，2011.6.
[6] 廖君湘. 南部侗族传统文化特点研究[D]. 兰州大学博士学位论文，2006.5.
[7] 罗冬华. 广西侗族传统建筑与家具的文化研究[D]. 北京林业大学博士学位论文，2009.12.
[8] 刘艺兰. 少数民族村落文化景观遗产保护研究——以贵州省榕江县宰荡侗寨为例[D]. 中央民族大学博士学位论文，2011.5.
[9] 赵晓梅. 黔东南六洞地区侗寨乡土聚落建筑空间文化表达研究[D]. 清华大学博士学文论文，2012.5.
[10] 才佳兴. 黄岗侗寨的人口与家户经济研究[D]. 中央民族大学博士学位论文，2013.03：44.
[11] 浦欣成. 传统乡村聚落二维平面整体形态的量化方法研究[D]. 浙江大学博士学位论文，2012.6.
[12] 覃琮. "标志性文化"生成的民族志——以滨阳的舞炮龙为个案[D]. 上海大学博士学位论文，2011.4.
[13] 曹兴. 民族宗教和谐关系密码：宗教相通性精神中国启示录　民族宗教冲突出路的反思[D]. 中央民族大学博士学位论文，2005.12.
[14] 沈洁. 和谐与生存：对侗寨占里环境、人口与文化关系的人类学解读[D]. 中央民族大学博士论文，2011.5.
[15] 黄哲. 喧嚣与躁动：当代C寨侗族的日常生活研究[D]. 中央民族大学博士学位论文，2013.
[16] 顾静. 贵州侗族村寨建筑形式和构建特色研究[D]. 四川大学工程硕士学位论文，2005.9.
[17] 周振伦. 黔东南地区侗族村寨及建筑形态研究[D]. 四川大学工程硕士学位论文，

2005.6.

[18] 陈鸿翔. 黔东南地区侗族鼓楼建构技术及文化研究 [D]. 重庆大学硕士学位论文，2012.5.

[19] 李志英. 黔东南南侗地区侗族村寨聚落形态研究 [D]. 昆明理工大学硕士学位论文，2002.1.

[20] 陈宗兴、陈晓键. 乡村聚落地理研究的国外动态与国内趋势 [J]. 世界地理研究，1994 (1)：72-80.

[21] 何仁伟等. 中国乡村聚落地理研究进展及趋向 [J]. 地理科学进展，2012 (8)：1055-1062.

[22] 蔡凌. 城镇化背景下侗族乡土聚落的保护与发展策略 [J]. 城市问题，2012 (3)：30-34.

[23] 罗德启. 侗寨特征及侗居空间形态影响因素 [J]. 建筑学报，1993 (4)：37-44.

[24] 石开忠. 侗族传统聚落观念与环境的交融 [J]. 思想战线，1998 (11)：61-65.

[25] 石开忠. 试论侗族的来源和形成 [J]. 贵州民族研究，1993.4 (2)：75-79.

[26] 廖君湘. 侗族村寨火灾及防火保护的生态学思考 [J]. 吉首大学学报，2012 (11)：110-116.

[27] 李建华、张兴国. 从民居到聚落：中国地域建筑文化研究新走向——以西南地区为例 [J]. 建筑学报，2010 (3)：83.

[28] 向零. 谈谈侗族研究与侗学的建设 [J]. 侗学研究，1991.

[29] 吴忠军. 侗族源流考 [J]. 广西民族学院学报，1998 (3)：65-68.

[30] 黄才贵. 侗族堂萨的宗教性质 [J]. 贵州民族研究，1990 (4).

[31] 黄才贵. 侗族父系大家庭遗存与干栏长屋 [J]. 贵州民族调查（之九），1992.43.

[32] 吴能夫. 侗族萨崇拜初探 [J]. 贵州民族研究，1989 (1).

[33] 张世珊. 侗族信仰文化 [J]. 中央民族学院学报，1990 (6)：56-60.

[34] 龙耀宏. 侗族萨神与原始社制之比较研究 [J]. 贵州民族学院学报，2011 (2).

[35] 邓敏文. 从杨再思的族属看湘黔桂边界的民族关系 [J]. 怀化师专学报，1994.1：8-12.

[36] 杨祖华. 三省坡地区黎平六爽侗寨的飞山崇拜 [J]. 侗族通讯，2012 (1)：75-77.

[37] 张民. 探侗族的祖先崇拜 [J]. 贵州民族研究，1995.7 (3)：46-51.

[38] 张在军. 侗族祖先崇拜及其对侗民族的影响 [J]. 怀化师专学报，1993.6（第12卷第2期)：46-50.

[39] 陈维刚. 桂北侗族的蛇崇拜. 广西民族研究 [J]，1993.04：93.

[40] 何琼. 论侗族建筑的和谐理念 [J]. 贵州社会科学，2008.5.

[41] 吴斯真、郑志. 师法自然和谐共生——侗族传统建筑生态意义探寻 [J]. 华中建筑，2007 (9).

[42] 杜金林. 贵州省世居少数民族传统民居面临的危机及保护对策 [J]. 理论与当代，2008 (3).

[43] 任爽、程道品、梁振然. 侗族村寨建筑景观及其文化内涵探析 [J]. 广西城镇建设，2008 (2).

[44] 郭伟民. 论聚落考古中的空间分析方法 [J]. 华夏考古，2008 (4)：143.

[45] 赵晓梅. 浅析侗族聚落形态与发展 [J]. 住区 CommunityDesign，2012.02：45-53.

[46] 杨祖华. 三省坡地区黎平六爽侗寨的飞山崇拜[J]. 侗族通讯，2012(1)：75-77.

[47] 秦秀强. 略谈侗族南北地区传统文化的差异及其成因[J]. 侗学研究. 1991，03：165-171.

[48] 杨经华. 在诗意中共存——论侗族地方性知识的和谐生态意识[J]. 侗学研究通讯，2011.4：136-142.

[49] 余达忠. 侗族“鼓楼文化”的层面分析[J]. 贵州民族研究，1989.03：44-48.

[50] 向同明. 侗族鼓楼营造法探析[D]. 贵州民族大学硕士学位论文，2012.6.

[51] 蔡凌、邓毅、姜省. 社会变迁与文化传播中的建筑文化互动：以贵州天柱县三门塘村为例[J]. 华中建筑，2012.08.

[52] 蔡凌. 侗族鼓楼的建构技术[J]. 华中建筑，2004.03：137-141.

三、典籍、史志

[1] (汉)班固. 汉书[M]. 北京：中华书局，1962.

[2] (北齐)魏收. 魏书[M]. 北京：中华书局，1974.

[3] (唐)李延寿. 北史[M]. 北京：中华书局，1974.

[4] (明)赵瓒，王佐. 贵州图经新志[M]. 卷7(复印本). 北京：国家图书馆出版社，2009.

[5] (宋)陆游. 老学庵笔记[M]. 卷四. 北京：中华书局，1979.

[6] (宋)洪迈. 容斋随笔·渠阳蛮俗(卷四)[M]. 上海：上海古籍出版社，1978.

[7] (宋)李诵. 受降台记.

[8] (宋)朱辅. 溪蛮丛笑[M](影印本). 台北：台湾商务印书馆，中华民国75年(1986).

[9] 辞海编辑委员会. 辞海[M]. 上海：上海辞书出版社，1989年.

[10] (东汉)郑玄. 礼记. 郊特性[M]. 北京：北京图书馆出版社，2003.

[11] (战国)庄子. 庄子集解[M]. 北京：中华书局，1954.

[12] (明)天柱县志·坊乡.

[13] (清)苗族风俗图说.

[14] (清)李宗昉. 黔记.

[15] (晋)郭璞. 尔雅[M]. 北京：国家图书馆出版社，2006.

[16] (东晋)郭璞. 葬经[M]. 上海：上海普义善会，1923.

[17] (清)赵沁修. 玉屏县志[M]. 贵阳：贵州省图书馆，1965.

[18] (明)邝露. 赤雅[M]. 上海：商务印书馆，1936.12.

[19] (明)绥宁县官府. 赏民册示.

[20] (清)俞蛟. 梦广杂著.

[21] (明)明实录·武宗正德实录[M]. 卷117.

[22] 任继愈主编. 宗教词典[M]. 上海：上海辞书出版社，2009.12.

[23] 《侗族简史》编写组. 侗族简史[M]. 北京：民族出版社，2008.7.

[24] 榕江县地方志编纂委员会. 榕江风物[M]. 北京：中国文化出版社，2013.12.

[25] 贵州省黎平县地方志编纂委员会. 黎平县志[M]. 贵阳：贵州人民出版社，2009.4.

[26] 贵州省黎平县地方志编纂委员会. 黎平县志[M]. 贵阳：贵州人民出版社，2009.4.

[27] 贵州省榕江县地方志编纂委员会. 榕江

县志［M］. 贵阳：贵州人民出版社，1999.10.
［28］ 贵州省榕江县地方志编纂委员会. 从江县志［M］. 贵阳：贵州人民出版社，1999.
［29］ 贵州省榕江县地方史志编纂委员会. 天柱县志［M］. 贵阳：贵州人民出版社，2009.
［30］ 贵州省地方志编纂委员会. 贵州省志：建筑志［M］. 贵阳：贵州人民出版社，1997.
［31］ 贵州省编辑组.《中国少数民族社会历史调查资料丛刊》修订编辑委员会. 侗族社会历史调查［M］. 北京：民族出版社，2009.5.
［32］ 玉屏侗族自治县概况编写组、玉屏侗族自治县概况修订本编写组. 贵州玉屏侗族自治县概况［M］. 北京：民族出版社，2008.1.
［33］ 通道侗族自治县概况编写组、通道侗族自治县概况修订本编写组. 湖南通道侗族自治县概况［M］. 北京：民族出版社，2008.11.
［34］ 芷江侗族自治县概况编写组、芷江侗族自治县概况修订本编写组. 湖南芷江侗族自治县概况［M］. 北京：民族出版社，2007.9.
［35］ 黔东南苗族侗族自治州民族研究所. 侗族文化史料［M］. 内部版. 1988.
［36］ 黔东南苗族侗族自治州文学艺术研究室. 民间文学资料集・第一集［M］. 内部版，1981.

附录

附录 A：重点调研的贵州侗族聚落概况一览表

名称	乡镇	人口规模（户/人）	聚落形态	语言区划	水系
大利侗寨	榕江县栽麻乡	252/1189	山脚河岸型	南部方言区	都柳江
占里侗寨	从江县高增乡	185 /822	山脚河岸型	南部方言区	都柳江
肇兴侗寨	黎平县肇兴乡	810/3366	山脚河岸型	南部方言区	都柳江
车江寨头村	榕江县古州镇	380/ 约 1700	平坝田园型	南部方言区	都柳江
增冲侗寨	从江县往侗乡	288/1271	山脚河岸型	南部方言区	都柳江
三门塘	天柱县坌处镇	362/ 约 1600	山脚河岸型	北部方言区	清水江
报京侗寨	镇远县报京乡	470/ 约 2000	半山隘口型	北部方言区	舞阳河
晚寨	榕江县寨蒿镇	239/1128	半山隘口型	南部方言区	都柳江
黄岗侗寨	黎平双江乡	325/1629	山脚河岸型	南部方言区	都柳江
岜扒侗寨	榕江高增乡	238/1187	半山隘口型	南部方言区	都柳江
堂安侗寨	黎平肇兴乡	182/858	半山隘口型	南部方言区	都柳江
厦格侗寨	黎平肇兴乡	135/447	半山隘口型	南部方言区	都柳江
地扪侗寨	黎平茅贡乡	574/2678	山脚河岸型	南部方言区	都柳江
纪堂侗寨	黎平肇兴乡	168/737	半山隘口型	南部方言区	都柳江
高增侗寨	榕江高增乡	540/ 约 2800	山脚河岸型	南部方言区	都柳江
小黄侗寨	从江小黄乡	718/3340	山脚河岸型	南部方言区	都柳江
乐里侗寨	榕江乐里镇	348/1448	山脚河岸型	南部方言区	都柳江

附录 B：重点调研的贵州南部方言区侗族建筑概况一览表（单位：座）

名称	乡镇	主要仪式性建筑					主要民居类型
		鼓楼	风雨桥	萨坛	戏台	寨门	
大利侗寨	榕江县栽麻乡	1	5	1	0	1	干栏式、四合院、地面式
占里侗寨	从江县高增乡	1	3	1	0	6	干栏式
肇兴侗寨	黎平县肇兴乡	5	5	3	5	3	干栏式、地面式
车江寨头村	榕江县古州镇	1	0	2	0	0	干栏式、地面式、合院式
增冲侗寨	从江县往侗乡	1	3	1	0	2	干栏式、地面式、印子屋
晚寨	榕江县寨蒿镇	0	1	1	0	1	干栏式、地面式
地扪侗寨	黎平县茅贡乡	3	6	4	4	1	干栏式、地面式
黄岗侗寨	黎平县双江乡	5	5	1	1	2	干栏式、地面式
岜扒侗寨	从江县高增乡	1	0	1	1	1	干栏式、地面式
堂安侗寨	黎平县肇兴乡	1	1	1	1	6	干栏式
厦格侗寨	黎平县肇兴乡	4	0	3	4	1	干栏式
纪堂侗寨	黎平县肇兴乡	3	0	1	2	2	干栏式
高增侗寨	从江县高增乡	3	3	4	0	1	干栏式
小黄侗寨	从江县小黄乡	3	5	3	2	2	干栏式

附录 C：重点调研的贵州北部方言区侗族建筑概况一览表（单位：座）

名称	乡镇	主要仪式性建筑				主要民居类型
		宗祠	南岳庙	古井	石板古道	
三门塘	天柱县坌处镇	2	1	2	3	干栏式、地面式、印子房
报京侗寨	镇远县报京乡	0	0	3	3	干栏式、地面式

附录 D：首批中国传统村落名录中贵州侗族传统村落统计一览表[1]

名称	乡镇	形成年代	传统建筑	非遗名称
堂安村	黎平县肇兴乡	清代	堂安鼓楼、戏台、传统民居、风雨桥	侗族木构建筑营造技艺、侗族鼓楼花桥建造技艺
银潭	从江县谷坪乡	明代	鼓楼	侗戏、侗族大歌
纪堂村	黎平县肇兴乡	元代以前	下寨鼓楼、传统民居、戏台	侗族鼓楼花桥建造技艺、侗族木构建筑营造技艺、蓝靛靛染工艺、祭萨节、芦笙的制作工艺、侗戏、侗族芦笙会
纪堂上寨村	黎平县肇兴乡	元代以前	上寨鼓楼、宰告鼓楼、传统民居	侗族鼓楼花桥建造技艺、侗族木构建筑营造技艺、蓝靛靛染工艺、祭萨节、芦笙的制作工艺、侗戏、侗族芦笙会
岩洞村	黎平县岩洞镇	明代	鼓楼、戏台、花桥、寨门、传统民居	侗族大歌、蓝靛染布
高场村	黎平县坝寨乡	明代	大寨鼓楼、下寨鼓楼、花桥、谷仓、红军烈士亭、传统民居	鼓楼建造技艺、侗族花桥建造技艺
吝洞村	黎平县九潮镇	明代	风雨桥、倒金字塔木房、祭坛、传统民居	侗族木构建筑营造技术
育洞村	黎平县尚重镇	明代	吊脚楼、刘家印子屋、邓家印子屋	侗族琵琶歌
三团村	黎平县洪州镇	元代以前	鼓楼、戏台、风雨桥、飞山庙	拜庙节和竹笋节、侗族鼓楼花桥营造技艺、服饰
绍洞村	黎平县尚重镇	明代	吊脚楼、风雨桥、凉亭、菩萨庙	侗族琵琶歌
地扪村	黎平县茅贡乡	元代以前	塘公祠、寨门、地扪人文生态博物馆、“千三”鼓楼、寨母鼓楼、维寨花桥、友谊花桥等	无
寨头村	黎平县茅贡乡	元代以前	鼓楼、戏台、风雨桥、木楼	勿也劳
登岑村	黎平县茅贡乡	明代	鼓楼、粮仓群、民居、风雨桥	传统音乐
高近村	黎平县茅贡乡	明代	鼓楼、戏台、风雨桥、寨门	祭萨节

1※ 参考中国传统村落网（http：//ctv.wodtech.com/lie/guizhou/index.shtml）中的中国首批传统村落名录中的村落名单整理统计。

续表

名称	乡镇	形成年代	传统建筑	非遗名称
肇兴村	黎平县肇兴乡	元代以前	智团鼓楼、信团鼓楼、传统民居	侗族大歌
高寅村	黎平县九潮镇	明代	倒金字塔木房、传统民居	侗族木构建筑营造技术
述洞村	黎平县岩洞镇	明代	独柱鼓楼、塘火鼓楼、河边鼓楼、练歌房（卡房）	侗族大歌
竹坪村	黎平县岩洞镇	明代	鼓楼、石板桥、传统民居	侗族大歌
豆洞村	黎平县永从乡	清代	鼓楼、民居、风雨桥	豆洞村吃新节
青寨村	黎平县坝寨乡	明代	上寨鼓楼、川寨鼓楼、下寨鼓楼、戏台	祭萨、侗族芦笙会、鼓楼风雨桥建造技艺
黄岗村	黎平县双江乡	元代以前	亮井鼓楼、巴西鼓楼、邦佬鼓楼、告洛鼓楼	侗族大歌、喊天节、抬官人、木构建筑营造技艺、侗族服饰
蝉寨村	黎平县坝寨乡	明代	蝉寨鼓楼、下土寨鼓楼、上土寨鼓楼、下近鼓楼	侗族鼓楼风雨桥建造技艺、芦笙会、祭萨活动
大利	榕江县栽麻乡	明代	鼓楼、花桥、石板古道、古井、台墓葬、传统民居	侗族大歌、竹编、藤编
宰荡	榕江县栽麻乡	清代	鼓楼、花桥、萨玛坛、石板路	侗族大歌、花带编织、竹编
高仟	从江县下江镇	清代	高阡鼓楼、宰养金左井、高阡石拱桥	侗族琵琶歌、侗族大歌、侗族牛腿琴
则里	从江县往侗乡	清代	则里鼓楼、则里古井、则里骈体墓、则里花桥	侗族木构建筑营建技艺、侗族大歌
冲寨	黎平县茅贡乡	明代	鼓楼、传统民居	侗族大歌
朱冠村	黎平县尚重镇	明代	传统民居、寨门、凉亭、谷仓	侗族琵琶歌、侗族服饰、牯藏节、祭萨节、侗族蓝靛靛染技艺、芦笙舞
贡寨村	黎平县九潮镇	清代	传统民居	牯藏节
坝寨村	黎平县坝寨乡	明代	传统民居、坝寨鼓楼、现寨鼓楼、萨堂	祭萨活动

续表

名称	乡镇	形成年代	传统建筑	非遗名称
滚大村	黎平县地坪乡	清代	吊脚楼、萨坛	芦笙节
蚕洞村	黎平县茅贡乡	清代	鼓楼、传统民居	祭萨
流芳村	黎平县茅贡乡	清代	鼓楼、萨堂、寨门、古井	祭萨
平架村	黎平县洪州镇	明代	鼓楼、风雨桥、寨门、传统民居	祭萨节、鼓楼风雨桥营造技艺、侗族服饰、蓝靛靛染技艺
平甫村	黎平县德顺乡	元代以前	传统民居、老古鼓楼、莲花鼓楼、古水井	侗族大歌、祭萨节、琵琶歌、侗族大歌
九江村	黎平县洪州镇	明代	风雨桥、鼓楼、吊脚楼	祭萨节、鼓楼风雨桥营造技艺、侗族服饰、侗族蓝靛靛染技艺、侗族琵琶歌
岑扣村	黎平县地坪乡	清代	鼓楼、寨门、吊脚楼	无
归欧村	黎平县洪州镇	明代	花桥、鼓楼	侗族鼓楼花桥营造技艺、服饰
宰拱村	黎平县岩洞镇	明代	传统民居	侗族大歌
高冷村	黎平县尚重镇	清代	吊脚楼	侗族琵琶歌、木构建筑营造技艺
纪登村	黎平县尚重镇	明代	吊脚楼、萨坛	侗族琵琶歌、哆耶踩歌堂、木构建筑营造技艺
芒岭村	黎平县孟彦镇	明代	起凤山寺庙、寨门、腾龙桥、传统民居	无
高兴村	黎平县坝寨乡	明代	高兴鼓楼、萨坛、谷仓、戏台	祭萨
增冲村	从江县往侗乡	明代	增冲鼓楼、风雨桥、民居、增冲古墓群	侗族大歌、木构建筑营造技艺

后记

2005年，我以一般旅友的角色，带着对少数民族和乡土聚落的好奇第一次走进了侗寨，由此开始关注这个与众不同的少数民族聚落和建筑。随后几年，这里特殊的文化总是不断地吸引着我，忍不住多次踏入那片土地，总想去体味那里的每一缕清风、每一寸光阴。

2012年开始，我终于正式着手整理前期收集的贵州侗族聚落和建筑文化相关的资料，并期望对贵州侗族聚落和建筑做更深入地研究。一晃几年过去了，经过不断努力，终于汇成了这一小小的成果，最后通读书稿时，回望田野调查过程中的艰辛万苦、淳朴侗民给予的各种感动，不免感慨万分。

本书即将出版，离不开中央美术学院城市设计学院王其钧教授的推荐，离不开众多师友的指导和帮助，也与中国建筑工业出版社段宁编辑的支持和帮助密不可分。在书稿定稿之际，我要对帮助和支持我的众多师友表示由衷地感谢。首先要衷心地感谢我的博士导师张宝玮教授对本研究的悉心指导，还要感谢中央美术学院城市设计学院的王其钧教授，建筑学院的韩光煦教授、戎安教授、吕品晶教授、程启明教授、常志刚教授、周宇舫教授、王小红教授、王兵教授等，贵州师范大学的田军教授、卢家鑫教授等，贵州民族大学的石开忠教授等多位先生们的指导与支持。感谢在田野调查过程中遇到的热情侗族人们，以及提供宝贵资料的榕江县规划办、文物局，黎平县城乡规划办、旅游局、文物局，从江县城乡规划办、旅游局，镇远县城乡规划办，天柱县城乡规划办等单位的大力协助。汇聚成书稿期间，给我帮助的人实在太多，恕我无法一一落名，在此一并致谢。

最后要感谢我的家人，特别要感谢我的爱人，这本研究成果凝聚着你对我的理解和支持。

本书虽然在此画上了一个句号，但对于少数民族聚落和建筑文化的研究才刚刚开始，本书的不足和缺憾也会在以后的研究中逐步完善。

龚敏
2020 年 2 月于贵阳

图书在版编目（CIP）数据

贵州侗族聚落和建筑文化 / 龚敏著. —北京：中国建筑工业出版社，2019.3

ISBN 978-7-112-23252-9

Ⅰ.①贵… Ⅱ.①龚… Ⅲ.①侗族—聚落环境—关系—建筑文化—研究—贵州 Ⅳ.①TU-092.872

中国版本图书馆CIP数据核字（2019）第024208号

责任编辑：段　宁
书籍设计：张悟静
责任校对：王　瑞

贵州侗族聚落和建筑文化
龚敏　著

*

中国建筑工业出版社出版、发行（北京海淀三里河路9号）
各地新华书店、建筑书店经销
北京锋尚制版有限公司制版
北京中科印刷有限公司印刷

*

开本：880毫米×1230毫米　1/32　印张：9　字数：317千字
2021年7月第一版　2021年7月第一次印刷
定价：**88.00**元
ISBN 978-7-112-23252-9
（33520）